思想的・睿智的・獨見的

經典名著文庫

學術評議

策劃　楊榮川

五南圖書出版公司 印行

經典名著文庫

學術評議者簡介（依姓氏筆畫排序）

- 丘為君　美國俄亥俄州立大學歷史研究所博士
- 吳惠林　美國芝加哥大學經濟系訪問研究、臺灣大學經濟系博士
- 宋鎮照　美國佛羅里達大學社會學博士
- 林玉体　美國愛荷華大學哲學博士
- 邱燮友　國立臺灣師範大學國文研究所文學碩士
- 洪漢鼎　德國杜塞爾多夫大學榮譽博士
- 孫效智　德國慕尼黑哲學院哲學博士
- 秦夢群　美國麥迪遜威斯康辛大學博士
- 高明士　日本東京大學歷史學博士
- 高宣揚　巴黎第一大學哲學系博士
- 張光宇　美國加州大學柏克萊校區語言學博士
- 張炳陽　國立臺灣大學哲學研究所博士
- 陳秀蓉　國立臺灣大學理學院心理學研究所臨床心理學組博士
- 陳思賢　美國約翰霍普金斯大學政治學博士
- 陳清秀　美國喬治城大學訪問研究、臺灣大學法學博士
- 陳鼓應　國立臺灣大學哲學研究所
- 曾永義　國家文學博士、中央研究院院士
- 黃光國　美國夏威夷大學社會心理學博士
- 黃光雄　國家教育學博士
- 黃昆輝　美國北科羅拉多州立大學博士
- 黃政傑　美國麥迪遜威斯康辛大學博士
- 楊維哲　美國普林斯頓大學數學博士
- 葉海煙　私立輔仁大學哲學研究所博士
- 葉國良　國立臺灣大學中文所博士
- 廖達琪　美國密西根大學政治學博士
- 劉滄龍　德國柏林洪堡大學哲學博士
- 黎建球　私立輔仁大學哲學研究所博士
- 盧美貴　國立臺灣師範大學教育學博士
- 薛化元　國立臺灣大學歷史學系博士
- 謝宗林　美國聖路易華盛頓大學經濟研究所博士候選人
- 簡成熙　國立高雄師範大學教育研究所博士
- 顏厥安　德國慕尼黑大學法學博士

經典名著文庫121

科學與現代世界

阿爾弗雷德・諾斯・懷海德 著
(Alfred North Whitehead)
劍橋大學三一學院院士及前哈佛大學哲學教授
(Trinity College, Cambridge University & Late Professor of Philosophy, Havard University)
黃振威 譯
俞懿嫻 校譯 / 導讀

經典永恆・名著常在

五十週年的獻禮・「經典名著文庫」出版緣起

總策劃 楊榮川

五南，五十年了。半個世紀，人生旅程的一大半，我們走過來了。不敢說有多大成就，至少沒有凋零。

五南忝爲學術出版的一員，在大專教材、學術專著、知識讀本出版已逾壹萬參仟種之後，面對著當今圖書界媚俗的追逐、淺碟化的內容以及碎片化的資訊圖景當中，我們思索著：邁向百年的未來歷程裡，我們能爲知識界、文化學術界做些什麼？在速食文化的生態下，有什麼值得讓人雋永品味的？

歷代經典·當今名著，經過時間的洗禮，千錘百鍊，流傳至今，光芒耀人；不僅使我們能領悟前人的智慧，同時也增深加廣我們思考的深度與視野。十九世紀唯意志論開創者叔本華，在其〈論閱讀和書籍〉文中指出：「對任何時代所謂的暢銷書要持謹愼的態度。」他覺得讀書應該精挑細選，把時間用來閱讀那些「古今中外的偉大人物的著作」，閱讀那些「站在人類之巔的著作及享受不朽聲譽的人們的作品」。閱讀就要「讀原著」，是他的體悟。他甚至認爲，閱讀經典原著，勝過於親炙教誨。他說：

「一個人的著作是這個人的思想菁華。所以，儘管一個人具有偉大的思想能力，但閱讀這個人的著作總會比與這個人的交往獲得更多的內容。就最重要的方面而言，閱讀這些著作的確可以取代，甚至遠遠超過與這個人的近身交往。」

爲什麼？原因正在於這些著作正是他思想的完整呈現，是他所有的思考、研究和學習的結果；而與這個人的交往卻是片斷的、支離的、隨機的。何況，想與之交談，如今時空，只能徒呼負負，空留神往而已。

三十歲就當芝加哥大學校長、四十六歲榮任名譽校長的赫欽斯（Robert M. Hutchins, 1899-1977），是力倡人文教育的大師。「教育要教眞理」，是其名言，強調「經典就是人文教育最佳的方式」。他認爲：

「西方學術思想傳遞下來的永恆學識，即那些不因時代變遷而有所減損其價值的古代經典及現代名著，乃是眞正的文化菁華所在。」

這些經典在一定程度上代表西方文明發展的軌跡，故而他爲大學擬訂了從柏拉圖的《理想國》，以至愛因斯坦的《相對論》，構成著名的「大學百本經典名著課程」。成爲大學通識教育課程的典範。

歷代經典‧當今名著，超越了時空，價值永恆。五南跟業界一樣，過去已偶有引進，但都未系統化的完整舖陳。我們決心投入巨資，有計畫的系統梳選，成立「經典名著文庫」，希望收入古今中外思想性的、充滿睿智與獨見的經典、名著，包括：

- 歷經千百年的時間洗禮，依然耀明的著作。遠溯二千三百年前，亞里斯多德的《尼各馬科倫理學》、柏拉圖的《理想國》，還有奧古斯丁的《懺悔錄》。
- 聲震寰宇、澤流遐裔的著作。西方哲學不用說，東方哲學中，我國的孔孟、老莊哲學，古印度毗耶娑（Vyāsa）的《薄伽梵歌》、日本鈴木大拙的《禪與心理分析》，都不缺漏。
- 成就一家之言，獨領風騷之名著。諸如伽森狄（Pierre Gassendi）與笛卡兒論戰的《對笛卡兒沉思錄的詰難》、達爾文（Darwin）的《物種起源》、米塞斯（Mises）的《人的行爲》，以至當今印度獲得諾貝爾經濟學獎阿馬蒂亞．

森（Amartya Sen）的《貧困與饑荒》，及法國當代的哲學家及漢學家余蓮（François Jullien）的《功效論》。

梳選的書目已超過七百種，初期計劃首爲三百種。先從思想性的經典開始，漸次及於專業性的論著。「江山代有才人出，各領風騷數百年」，這是一項理想性的、永續性的巨大出版工程。不在意讀者的眾寡，只考慮它的學術價值，力求完整展現先哲思想的軌跡。雖然不符合商業經營模式的考量，但只要能爲知識界開啓一片智慧之窗，營造一座百花綻放的世界文明公園，任君遨遊、取菁吸蜜、嘉惠學子，於願足矣！

最後，要感謝學界的支持與熱心參與。擔任「學術評議」的專家，義務的提供建言；各書「導讀」的撰寫者，不計代價地導引讀者進入堂奧；而著譯者日以繼夜，伏案疾書，更是辛苦，感謝你們。也期待熱心文化傳承的智者參與耕耘，共同經營這座「世界文明公園」。如能得到廣大讀者的共鳴與滋潤，那麼經典永恆，名著常在。就不是夢想了！

二〇一七年八月一日 於

五南圖書出版公司

獻給我過去和現在的同事
友誼是我的動力

關於本書

阿爾弗雷德・諾斯・懷德海（Alfred North Whitehead）的機體哲學之本質特徵已經不僅僅侷限於他的哲學家夥伴之中，而變得路人皆知了。歐尼斯特・內格爾（Ernest Nagel）試圖闡釋懷德海思想體系的廣泛影響，他說：「他的哲學著作表現了他所生存社會的動態張力，這些著作回應了根深蒂固且普遍認爲的需求。」內格爾補充道：「他是天賦異稟的演說家，敏銳而充滿智慧，對於一切萌芽的、大膽的和潛在釋放的事物都是如此。」

《科學與現代世界》（*Science and the Modern World*）也許是懷德海最廣爲傳閱的哲學著作，其主要包括了一九二五年在哈佛大學所作的八篇洛厄爾演講（Lowell Lectures）。懷德海自己寫道，本書「主要研究過去三個世紀中，西方文化在科學發展的影響下所顯示出的某些方面。」而本書的主要觀點，就是「流行的哲學具有壓倒一切的重要性。」

約翰・杜威（John Dewey）將《科學與現代世界》稱作「對於一般讀者而言最爲重要的，關於科學、哲學和已然發生的生活問題之當下關係的重述。」赫伯特（Herbert）讀後寫道：「這是自笛卡兒（Rene Descartes）的《談談方法》（*Discourse on Method*）之後最爲重要的，在科學和哲學聯合分析領域的著作。它展現了在生命或者存在的整個概念中大變革的材料。同時，它還尋求重新解釋科學和哲學的類別，甚至還包括了宗教和藝術的類別。」艾德蒙・威爾遜（Edmund Wilson）說：「懷德海的著作裡，我們可以看到在一種思維中思想的不斷修正，這種修正是在不同的經驗領域，在完全新潮理念的作用下進行的，而這達到了一種令人吃驚的程度。」還有朱利安・赫胥黎（Julian Huxley）說：「這些書中的每一本都在時代印下了烙印。」

前言

本書主要研究過去三個世紀中，西方文化在科學發展的影響下所顯示出的某些方面。本書認爲時代思潮源自實際上主導社會知識階層中的世界觀。由於文化部門繁多，觀念體系也可能不止一個。人類的各種興趣活動：科學、美學、倫理學、宗教等都可以提供各種宇宙觀，同時又受到這些宇宙觀的影響。在每一個時期，這些主題都各自提出了不同的世界觀。由於同一群人受到一種以上，或者上述全部興趣活動的影響，他們的實際觀點便會是上述各種來源的綜合產物。但是每一個時期都有其主要考慮；在本書所討論的三個世紀中，從科學中脫胎出來的宇宙觀，超越了從其他方面脫胎出來的舊觀點。人類總是受到時間和地點的約束。我們也許可以問我們自己：現代世界新出現的科學思想是不是這種侷限性的大好例證。

哲學的功能之一就是批判宇宙觀。哲學的功能就是將有關事物本質的各種直覺加以調和，重建形式，並提出證明。在形成我們的宇宙觀體系時，它必須堅持仔細考察終極觀念，並保存全部論據。它的職責是盡可能把未經理性的測試、而無意識形成的過程清晰化，並使之產生效力。

想到這一點，我無意介紹有關科學進展的許多深奧的細節。目前我所需要的和我努力爭取的，是從內在同情地研究其中的主要觀念。如果我對於哲學功能的看法是正確的，它就是所有知識追求活動中最有成效的了。它在工人尚未搬來一塊石頭之時便蓋好了大教堂，也在穹頂尚未塌下之前就毀壞了教堂。它是精神建築物的建築師，同時也是破壞者——精神的要優先於物質的。哲學的作用是緩慢的。思想往往潛伏好幾個世紀，然而，幾乎突然之間，人類便發現它們已經體現在體制中了。

這本書主要包括了我在一九二五年二月發表的八篇洛厄爾演講（Lowell Lectures）。目前出版的形式，就是把這些講稿稍加擴充，並把其中的一篇拆成第七章和第八章而成。但是，爲了使本書的思想更爲完整，那次講座所無法容納的一些內容，這次也增添了進來。新增添的內容中，第二章〈數學之爲思想史中的要素〉是我在羅德島州普羅維登斯市的布朗大學的數學學會（the Mathematical Society of Brown University, Providence, Rhode Island）上所發表的演講。第十二章〈宗教與科學〉是我在菲力浦・布魯克斯大廳（the Phillips Brooks House at Harvard）發表的一篇演講，它也將刊登於今年（1925）八月號的《大西洋月刊》（*Atlentic Monthly*）上。第十章〈抽象〉（Abstraction）與第十一章〈上帝〉（God）則是首次出現的新材料。但是本書代表某種思想路數，其內容曾經怎樣使用過，則是次要的問題。

本書參考了勞埃德・摩根（Lloyd Morgan）的《突發進化論》（*Emergent Evolution*）和亞

歷山大（Alexander）的《空間、時間與神性》（*Space, Time and Deity*），但是沒有機會詳細注明。讀者不難發現這些書對我極具啓發意義。我尤其要感激亞歷山大那本偉大的著作。由於本書涉及範圍較廣，所以各種資訊或者觀念的來源都無法詳細注明。本書是我多年來思想和閱讀的成果，原先並未預料到要出版。因此，對於我而言，即便值得這樣做，現在想要詳細注明資料的出處也不可能了。但也沒有這樣的需要，事實根據都是簡單而眾所周知的。在哲學方面，關於認識論的考慮完全被排除在外。討論此話題而不打破本書的整體均衡是不可能的。本書的關鍵在於理解流行哲學具有壓倒一切的重要性。

我尤其要感謝我的同事拉斐爾・迪莫斯（Raphael Demos）先生爲我校對清樣，並在文字表述上提出了許多寶貴的建議，特此致謝！

哈佛大學

一九二五年六月二十九日

導讀

俞懿嫻

當代英國數學家、符號邏輯學家與哲學家懷德海（Alfred North Whitehead）的名著《科學與現代世界》（*Science and the Modern World*）一書（一九二五），對於關注科學哲學的讀者而言，應當不陌生。早在民國十六年（一九二七年），哲學家方東美任教於南京中央大學時，便已向中文讀者引介了這本書。在他的《科學哲學與人生》裡，曾提及懷德海（他將之中譯爲「懷迪赫」）的《科學與現代世界》（他將之中譯爲《科學與近世》），並同意其中大多數的觀點，尤其是對於科學唯物論（scientific materialism）的批判。方東美說：「懷迪赫教授在〈科學與近世〉第二章裡提出三種步驟：一是運用數學方法分析世界，應直接體會經驗的內容，認識殊相，欣賞它的具體價值，明其個性之所在。二是將感覺物象一步一步地抽象化，是其個性於具體境地之外亦得超然表現。三是確定絕對通則條件（the absolutely general conditions），是物象的特殊關係有所依據。而這些條件的應用甚廣，能說明自然的流變和原理。」他並引用書中的段落：「……過去三百年間，西洋科學思想之精彩盡在唯物論，……科學宇宙論橫亙這個時期，貫注一切。它把充塞空間，渾浩流轉，簡約樸素的物質看作是最後的事實。這種物質本身是無意義的，無價值的，無目的的，闐然動，翕然止，都謹守固定的常規，遵從外在的關係，絲毫無內性流露。我（即懷德海）所謂的科學唯物論就是這種假設。」

方東美引《科學與現代世界》之言，是懷德海與中國的第一次接觸。之後，早期中國留學生賀麟、謝扶雅、謝幼偉等，曾在美國哈佛大學親炙懷德海。其中謝幼偉還撰有《懷黑德學述》（一九五三）、《懷黑德的哲學》（一九七四）等書，可說是最早有關懷德海哲學的專著。而《科學與現代世界》最早的中譯本，是一九三五年王光熙在上海商務印書館出版的。之後傅佩榮根據一九五九年何欽的譯本，於一九八一年在台北黎明文化出版了台灣的初版。現今，五南出版社將這書選入了「經典名著文庫」，採用二〇一七年北京師範大學出版黃振威的譯本爲底稿，委我校譯並撰寫導讀，盼以全新風貌與台灣讀者相見。雖然我在先師程石泉教授的啓發之下，埋首書堆，研究懷德海哲學三十餘年，覺得這仍是一件吃力的工作。爲了不負所託，只有勉力爲之。

懷德海生平早年

要讀一本書之前，先得認識作者。一八六一年，阿佛德・諾斯・懷德海生於英國肯特郡桑奈島鑾司格（Ramsgate, the Isle of Thanet, Kent, England）一個典型的鄉紳家庭裏。他的祖父湯馬斯・懷德海（Thomas Whitehead）與同名的父親曾任當地學校的校長，家中長輩大多從事教育與宗教行政方面的工作。懷德海自幼體弱，一直留在家中由父母教導。十歲開始學拉丁文，十二歲學希臘文，到了十五歲才上學，接受正式教育。這段期間，懷德海深受父親信仰虔敬、重視教育的人格感召，還因爲目睹父親爲彌留中的施洗教士讀聖經，印烙下深刻的宗教經驗。懷德海的家鄉肯特郡是河口濱海之地，自古是維京人、羅馬人入侵要道，歷史悠久，留有古蹟無數。懷德海幼時在家鄉隨處可見古羅馬城堡的斷壁殘垣，聖奧古斯丁（St. Augustine）首度宣道的講壇，諾曼人（Norman）留下的許多教堂，這些古蹟帶給懷德海深刻的歷史與文化經驗。一八七五年到一八八〇年間，他在德賽郡（Dorsetshire）的謝爾本中學（Sherborne School）接受傳統的古典教育。謝爾本中學有一千二百年歷史，英王愛德華六世（King Edward the Sixth）曾予以重修，該校的學生因而有「國王的學者」（King's Scholars）的美譽。古文學校的住宿生活嚴格規律，懷德海對學校的鐘聲印象深刻，由英王亨利八世（King Henry the Eighth）贈送的教堂大鐘，不但使得學校生活十分規律，更給予懷德海追思往古的美感。在謝爾本就學期間，懷德海學習古典文學、歷史、地理、數學、科學等等科目。嚴格的古典博雅教育，爲懷德海日後學術研究奠定了深厚的基礎。直到這時，懷德海所受的教育，正是十九世紀英國維多利亞女王時期，一位鄉紳子弟所受的典型教育。

劍橋大學數理哲學時期

一八八〇年到一九一〇間，懷德海在英國劍橋大學三一學院（Trinity College, Cambridge University）過了長達三十年的學院生活。五年的學生生活多采多姿，他在課堂上雖然只正式修習數學，但是課外餘暇，更浸潤在無涯學海之中。劍橋傳統的晚餐時間，正是不同領域的教授學生共聚一堂，交換心得的好時機。懷德海曾提及索來（R. Sorley）與狄更生（Lowes Dickinson）令他印象深刻，這兩人正是生物數學與生物哲學研究的先驅。除了生物學，政治、宗教、哲學，都是劍橋師生經常討論的課題。懷德海自道這時他已熟讀了德國哲學家康德（Immanuel Kant）的名著《純粹理性批判》（*Critique of Pure Reason*），只是讀不進另一位德國絕對唯心論者（absolute idealist）黑格爾（G. W. F. Hegel）的著作。除了晚餐聚會，懷德海還與志同道合的師友於周六晚間組織「使徒會」（Apostles），以「柏拉圖式的對話」（Platonic Dialogues）切磋討論。原來這只是個大學生的聚會，後來竟吸引了研究生、史學家、法學家、科學家，乃至身爲國會議員的校友，一起來共襄盛舉。

一八八五年，懷德海成爲三一學院的院士（Fellow），並且受聘爲應用數學與機械學的講師（Lecturer）。這段期間英國科學界除了深受達爾文（Charles Darwin）「演化論」（evolution theory）的衝擊之外，非歐幾何（Non-Euclidean Geometry）、李曼幾何（Riemannian Geometry）的出現，也大大改變了他的幾何觀。物理學方面，馬克斯威爾

（Clerk Maxwell）提出電磁場理論（theory of electromagnetic field），對於「乙太」（ether）給予新詮釋——「乙太」是連綿不絕的光電作用。一八八六年，米契爾森（Michelson）與莫里（Morley）所做的實驗，否證了「乙太」的存在，同時也替愛因斯坦（Albert Einstein）的相對論鋪了路。

一八九〇年，也是羅素（Bertrand Russell）正式進入三一學院的那一年，懷德海與韋德女士（Evelyn Willoughby Wade）結爲連理。女士正直慈愛，雅好文藝，懷德海曾自言深受女士道德審美觀點的影響。婚後共育子女四人，長子諾斯（North），次子出生即夭折，三女潔西（Jessie），幼子艾瑞克（Eric）。後來艾瑞克在第一次世界大戰擔任飛行官而陣亡，使懷德海極爲傷痛。根據懷德海夫人的追憶，結婚前幾年懷德海對宗教產生濃厚的興趣。從一八九一年到一八九八年之間，他廣泛地閱讀了許多天主教的文獻，而這些文獻也是羅馬文化的重要成就。無論是早期的宗教經驗，或是這個時期對宗教經典的涉獵，均使懷德海深具宗教意識，而「上帝」（God）的概念在他的哲學思想裡，也一直占有重要的地位。

一八九八年，懷德海出版他的第一本著作《普遍代數論》（*A Treatise on Universal Algebra*），並因此於一九〇三年受提名爲「皇家學會」的會員（Fellow of Royal Society）。在德國數學家格拉斯曼（H. Grassmann）、英國數學家威廉哈密頓（Sir William Rowan Hamilton）與邏輯學家布爾（George Boole）等人的影響下，懷德海繼承了萊布尼茲「普遍數學」（Universal Mathematics）或「普遍運算」（Universal Calculus）的構想，提出「普遍代數」（Universal Algebra）的理論。懷德海認爲代數的演證推論（deductive reasoning）可運用於所有的人類思維，乃至外在經驗；唯有哲學、歸納推論、想像與文學，實非演算所能及。

自然科學哲學時期

一九〇五年，愛因斯坦提出相對論（Theory of Relativity）的同一年，懷德海發表〈論物質世界的數學概念〉（On Mathematical Concepts of the Material World）一文，批評「古典物質世界觀」（即科學唯物論，scientific materialism）把物質世界看成是由三類互不相干的事物：空間的點塵（points of space）、時間的刹那（instants of time），與物質的粒子（particles of matter）所構成的——這便是懷德海日後經常批評的「簡單定位」（simple location）。他認爲物質世界事實上是由直線、前後關聯的實體所組成，直線性的實體有如向量（vector）的「力」（force），雖然可以藉空間中的「點」描述之，但是這「點」只是它所衍生的性質。這時起，懷德海反對科學唯物論的思想便開始萌芽。一九一一年，懷德海離開劍橋大學，轉往倫敦大學大學院（University College, London）任教，隨後他與羅素合作，共同發展出「符號邏輯」（symbolic logic）來，並於一九一〇到一九一三年之間，二人合著的《數學原理》（*Principia Mathematica*）三大冊出版。這一時期懷德海的研究興趣，主要還是代數哲學與數理邏輯。一九一四年到一九二四年之間，懷德海也在「肯辛頓皇家科學技術學院」（Imperial College of Science and Technology in Kensington）教授應用數學，同時擔任多項教育行政工作。這時他的研究興趣漸次由數理邏輯，轉移到數學教育與自然科學哲學。自一九一二年起，懷德海多次就數學教育、博雅教育、科技教育等發表演說，最後在一九二九年編入《教育的目的與其他論文》（*The Aims of Education and Other Essays*）一書之中。這些論文多在強調智育尤其是數學與科學教育——的重要，但教育的整全性（holistic education）也不可偏廢。

一九一九年，懷德海出版了《自然知識原理探究》（*An Enquiry concerning the Principles of Natural Knowledge*），紀念幼子的早殤。第一次世界大戰的爆發和幼子的爲國捐軀，成爲懷德海思想的重大轉折點。事後懷德海曾追憶，在第一次世界大戰爆發的前三個月，英法德及歐洲各國的數學家們，齊聚法國巴黎舉行會議，相聚甚歡。怎料到轉瞬之間，便成了你死我活的仇敵。身爲一位傑出的數學家、邏輯學家和科學家，懷德海原先對人類科技文明持續不斷的發展，深具信心。但是經歷了第一次世界大戰和喪子之慟，他開始懷疑抽象的邏輯推論、科學知識和技術霸權，是否眞的可以讓世人獲致幸福。於是他進一步的轉向對科學唯物論的哲學批判，接著在一九二〇年、一九二二年分別出版了《自然的概念》（*Concept of Nature*）和《相對性原理》（*Principles of Relativity*）。這三部書，可說是懷德海自然哲學（或者「自然科學哲學」）的三部曲（trilogy of natural philosophy）。

哈佛大學歷程形上學時期

一九二四年，懷德海已經六十三歲了，屆臨退休。早在一九二〇年，美國哈佛大學（University of Harvard）哲學系主任伍德（J. K. Woods），曾表達過邀請懷德海到哈大講學的意願。一九二二年，懷德海利用假期，到美國做短期講學，對那兒的學術環境極爲滿意。一九二四年秋天，在泰勒（Henry Osborn Taylor）的協助之下，懷德海終於接受哈佛大學五年的聘約——以後延長爲十三年，全家移居美洲新大陸，展開了他人生最重要的哲學生涯。赴美之前，懷德海曾經寫信給友人巴爾（Mark Barr），道出對這次「心智歷險」（intellectual adventure）的憧憬：「如果我得到這個教職，未來在哈佛的五年，或許給我一個好機會系統地整理我的觀念，使我能在邏輯、科學哲學（philosophy of science）、形上學（metaphysics），以及其他半理論、半實踐的如教育等基本議題上，有所建樹。」在哈佛期間，懷德海果眞充分地實現了自己的抱負，開展了輝煌的學術事業，《科學與現代世界》正是他在此時的作品。自一九二五年二月起，他以每週一講的速度，在哈佛大學發表了一系列八篇演講，即所謂「羅威爾系列演講」（Lowell Lectures）。他將講稿修改擴增後出版，便是著名的《科學與現代世界》。除此之外，他還出版了《形成中的宗教》（*Religion in the Making*）（一九二六）、《象徵主義其意義與作用》（*Symbolism Its Meaning and Effect*）（一九二七）、《歷程與實在》（*Process and Reality*）（一九二九）、《理性的功能》（*Function of Reason*）

（一九二九）、《觀念的歷險》（*Adventures of Ideas*）（一九三三）、《思想的形態》（*The Modes of Thought*）（一九三八）等著作，呈現了他的哲學最精緻、最成熟的面貌——機體哲學（philosophy of organism）與歷程宇宙論（process cosmology）。除了大規模的著作之外，懷德海也講學不輟。直到一九三七年，他才正式從哈佛大學退休，時年七十六。雖然不再上課，懷德海在學校附近的宿舍，卻是學者、知識分子經常造訪請益的地方。他的謙沖爲懷、平易近人，總使拜訪者盡興而歸。一九四七年十二月三十日，懷德海以八十八歲的高齡，溘然長逝，留給世人無限的追思。

羅威爾講座

「羅威爾系列演講」設置於一八三九年，是美國企業家和泛愛主義者小約翰・羅威爾（John Lowell, Jr.）爲了紀念他的祖父著名的法官約翰・羅威爾（John Lowell）所捐贈的。講座分兩類，一是開放給一般大眾、大學生的，另一是給研究生和研究人員的；懷德海的講座是給一般大眾和哈佛大學學生聽的。講後他將八次稿子中的一次分開爲二，加上其他演講稿子和新增篇章，共十三章出版成書。其中第一章到第八章，將一部西方文明與科學發展史娓娓道來：從科學興起的古典淵源、數學在西方思想史上的作用、科學天才們的十七世紀、啓蒙的十八世紀、浪漫主義的反動浪潮、科技突飛猛進的十九世紀，到二十世紀當代物理學的新發現

——相對論與量子力學。一波一波的驚濤駭浪、波瀾壯闊，不斷打開歷史篇章，引發了人類政治、經濟、文化、社會、宗教、藝術，方方面面翻天覆地的改變，可說是西方科技推動整個文明進程的精彩故事。第九章到第十三章，則是懷德海發展自己的哲學和形上學的心路歷程，剖析科學與哲學的分分合合，批判科學抽象思考之誤用，發展哲學的上帝概念，期待宗教與科學和解攜手，以及提出社會進步的必要條件。隨著他對科學知識、哲學思辨、宗教信仰之間對立發展的剖析，懷德海一步步地勾勒出理想中形上學的輪廓。

懷德海哲學的轉型

《科學與現代世界》標誌了懷德海哲學轉型的開始。在此之前，他以自然科學哲學爲研究的主題，刻意劃分形上學與自然科學哲學的界線。他認爲哲學的主要功能在探討「自然科學知識的原理」，其主要課題包括分析自然科學的基本概念，如時間、空間、運動、測量等等，藉以說明自然世界與經驗世界之間的關係。同時他也強調科學與形上學的不同；他認爲形上學主要在精確地說明「指證實在（reality）的經驗，其來源與類型」，而科學則在透過歸納邏輯，發現自然的法則；也就是以特定的科學概念來組織知覺經驗，進而找出自然的法則。形上學重視人與物的關係，科學卻只重視對於物的知識。雖然兩者都以經驗爲出發點，卻各走各的路，可以說是同途而殊歸。然而到了一九二五年，懷德海在《自然知識原理探究》的再版序言裡曾說：

> 自從這本書的第一版在一九一九年上市之後，我又在《自然的概念》和《相對性原理》中重行思考這本書的主題。希望不久的將來能將這些書中的觀點，具體地呈現在更爲完整的形上學體系之中。

《科學與現代世界》的出版

事隔不久《科學與現代世界》便出版了。該書的出版顯示懷德海開始將自然哲學劃歸爲形上學的一部份，而這正是他晚期發展思辨宇宙論（speculative cosmology）的起點。在書中的序言裡，懷德海重新審思哲學的功能。他認爲哲學的主要功能是「宇宙論批判」（the critic of cosmologies），也就是協調我們對於自然不同的直觀。隨後他在書中加以解釋道：

> 我主張哲學在批判抽象概括（the critic of abstractions），其功能有二：一是協調抽象觀念所處的、適當的相對地位，其次將之和其他更爲具體的宇宙直觀相比較，以形成一更爲完整的思想架構（schemes of thought）。哲學有的不是少數的、精益求精的抽象術語。哲學旨在審查

各種科學，使之彼此間更爲協調統合。哲學的工作不僅要根據分殊科學所提供的證據，還要訴諸具體的經驗，使科學面對具體的事實。

質言之，哲學的功能在批判各種科學的抽象觀念，使之與我們具體的宇宙經驗相結合，而這樣的經驗包括了形上的與宗教的經驗在內。因此哲學的探索不再囿於「自然的概念」，必須納入價值與形而上的考量。爲了突顯哲學的這項功能，懷德海在出版《科學與現代世界》時，特意增加了〈抽象〉（*Abstraction*）和〈上帝〉（*God*）這兩個章節，讓這書成爲一本形上學的著作——它的目的不是科學史的，而是哲學的，尤其是形上學的。

自然哲學的傳承

誠如懷德海在本書中提及，他的「自然哲學」或「自然科學哲學」傳承自古希臘人的自然哲學。從西元前六世紀起，泰利斯（Thales）、安納克曼德（Anaximander）、安納克曼尼斯（Anaximenes）等人，開始質問什麼是構成世界的物質實體（material substances）、原因（causes）和原理（principles）？且或以地（earth）、水（water）、氣（air）、火（fire），或以無限（*aperon*, boundless）作爲答案，西方的科學與哲學便同時萌芽了。稍後畢達哥拉斯（Pythagoras 497 B.C.）的數論（number theory），提出「一切存在皆存在於數目之中」的說法，從此科學便與數學結下了不解之緣。哲學家們尋求自然的理由來解釋世界宇宙的構成，擺脫了神話（mythical）、超自然的（supernatural）、魔奇的（magic）理由來解釋一切的起源。以普遍的原理和原因做解釋，就是最簡單的形上學，那可分爲宇宙論（cosmology）和存有論（ontology）兩部分。前者探討宇宙萬有的起源、原因、構成和原理，後者則探討宇宙萬有存在本身。直到十七世紀，牛頓（Isaac Newton）撰寫他的萬有引力學說，採用的書名還是《自然哲學的數學原理》（*Philosophiæ Naturalis Principia Mathematica*）。但自那以後，「自然哲學」或者「自然科學哲學」的概念，逐步爲「自然科學」（natural science）所取代，便日趨模糊，乃至最終喪失了它的意義。時至今日，大家對於「自然科學」一詞朗朗上口，用以指稱涵蓋宇宙學、天文學、物理學、化學、生物學、動力學、熱力學等等一切與自然現象有關的科學研究，卻對「自然哲學」卻不甚了了。懷德海之所以要重新恢復現代人對於自然哲學的記憶，實際上也就是要恢復西方文明肇始——古希臘時期自然哲學的意義。經過現代科學的洗禮，懷德海的自然哲學，除了延續西方以思辨智慧（speculative wisdom）洞察宇宙的普遍原理和眞相（reality）的傳統，還針對現代科學的基本概念（物質、能量、時間、空間、乙太等等）進行剖析，並批判科學背後的預設（presuppositions），開展出聯繫抽象科學知識與人類全面具體經驗（認知、意圖、評價、審美、想像、情感、期待、信仰等等）的鴻圖，也就是他的歷程形上學（process metaphysics）或者機體形上學（organic metaphysics）。

斯瓦比的書評

無可否認的懷德海這麼做，本身也是一個高度抽象的工作。這造成他的哲學令人難以親近，甚而令人難以理解。從一九二六年威廉・斯瓦比（William Swabey）於《哲學評論》（*The Philosophical Review*）給《科學與現代世界》所做的書評可見：這本書的內容很難理解，就算被理解了，也很難爲人所接受。斯瓦比先說明這書的雙重目的，一是歷史性的，從最大的文化關聯說明過去三百年科學概念的演化；另一是對這些科學概念的批判，從而發展出一個哲學的或者形上學的宇宙論。這部分還涉及了詩與文學、宗教與政治以及其他的實踐生活，使得這本書對一般的讀者大眾而言，極具可讀性。接著，他摘取了書中的重要內容與學說。最後，他結論說這書主要的問題，在於懷德海的論點不太符合日常生活和科學實用的需要。例如懷德海以攝入的統一體（prehensive unities）的概念，取代我們常識經驗中事物（things）的觀念，是將形上學和科學宇宙論混合在一起，而可能得不到任何一方的認可。

斯瓦比的說法雖然未必中肯，但確實反映了一般讀者對《科學與現代世界》難讀、難懂、難以接受的印象。然而這本書卻在英語世界一再翻版，直到最近（二〇一一年）還是重新再版。即使斯瓦比本人也承認，懷德海的書啓發人心，內容精彩，充滿許多明智的判斷。他的理性思考以及對永恆價值的推崇，展示了深刻雋永的哲學。斯瓦比所言甚是，《科學與現代世界》出版迄今近百年，仍爲學者大眾誦讀不倦，其故安在？正如懷德海所說的：「那些刻意避免走向知識大道的人，是會遭到天罰的。」撇開過於專門艱澀的形上學和宇宙論不談，《科學與現代世界》充滿了科學史、科技史、哲學史、宗教史、政治史、文化史、哲學與科學的理論、文學與英詩、藝術與美學、自然神學、政治與社會改革思想等等知識，的確是明智的讀者不可錯過的一本好書。

本書的主題

懷德海在一開始便點出本書主題：剖析「現代社會一種思想的繁榮過程，它的普遍化以及它對其他精神力量的影響。」過去三百年來，西方科技的驚人發展，讓懷德海驕傲地說，沒有任何其他文明，不論是中國還是印度，都沒有歐洲現代科學所取得的進步。現代科學的基本特徵便在探求「鐵一般的事實」（stubborn facts）與普遍原理（general principles）之間的關係。這是基於一個本能的信念：相信「事物秩序」（order of things）與「自然秩序」（order of nature）。這秩序與普遍原理的觀念，起源於古希臘的哲學天才們，以清晰的邏輯，創立數學的一般原理，發展演繹推論，也對自然現象進行觀察。不過希臘人的自然觀富有戲劇性，認爲自然就像一齣戲，是爲了體現一種思想和目的而演出。因此每件事物在戲裡都有一個適當的角色，目的因（final causation）與動力因（efficient causation）同時被肯定。到了現代科學興起的時候，伽利略堅持「鐵一般的事實」，科學家開始保存了動力因的機械論（mechanism），反對目的因的目的論（teleology）；留下了事實，排除了價值。

科學的另一個特色，受到西方追求清楚、精確思想的傳統習慣影響，從古希臘、羅馬帝國到中世紀，一直有一種每一個細微事件都可以完全確定的方式，發現其中的因果關聯，以及其中展現的事物原理的信念。因此科學研究事實上是建立在理性的基礎上，這信念可以上溯到中世紀對神之理性的信仰、羅馬帝國時代的律法，甚至於古希臘悲劇中的命運觀念。科學除了建立在本能的信念上，還需要有探詢表面事物背後道理的興趣。不同於中世紀的象徵主義（symbolism），尤其表現在藝術作品和美學上，科學更重視的事物其自身。這造成自然主義（naturalism）的興起，讓不可化約又鐵一般的事實成爲科學研究最重要的對象。目前現代科學的進展，已經可以將前科學時期的知識遠遠拋開，並且讓歐洲人的觀點完全受到科學的支配，固定在科學宇宙論上面。這個宇宙論假設一種終極的事實，也就是宇宙是由物質所構成的，而物質本身無意識、無價值、無目的，完全受到機械性的外在關係（external relations）所支配，這就是所謂的「科學唯物論」。懷德海認爲科學唯物論的假設本身並沒有錯，但這只是科學思想高度抽象作用的產物。如果把這樣高度抽象的思想當作是具體的事實，那麼只能得到支離破碎的事物細節。這事物的細節必須放在整個系統之中，才能還原其本來面目。這個系統不僅包含了邏輯的理性，還有美學的境界；不僅包含了事實，還包含了理想。

數學與抽象

西方文明之所以走向高度抽象，關鍵就在於數學。身爲數學家與應用數學的專家，懷德海很清楚地知道純數學在現代科學發展過程中，扮演的重要角色。「自然數學化」與「觀察實驗」，是現代科學的兩大特徵，而兩者都脫離不了數學。懷德海明確指出數學是人類精神最富有原創性的產物，它的原創性在於運用理性推論，而不以有限的現前經驗去發現事物之間的關係。懷德海指出數學本來是一門專門探索數量和幾何的科學，到了現代，還包括更爲抽象的微積分和純邏輯的類型關係。數學讓我們擺脫了個別事例，因爲它完全抽象的普遍性，使我們能從被觀察到的個別實有，推論到普遍的原理，從過去的事例推論到未來的事例，這就是歸納法（induction）；所有的科學活動都建立在歸納法的基礎上。換言之，歸納法是從已知推論到未知的方法。這樣的推論顯然預設了自然是連續的、有因果關聯的，且有秩序、有規律。在自然科學研究上，數學所提供的是精準的「抽象通則」（abstract generality），但如果要將抽象的通則應用在自然的現象上，那麼其精確性可能就會被打折扣了。

歸納法可能的失誤

歸納法是自然科學最常運用的數學與邏輯方法，操作時也須格外小心。首先進行歸納推論的時候，可能會有失誤。例如在數學上，可以肯定四十的一半是二十，但將四十個蘋果分成兩堆時，就得小心在操作上不犯失誤。其次，要注意推論所預設的抽象條件是否成立，也許會因為沒有把握到一些前提，導致推論失敗。再則，對於抽象通則所適用的個別事例，原則上我們無法達到完全的確定性。把四十個蘋果分成兩份應該可以達到完全的確定性，但如果是大量的計算，就無法避免失誤了（如兩千年美國總統大選，即使在機器計票的情況下，很多州的選票都算不準）。懷德海因而認為在進行歸納推論時，必須注意兩個問題。一是我們必須確定某些特定被觀察的事物之間的關係，是否遵守某些特定的、精確的抽象條件。另一是直接被觀察到的事物，只是某類事物的「樣本」（sample）而已。由於某種原因，只要是樣本所符合的抽象條件，同類的事物也一樣會符合。這從樣本推論到整個同類事物的歷程，便是歸納法。

休謨、康德、懷德海的因果論

簡而言之，歸納法是由殊別到普遍的推論，也是因先果後的推論（相似的原因總是導致相似的結果）。歸納法背後預設事物之間的因果關係，在哲學上造成很大的爭議。休謨（David Hume）根據「印象優位」（the supremacy of impressions）的原則，認為我們在原因之中，無法發現結果，並沒有所謂的因果必然關聯。我們之所以有因果觀念，是出於對經常連結（constantly conjoined）的事物，總是必有前後相隨的心理期待。因果必然的觀念實出於習慣與信念，是心理的必然，而不是邏輯的必然。這是懷疑論（skepticism）的立場。另一方面，康德（Immanuel Kant）則認爲因果概念是悟性（understanding）的先天認識形式（a priori form），是整理雜亂感覺內容的範疇概念，雖然有普遍有效性，但不是自然的性質。這是先驗論（transcendentalism）的立場。至於懷德海所採取的，則是以具體經驗所對的時空關聯者（space-time relatum）或事件（events）爲基礎的實在論（realism）。

生命、機緣與事件

於是懷德海在《科學與現代世界》首次引進「機緣」（occasion）這個詞，用以指稱一切實際的存在，包含人的直接認識活動本身。基本上，懷德海反對傳統西方把物質性的「實體」（substance）當作構成萬有的基本概念。物質實體在古希臘是地、水、氣、火、乙太、種子、原子或無限，在現代是原子（atoms）、粒子（particles），這些實體的累聚（aggregation），無法解釋生命機體的現象。懷德海從「立即經驗」（immediate experience）出發，主張立即知覺本身是由時空關聯者——「事件」所構成的。「事件」一詞原意是指在時空關係之中自然事物的發生（happening），懷德海認爲這項發生有延展性，表現生命的韻律，且不斷變化生成，是自然最終極的事實（the ultimate facts of nature）。這樣的自然概念以經驗認識論（experiential epistemology）爲基礎，其中的知覺經驗是關聯性的（relational），而不是原子性的（atomic）。換言之，生命和知覺活動都是在特定時空之中，一旦發生，就一去不返，這樣的功能與歷程，並不是靜態的實體可以解釋的。

歸納法與機緣

於是懷德海說，所謂歸納法就是我們透過「立即機緣」（immediate occasion）推論出對於「遙遠機緣」（remote occasion）的知識。以我們感官知覺所及範圍的有限性，之所以能認識宇宙中的各個細節，皆因立即機緣與它們有著適當的數學關係。普遍抽象條件之間關係的模式，皆以相同的方式影響著我們對外界實在的抽象表述。這就是抽象邏輯的必然性，也就是每一個經驗立即機緣所顯示的彼此交互關係。將數學運用在自然現象上，原是出於人心的分析功能，其目的在從事實展現的抽象條件中，分離出重要的元素來。這項分析顯示我們對經驗內容的直接感覺賞析，也就是對經驗本身殊別本質的賞析，包括對其中具體價值的賞析在內。根據立即經驗，歸納法從立即機緣建立數學通則，如果想從立即機緣推論出遙遠機緣來，那遙遠機緣必定和立即機緣之間有一定的關係，作爲構成立即機緣本質的元素。而數學歸納法運用這項原理，發現普遍抽象條件的整體，而這些條件可應用於任何具體機緣（concrete occasion）之間的關係，這內在關聯構成一定的模式，便是整體的關鍵。普遍抽象條件中關係的模式，像外在眞實性一樣，加諸於我們對關係模式的抽象表象（abstract representation）之上。由於普遍必然性，每個東西都必須是它自身，藉以有別於其他東西。因此抽象邏輯的必然性涉及了一項預設：那就是顯示在每個經驗的立即機緣之中、彼此關聯的存在（interrelated existence）。

懷德海論因果推論

懷德海明確地指出因果推論必須建立在事物交相關聯的基礎上，以及事物的本質上。這實在論的立場既不同於休謨否定事物之間有某種特質造成因果關聯，又不同於康德認爲因果概念是超乎經驗的。片面樣本的推論，必預設了整體，而整體是形上學的概念。他說存有的理性和諧（reasonable harmony），有賴於雜多機緣的統合，以及所有涉及邏輯和諧（logical harmony）的機緣完全地實現，這是形上學說的第一條款。也就是說在一起的東西，必有在一起的理由。思想要能穿透每一個事實的機緣，藉著理解其關鍵條件，整個複雜情況的模式也就昭然若揭了。換言之，歸納法所預設的不是事物之間的「經常連結」，也不是我們認識的先天結構。歸納法的預設是「自然秩序」；所有自然事物都處於交相關聯之中，我們之所以能進行推論，由近而遠、由已知到未知，正是因爲作爲樣本的事物特質和所有同類的事物特質相同，才能從中抽取出普遍的法則來。因此歸納法必須要有可觀察的立即機緣作爲依據。這些立即機緣足以提供我們過去的線索，以推論未來的知識，而歸納法的關鍵在於正確地理解這樣的立即機緣。

懷德海認爲觀察立即機緣，運用理性抽取出普遍性質，這樣歸納法便預設了形上學，也就是先前的理性論（antecedent rationalism）。我們對歷史的訴求需要理性的證明，那就是說形上學必須保證有一個可訴求的歷史；同理，我們對未來的猜測，也預設了一個可受某些因素決定的未來。歸納法必須預設一個從過去到現在、從現在到未來的整體自然，這自然是連續的，其各個部分是彼此相關的。然而科學唯物論所預設的「簡單定位」了的物質，存在於無時距的刹那（durationless instant）、無體積的空間（volumnless space），各自爲政，毫不相關，當然無法提供歸納法任何依據。從自然的整體事實出發，懷德海提供給歸納法一個實在論的基礎。通過數學，運用邏輯推論，科學掌握到了所有機緣的完整模式，也就是最美最普遍的美感性質，懷德海稱這種性質源自一個「機緣統一體」（a unity of occasion），其中包含了同類事物並存的事實。他進一步指出，哪裡有統一體，哪裡就會在機緣的普遍條件之間建立美感關係。而理性的作用即在發現複雜機緣的統一體所需要的邏輯和諧；這邏輯的和諧既是排斥性的，又是包容性的；必須排斥不和諧的，包容和諧的。

量子力學：唯物論與機體論

然而數學提供自然的普遍性與必然性，在量子力學提出之後，受到了動搖。量子論主張電子在空間中的存在是不連續的，這和我們習慣性假設是物體的連續存在很不相同。另一方面，事物（如光、聲、電）的終極本質落在它們的振動性（如光波、聲波、電波）之中，構成這振動系統的成分是什麼？讓我們引進了機體論（doctrine of organism）來取代唯物論。看到這樣的可能性，懷德海不禁興奮地說：「將科學唯物論替換下來，如果這曾經發生過，一定對思想的每個領域都會產生重要的影響。……畢達哥拉斯在建立歐洲哲學和歐洲數學時，就賦予了它們這一最爲幸運的幸運推測——難道就是神聖天才的閃光，洞察到事物最深的本質上去了？」

懷德海眞是過分樂觀了。他正確地觀察到二十世紀物理學的新發現——「電子」和「量子」現象，引進了「能階」的觀念，打破物體連續存在的想法。另一方面，電子不具有質量，只是以波動韻律的形式存在，電光的傳播，提供了「場」（field）的概念，這些也動搖了物質或實體是自然終極事實（the ultimate fact of nature）的說法。再者，「量子」之爲微觀（microscopic）粒子，其活動會受到巨觀（macroscopic）「測量設施」的干擾，無法同時準確地測得其位置與速度，因而引進了機率論（probabilism）和「非決定論」（indeterminism）的概念。加以通過實驗證明，「光」同時具備波動與粒子的二象性（Wave-Particle Duality），打破傳統對於光的物理性質的認識。這些問題日後引發了科學界近百年有關「量子力學詮釋」的爭議，迄今未歇。以愛因斯坦爲代表的實在論（realism）和決定論（determinism），主張量子力學違背了局域實在論（local realism）和機械決定論（mechanical determinism），對於自然而言是不完備的（incomplete）的理論。另一位偉大的物理學家波耳（Niels Bohr）則相信量子力學是完備的；完備地描述了量子系統需要互補性的架構（framework of complementarity），也就是同時進行波動和粒子的描述，不能只靠單一理論架構——古典物理學來說明。這些爭議都是在《科學與現代世界》出版之後發生的；但是直到現在，大多數的科學家並未如懷德海所期待的，放棄「科學唯物論」，改採「機體論」。反而是畢達哥拉斯的數論，原來只接受有理數（「根號2是無理數」則是不可告人的禁忌），到了現代則大大擴充了它的範圍。

簡單定位的概念

自此而後，科學開始蓬勃地發展，終而排斥了哲學。然而懷德海在本書中，卻一貫抱持著樂觀的態度；他認爲時空相對論與量子力學的出現，動搖了傳統的時間、空間、物質、能量、原子和乙太等等概念，適足以恢復哲學批判並協調科學抽象作用的功能，重新審視科學唯物論的基本預設，也就是衍生出「初性與次性二分」（the bifurcation of primary and secondary qualities）的「簡單定位」的想法。懷德海認爲從十七世紀科學興起以來，科學宇宙論（scientific cosmology）深切地影響了歐洲人的視野。那宇宙論預設了一瀰漫空間的、不可化約的、赤裸裸的物質（an irreducible brute matter），作爲自然終極的事實。如此一來，自然變得沒有感知、沒有價值、沒有意圖，盲目地依循外在關係，或說機械原理在運行。這項預設便是所謂的「科學唯物論」，也是古典物理學的基本立場，其特徵爲假設質量（mass）爲物體本有之物理數量，不會隨物體運動而改變。而宇宙自然便是由具有質量、在剎那點塵（instantpoint）之間的物質所構成。

懷德海指出這樣的物質概念具備了「簡單定位」的性質。所謂的簡單定位有兩種特質：一是指時空相同具備的主要特質，另一是因時空而有不同的次要特質。首先「此時此地」（here and now）或「在此時此地中的質料」，無須參照其他任何時空區域，有其絕對確定的時空位置，和其他物質粒子的時空區域無關。「簡單」便是指物質最小的單元，這樣的物質粒子存在於特定的時空之中，無論在時間上還是在空間上，都不可再分割。它可說是刹那間的點塵，既不占一段時間，也不占據任何體積，這便是「簡單定位」的主要特徵。其次，「簡單定位」有兩項次要的特徵：在時間上，如果某物質持續存在於任何一段時期之中，那它也同樣存在於該時期中的每一個時刻。換言之，時間的分割不會造成物質的分割。然而就空間而言，體積的分割卻會造成物質的分割。因此如果物質散布在一定的體積之中，其部分體積中的物質必少於整體。物質既然無關乎時間的分割，那麼時間便成爲物質的偶性（accident），而不是本質（essence）了。時間的轉變與物質的性質無關，相同物質在每個刹那都是一樣的，沒有轉變可言，時間不過是一系列的刹那（the succession of instants）而已。質言之，對於簡單定位了的物質而言，與時間的關係是種外在關係。時間與物質的性質無關，只是物理測量的對象。

錯置具體性的謬誤

科學家將時間「數量化」，也就是將時間「空間化」（spatialisation）。與懷德海同時代的法國哲學家柏格森（Henri Bergson），曾對「時間空間化」作出批評。他認爲這是理智抽象作用對於自然事實的扭曲，把不具延展性、只是不斷地發生時間，放在相同的尺度上加以測量，事實上時間根本無法像空間一樣測量。懷德海同意柏格森的批評，不過他並不認爲這樣的「扭曲」是理智思考上的謬誤。問題出在於科學家把高度抽象的物質觀念當作是具體事實，因而犯下了「錯置具體性的謬誤」（Fallacy of Misplaced Concreteness），在哲學上造成極大的傷害。爲了進一步說明這樣的謬誤，懷德海再舉「實體與性質」（substance and quality）的二分爲例。實體和性質觀念的產生，是因爲我們總是透過辨識物體的感覺性質，來觀察該物體。比如我們看到一個物體是堅固的、藍色的、圓形的、發出聲響的等等，這些都是物體的特徵與性質。除了透過這些性質，我們便無法辨識物體。這些性質有些是偶然存在的、常常會變的（如顏色、聲音），有些則是物體的基本性質，與物體不能分離的（如質量、體積）。這些分辨使得我們產生實體與性質的概念：實體是物體不變的基質（substratum），而性質有變有不變，可作爲實體的述詞（predicate），其中只有會變的性質是偶然的。

初性與次性的二分

可是到了十七世紀，古典物理學只談物質的運動。當光線進入眼睛打擊到視網膜，那是物質的運動。接著神經系統和大腦受到影響，那也是物質的運動，其他的感官受到的刺激也一樣，是物質的運動。如此一來，伽利略（Galileo Galilei）、笛卡兒（Rene Descartes）、洛克（John Locke）都主張實體本身是不可知的，只有物質粒子作用於感官之上所產生的性質是可知的，但那並不是實體自身的性質。實體自身的性質是初性（primary qualities），可知可感的性質則是次性（secondary qualities）。這就是所謂「初性與次性的二分」。初性是實體的基本性質，而自然是由實體的時空關係所構成。這些關係的秩序構成了自然的秩序，能爲人心所體會。不過心靈必須與身體結合；心靈的體會是由身體某部分的活動（如大腦）所引發的，因此心靈所體會的、所經驗的感覺，這物體的次性，只是心靈的性質，並不是物體自身的性質。但如此一來，便產生了「自然兩橛的謬誤」（Fallacy of the Bifurcation of Nature）。懷德海說：

「於是自然所得到的性質：無論是玫瑰的芬芳，夜鶯的輕唱，還是太陽的光輝，眞正應該歸屬我們的心靈。詩人完全錯了。他們應當爲自己的心靈而歌頌，把對自然的禮讚改成對人心卓越表現的恭維。實際上自然是個了無生趣的東西，無聲、無味、無色，只是一群匆忙去來的物質，沒有目的，沒有意義。」

暫時實在論與三種極端主張

科學的物質觀為哲學引進了兩個概念：一是在時空之中簡單定位了的物質，另一是只有知覺、感受、推論但不參與的心靈。於是現代哲學始終擺盪在三種極端的主張之間，一是二元論（dualism），將心物看成各自獨立的實體；另外是兩種一元論（monism）：一是將心靈置於物質之中的唯物論（materialism），另一是將物質置於心靈之中的唯心論（idealism）。懷德海認為這正是因為現代哲學家既不能擺脫與抽象觀念之間的糾纏，也不能克服「錯置具體性謬誤」的緣故。在懷德海看來，無論唯心還是唯物，皆是偏執一邊，無法顧到整體全面。於是他建議採取「暫時實在論」（provisional realism）的立場，以「機體」作為終極概念，兼顧一切實在的心物兩面。如此一方面可以擺脫唯心和唯物的偏執，另一方面可突破心物的界線。不同於柏格森的活力論（vitalism）明確地劃分心物界線，認為無生命的自然受到機械法則的支配，有生命的世界則展示著創造的動能。懷德海卻認為有生命與無生命的界線並沒有那麼明確，具體持久的實有就是機體。從「最小的機體」電子、分子，到「較大的機體」高度複雜的心智存有，只要任何機體作為部分，一旦進入了整體之中，就會受到整體計畫的影響；因此，同時受到機械因和目的因雙重的作用。如此懷德海的機體概念，突破了有機與無機的界限。

事件的攝入性

懷德海接著採用前述「事件」一詞，來說明機體的含義。首先，機體或者事件不是簡單定位了的物質實體，而是時空關聯者，具備了分離的（separative）、攝入的（prehensive）、以及模態的（modal）等三種特性。分離性指時空具有分離事物之性質，事物在時空中分散佈列。攝入性指時空令事物聚合，事物共存於時空之中。模態性是指每個事件在空間有一定形狀，在時間占一定時距，以此有其固定界限與模態。一個事件之所以爲一個事件，因爲它以某種模態——特定限制的形態，在時間與空間上與其他事件分離開來，到這裡爲止，事件與簡單定位了的物質差異並不大；兩者差別的關鍵於在攝入性。懷德海將英文「體會」（apprehension）一字的「ap」去掉，造了「攝入」（prehension）這個詞。在他看來，無論是有意識的生命，還是無意識的無機物，都是「有感的」，也就是「能攝入的」。懷德海引用培根（Francis Bacon）磁石召鐵、溫度計顯示天氣冷熱的不同，或者遠距引燃油氣等例子，說明事物對於外在刺激的立即反應，便是一種「非認知的體會」（uncognitive apprehension），也就是「攝入」。

攝入與巴克萊的心

其次，「攝入」有著巴克萊（George Berkeley）「心」的知覺作用。站在主觀唯心論（subjective idealism）的立場，巴克萊主張「存在是被知覺」（*esse est percipi*, to be is to be perceived），「心外無物」，無論這「心」是我的心、他人的心，還是神的心；說「我知道有些東西無法被知覺」，是自相矛盾之詞。「心」對所有事物的統攝涵蓋，正是「攝入」的表現。爲了說明這一點，巴克萊提出一套獨特的視覺理論來。他反對一般光學和幾何學中的距離論，這類理論主張距離觀念的產生，是出於眼睛的生理結構和物體與空間的幾何關係。當眼睛的兩個視軸對準同一個物體的時候，便會形成一個角度，根據這角度的大小，便可判斷物體的遠近。這種理論建立在幾何學線條與光學視覺角度的假設之上，但巴克萊認爲這些假設皆無法由視覺所親見，並不是眞實的存在。事實上，我們無法直接辨識距離，必須透過其他觀念間接地取得距離的觀念。透過感覺、知覺和觀念的累積，使我們從不同的角度、位置，或清晰，或朦朧，或大或小，熟悉同一物體各種不同的形狀和顏色，才能判斷出物體的距離——對巴克萊而言，這時心靈統合所有的知覺，把事物匯集起來，在前文提到的「攝入統一體」或者「機緣統一體」之中。

萊布尼茲的單子與知覺

不過値得注意的是，巴克萊的知覺和觀念只是唯心所識，懷德海的「攝入」卻是客觀實有。就這一點來說，「攝入」或者「事件」，要更爲接近萊布尼茲（Gottfried W. Leibniz）客觀唯心論（objective idealism）裡的「單子」（monad）。萊布尼茲的單子總在活動（in activity）而非運動（in motion），是最簡單實體，宇宙的構成單元。單子根據其自身內在原理活動，萊布尼茲稱之爲「知覺」（perception）。單子「活經」（living through）所有的內在變化，它活在「知覺」與其自身經驗之中——懷德海稱之爲含過現未三世的「歷程」。單子的宇宙不是由同時存在的靜態物質根據機械決定的秩序構成的，而是個睿智的世界（a universe of noumenal reality）；其中獨立活動體聚合在一起，彼此協調而交相關聯成爲一整體。這樣，單子的知覺一方面映照著自身內在的活動，另一方面又映照著其他所有的單子，萊布尼茲於是稱每個單子都是一面宇宙的活鏡（a living mirror）。

攝入與知覺

懷德海「攝入」的作用和萊布尼茲單子的「知覺」極爲接近；攝入是活動而非運動，其自身是有機整體的一部分，透過不同的角度，覺識到其他攝入的不同面向（aspect）。每一個攝入反映了其他所有的攝入，同時也是其他攝入的一部分。如此，如果將空間看作是攝入的整體，則其每部分必相因相成。例如以甲乙丙爲相同空間中的三體積，則自甲的位置可從一角度見乙的一面，也可見丙的一面，甚而可見乙與丙的相互關係。如此空間裡所有的體積，皆交相關聯，成爲一整體。懷德海並稱由甲的角度見得乙的一面，是乙加入甲的組成的形態（The aspect of B from A is the mode in which B enters into the composition of A），此即與空間攝入性結合的空間模態性。而甲的攝入統合體（the prehensive unity of A）即是自甲的角度見到的所有其他體積的「攝入統合」（prehensive unification）。同樣道理，若說時間是由無時距的刹那連續而成，不過是出自邏輯的想像。實則時間有一段時距，且同時與其他時段交映互射（mirror），這便是時間的攝入性。

攝入統合

「攝入統合」最顯而易見的例子便是感覺。懷德海解釋說感覺是認知性的知覺，如果把感覺對象（sensible object）或客體看成是處在特定時空情境中的東西，那它與時空之間的關係會很複雜，他稱這樣的關係是「契入」（ingression）。從不同的角度與視野，我們認識到不同感覺對象的各種形態，知覺便是對這些形態的攝入統合，包括感覺對象在內。例如站在甲處看到乙處的綠色，這乙處的綠色並不是單純的「綠色」，而是從甲處以乙處爲地點形態的綠色（present at A with the mode of location in B）。又好比從鏡中看見自己身後的綠色，這時的綠色又以「反射於鏡中」爲其形態。以此，不同的感覺對象各具不同的形態；原則上，時空是感覺對象形態契入（the modal ingression）的所在。這就是說所有的知覺都發生在時空之中，沒有外於知覺的時空，也沒有外於時空的知覺，知覺與時空同樣眞實。如果把時空看做是簡單定位的所在，那知覺便成爲不眞實的「心理添加物」（psychic additions）了。所以說，知覺便是對攝入統合或者攝入的認知。眞實的世界是由許多攝入所構成，每個攝入都是「攝入機緣」（prehensive occasion）。這樣的機緣是最具體的有限存在，只爲自身而存在，不會爲其他攝入機緣而存在。但這不是說攝入孤立自存，有簡單定位的特質。因爲時空的概念原是從彼此相關的、攝入統合的整體中抽取出來的。懷德海打了一個幽默的比方，說攝入有簡單定位的特質，就好像說人的臉在配合自己泛起的微笑一樣，實在不恰當。還不如說知覺的行動有簡單定位的特質，畢竟行動是可以在特定時空被認知的。

「攝入統合」既是不斷的活動，也是生成變化的歷程。懷德海認爲自然本身就是攝入統合的複合（a complex of prehensive unifications），其中的攝入從自然的整體脈絡中，取得其實在性。反之，整體也和每個攝入一樣眞實。每個攝入從自身的觀點統合了各種形態，再將之加諸於整體的每個部分，這樣的攝入便是統合的歷程。因之，自然可從一個攝入轉變成另一個攝入，不斷擴充發展。過去的攝入對未來的攝入總會保留自身的觀點。由過去而現在，由現在而未來，自然就是這演化歷程的結構，而實在便是歷程。

事件、客體對象與契入

懷德海承認「交映互攝」的概念，乃得自萊布尼茲。「事件」與「事件」件之間彼此涵蓋延展（extensive over），具有內在關係（internal relations）；客體對象或者事物可辨識的恆常性質契入「事件」，彼此間則有外在關係。「外在關係」只是事物之間的機械作用，是一種「偶然關係」（contingent relation）；內在關係則是部分與整體之間的關係，是一種影響事物內在本質的關係（essential relation）。所謂「契入」也可譯作「進入」，原爲自由進入之意，懷德海則用以指稱「對象」與其時空處境——即「事件」之間的複雜關係。說「對象契入事件」是指「事件」以其不同客觀特質來塑造其自身。由於「對象」有多種：如感覺對象、知覺對象（perceptual objects）、物質對象（material objects）、科學對象（scientific objects）等等，對象契入事件的方式也有多種。這裡懷德海的「契入」，有襲用柏拉圖理型論（Plato's Doctrine of Forms）現行世界「參與」（participation）理型之意：在時間之流中，不斷變遷的經驗世界，透過「參與」永恆的理想形式，得到自己的特質。不過無論是「參與」還是「契入」，其象徵意義要大於實質意義。實質上，懷德海意在表示事件之爲個別機體，與整體環境有著不可或分的內在關係。個體的生成、存在，其目的與意義和整體密切互攝；而自然正是這有內在相關性（internal relatedness）的整體。

浪漫自然與價值

有機演化的自然，或許和科學機械的自然格格不入，但卻和十八世紀浪漫運動中英國詩人筆下的自然，聲氣相通。懷德海提到丁尼生（Alfred Tennyson）質疑自然受到機械法則的支配，盲目地運行；人與自然一般，盲目地行動，無法負起道德責任。華茲華斯（William Wordsworth）醉心自然有科學無法表達的美感價值，他和水仙花歡笑，在櫻草花中找到眼淚不足以表達的深意。雪萊（Percy Shelley）雖然對科學充滿好感，卻不屑於初性與次性二分的理論。對他來說，自然仍然保留了它的華麗色彩，萬物永無窮盡的宇宙從心靈流過，捲起了千重浪。懷德海並比較華茲華斯與雪萊之間的差別：雪萊很重視自然的變化，描寫落葉在西風前飛舞，又如幽靈逃避巫師；華茲華斯則被自然巨大的恆常性（permanence）所縈繞，爲永恆客體（eternal objects）（見下文）做見證。他們都有力地證明自然不可能與審美價值分開；自然哲學必須考慮變化、價值、永恆客體、持久機體和它們之間的彼此交融。從詩人想像力豐富的生動表達裡，懷德海將自然秩序持續穩定的狀態，與背後更大的實在連結起來，提出絕對者（the Absolute）、梵天、天道、上帝等等描繪終極實在和形上眞理的名相。自然總與審美價值結合，是懷德海的一貫信念。他將自然一般的演化理解爲事件的統一體，是某種實現性（actuality）的突現（emergence）。於是懷德海形容詩人將我們的具體經驗以韻文的形式表達出來，我們立即體驗到價值的元素，有價值的（valuable）、具備價值的（having value）、自爲目的的（being an end in itself）、爲其自身的（being something which is for its own sake），是具體實現不可或缺的特質。「價值」是所有事物的內在眞實性（intrinsic reality），從詩人的眼光看來，自然瀰漫著價值。如此一來，懷德海不但突破了有生命和無生命的界線，同時打破了事實與價值的二分：所有的事實都有價值。

價值與觀照

歷史進入十九世紀，懷德海認爲這個世紀受到浪漫主義運動的影響，在宗教復興、藝術創造與政治革命上表現卓越。科學與技術的進步，徹底改變了人類的生活條件。蒸氣機、鐵路、電報、無線電等等的發明，推翻了舊文明，開創了新時代。懷德海指出這個時期有四個偉大的新觀念：第一個是物理活動充斥著所有空間；第二個是物質是原子構成的，電磁效應則是在連續的場域中產生的；第三個是能量轉換的理論，說明變化之下，量的守恆觀念；第四個演化理論，說明變化造成新機體的出現。四個觀念綜合起來，使得這個世紀成爲科學成就的頂峰。機體研究的蓬勃，讓人們拋棄了唯物論對於什麼是原初實有的回答，這答案不是物質，而是事件。事件在時間中延續構成了它的特殊現前（specious present），也就是事物的實現性：作爲一個實現自身的機體，事件本著早期生命歷史的記憶，形成一種價值元素；在它的背後有一種對所有永恆客體（除了實現性，還包括可能性（possibility）、潛存性（potentiality）、和永恆性）的「觀照」（envisagement）。「觀照」使得個體可以做出超越物理定律之外的選擇，平衡不同的價值，讓個體成爲更廣、更深、更完整其生命歷史中的一部分。懷德海提出「觀照」的概念，是想提供涵蓋與未來有關的可能性、思想上的理想性，以及二者融入實現性的一個場域。他也用「概念的攝入」、「直觀」（intuition）和「眼界」（vision）等詞表達類似含義。在本書中，他認爲這樣的觀照是所有事件活動背後的永恆能量，在《歷程與眞際》中他則明確指出觀照是「上帝的觀照」。無論哪種說法，「觀照」顯然是出於理論上的要求，而不是特定主體的活動。

持久與永恆

如前所言，事件不只涉及具體的實現性，還涉及可能性（possibility）與潛存性（potentiality）；甚而涉及超越一切事物與時空的永恆性（eternality）。爲了說明這種種的詳情與細節，懷德海乃提出「永恆客體」與「模式」（pattern）的概念。自然有持久性和永恆性的事實，這些事實如果成爲我們認識的對象，前者可稱爲「持久客體」（enduring objects），而後者則是所謂的「永恆客體」。「永恆」是「不在時間之中」（atemporal），於是有了持久和永恆的區別。持久的事物占據一段時間，比如一座大山，雖然會長時間存在，但也有受到侵蝕坍圮的一天。然而山的顏色卻是永恆的，不論哪座山隆起或者倒塌，山的顏色維持不變。這顏色便是懷德海所謂的「永恆客體」。山是持久的，顏色是永恆的，這可從兩者有不同的時空關係看出來；山總是占據一段時空，而「顏色」卻不在時空之中。

永恆客體、理型與本質

自然最具體的事實是變遷不已的事件，而變遷的事物如果要成爲認識的對象，就必須透過「認知」（recognition）來把握其中永恆不變的、可以不斷重複的、與其他事物相同的成分（elements, factors, ingredients）；永恆客體便是事物不變的特質。懷德海的這項說法早已見於他的自然哲學；事件如果是具體的時空關聯者，總是一去不返的，而客體對象卻獨立於時空之外，恆常不變。如果客體對象要和時空發生關係，也必須間接地透過事件去契入事件。如此一來，懷德海的「對象」和柏拉圖的「理型」、桑塔耶那（George Santayana）的「本質」一樣，超越時空，永恆不變。不過柏拉圖的理型可以獨立自存，桑塔耶那的本質是實體性的、絕對無限的「非存在」（non-existent）。他的「存在」則是不眞實的（irreal）、非理性的。這些都和懷德海的永恆客體不同。永恆客體不能離開事件而爲人所認知，反之，事件也不能沒有對象作爲它的特質。我們對於事件的認識，有賴於永恆客體的各個面向，如顏色、聲音、味道、幾何學等特徵。這時永恆客體會是一個事件藉著另一個事件的面向而取得的成分（ingredient）。這裡「面向」是「永恆客體」的同義詞，「成分」是事件「特質」、「要素」的同義詞。懷德海想要強調的是，我們對事物感覺特質的認知，往往涉及其他事物（如水中月、鏡中花），因爲這些事物都在時空關聯之中。

懷德海提出「永恆客體」的理論，在認識論上有其深意。學者布雷斯韋特（R. Braithwaite）認爲他這麼做，是爲了避免英國經驗論者洛克（John Locke）的「表象論」（Representative Theory）與彌爾（John Stuart Mill）的「現象論」（Phenomenalism）所遭遇的困難。「表象論」主張有兩套性質，一套是可感覺的性質（sensible properties），一套是物質的性質（material properties），而前者在人心之中，以某種方式「表象」出後者來，這就造成了「自然的兩橛」。至於「現象論」則主張「感覺予料」（sensa-data）是最後的事實，其他的都是從「感覺予料」中衍生出來的「邏輯建構」。因此「現象論」不會造成「自然的兩橛」，但仍不免造成「邏輯建構」附屬於「感覺予料」的後果。懷德海則提出另類的思考，他認爲有兩種事件，一是一般事物的物質事件（material events），另一是心靈中的「覺知事件」（percipient events），兩者都是眞實的，其間並沒有誰「表象」誰，或者誰從誰「衍生出來」的問題。知覺的歷程便是兩套事件同時出現，各自不能獨立擁有性質，獨立的性質只有「永恆客體」。如此「永恆客體」、「知覺者」和「被知覺物」之間形成了一種「三角關係」（a three termed relation），透過「永恆客體」的「契入」，「事件」的性質才得以被認知。

簡單地說，懷德海一貫採取多元實在論（plural realism）的立場，他不僅肯定心物是眞實的，心物關係是眞實的，心物所處的時空是眞實的，更肯定事件的性質（永恆客體）也是眞實的。不過「永恆客體」如果不能「契入」時空之中，它的眞實性便處於潛存的狀態，尚有待實現。

永恆客體與模式

「永恆客體」只是我們對於事物不變特徵和永恆層面的認知，此外，事件與事件之間還有固定的「模式」（pattern），也是我們把握事件永恆層面的重要關鍵。簡單的說，「模式」就是事件固定的內在結構與外在關係；雪花總是六角形的，音樂總有一定的旋律，桌子椅子、鳥飛魚躍、電子旋轉都有一定的樣式，這些都是「模式」。「模式」也是一種「永恆客體」，它不僅和感覺所得有關，也和其間的固定型態有關。模式是加諸事件的限制，決定事件有限形式的必要條件，也是事件價值之所繫。懷德海對於「模式」這項特殊的見解，也曾見於他的〈數學與善〉（*Mathematics and the Good*）一文。他說「模式」這觀念的重要性，就和文明一般古老；所有知識和藝術的研究、社會系統的凝聚、文明的進步都與模式有關。而模式的穩定性（stability）以及改變（modification），是實現善的必要條件。

特殊現前與生命歷史

根據懷德海的理論，「永恆客體」與「模式」是提供事件形式、特質和活動的必要條件，不斷變遷的事件之中，總有不變的永恆客體。永恆客體的保持與重複，使得事件能維持自身的同一性（self-identity），以及取得個體生命歷史的持久性。當構成事件部分的某種形式不斷地重複時，事件中某種特殊形式的價值才會不斷地重複。通過對事件的分析，總有相同不變的、爲其自身的事物（the same thing-for-its-own-sake）顯現在前。另一方面，事件發生在時間之中，占據一定的時段，有其內在的特質與一定的模式，懷德海稱這構成了事件的「特殊現前」。前文提到，特殊現前是事件的實現性，結合事件在時間之中的各個面向。這「特殊現前」有獨特的哲學涵義，美國實用主義者詹姆士（William James）也曾採用，指稱當下立即的知覺意識總在時間之流中，與過去的記憶與未來的期待不可或分。換言之，意識是連續的，特殊現前便成爲過去與未來的交會點。對懷德海而言也是如此，特殊現前並不是刹那，既然占據一定時段，必與過去和未來有涵蓋延展的部分，事件也因此而有了生命歷史。

笛卡兒的心物二元

回到科學與哲學的發展史上，懷德海很明確地指出現代科學與哲學的起源是同步的。現代哲學帶有主觀主義的色彩，反對古典的客觀主義。個人主體前所未有地突出；宗教上，馬丁路德（Martin Luther）問我如何被赦免？現代哲學家則問我如何獲得知識？每個人都成爲自己價值的天然衛士，留下了基本人權的觀念。在懷德海看來，古代世界立足於整個宇宙戲劇，也就是客觀的自然法則，現代哲學則立足於主體的內在戲劇，也就是能知的自我。現代哲學之父笛卡兒的沉思，讓「我思」（ego cogito）成為內在戲劇的主角。雖然在相對論的影響之下，現代思潮有些走出主觀主義的趨勢，但是科學思想中反主體主義的部分，拒絕調和科學的終極概念和具體實在；一切都被當作是冷酷的事實，無需再深究了。最終，反哲學理性主義的科學盛行，把哲學推出了現代生活的有效範圍，哲學則退縮回到心靈的主觀領域。

在這個過程中，懷德海認為笛卡兒的心物二元論（body-mind dualism）扮演了重要的角色。現代哲學最重要的問題便是心靈與物質是兩種不相干的實體，各有各的本質與原理。心靈的本質是思想、是意識、是認識，物質的本質是延展。笛卡兒以心靈為認識主體的理念，提供了現代哲學兩大課題：一是心理學，探討心理的功能與功能之間交互關係的心理學；二是認識論，探討共同客觀世界的知識論。換言之，有關於認識的研究，視心靈為被動（qua passions of the mind）；也有關於心靈主動直觀到客觀世界的研究。笛卡兒以心靈是意識實體的理論，到了十九世紀末受到美國實用主義者詹姆士（William James）挑戰。詹姆士認為意識不是實質的東西，而是一種功能（function）。懷德海接受詹姆士的說法：意識不是任何實質的東西，在我們的實際經驗裡，思想意識確實會發揮功能，也就是能知（knowing），而意識所對的，不僅是存在的事物，且是個所知（known）。另一方面，心物平衡的狀態受到生理學（physiology）的破壞，現代心理學家穿上了醫學生理學的外衣，使得心靈自然化了，成為刺激與反應的連結。然而心靈的認知是對全體的反省經驗，是統合部分的統一體，不是數量的累積；這統一體便是前面所說的「事件」與「攝入統合」。因此我們對外在世界的知識不只出於理智的作用，更出於經驗的統攝。對全體的攝入，在把握事物之間的關聯性（relevance）。攝入的作用顯示這個世界是一彼此關聯的系統（a system of mutual relevance），藉著攝入事物得以相互反映。

心物問題的化解

就現代哲學最大的問題——心物問題而言，懷德海認爲自然機體論和唯物論的出發點正好相反。唯物論從實體出發，認爲心靈與物質是獨立自存的實體。物質因移動位置、因與其他物質的外在關係而改變，心靈因直觀到的對象而改變，兩種實體受到不同的作用所支配。機體論則著眼於事件在社群中實現的歷程。事件是眞實事物的單位，持久模式維持事物穩定性，是事件的內在價值之所繫。而「認識是普遍的實質活動在個別眞實事物的顯現」，所認識的客體對象涵蓋了可能性、實現性與目的性。心靈以及心靈所意識到的事物都是眞實的，只是這些眞實的東西不是實體，而是功能、活動，乃至於是心物模式的各個面向與交互相關性。懷德海說：

> 「意識可說是能知的功能，但其所知是對眞實宇宙面向的攝入。這些面向是與其他事件相互影響的面向，在面向的模式中，彼此間有相關性的模式（the pattern of mutual relatedness）。」

這模式的面向或由形狀，或由感覺對象，或由其他種類的永恆客體所構成，使得在變遷之流的事物能維持一定的恆常性。

機體、環境與社群

從機體論的立場看來，懷德海指出具體存在的事件，只有「機體與環境」、「整體與部分」的區分，沒有心物、主客之分，甚至沒有有生命和無生命的分別。以物而言，身體是有持久「身體模式」（bodily pattern）的身體事件。身體的部分以整個身體事件爲環境，二者間有部分和整體的關係，也有互爲環境的關係（「身體」是「身體部分」的環境，「身體部分」也是「身體」的環境）。同理，有機物中的分子和無機物中的分子，二者的不同只出於分子反映其所在的模式不同。在電磁場中的電子顯示電磁現象，在生命體中的分子受到生物自我保存的本能，以及身體活動遵循意志決定的影響，爲其所在的整體模式所支配。整體模式一旦改變，就會影響其中的每個部分。以心而言，私密的「心理領域」（psychological field）只是「觀點」（standpoint）的問題，事件從自身觀點出發就有了「心」。單一的心理領域便是單一的事件，這事件是個整體，不是部分的總和。我們對自己身體部分的認知，是透過各種不同形態（視、嗅、味、觸、內覺等等）而取得的，但這些身體事件的部分卻只和單一心理領域結合。而心理領域的成分並不限於事件自身，往往超越事件之外。透過對自身以外的、多樣事物的統合，心靈發揮了認識的功能。

一旦客體對象契入變遷事物之中，成爲知覺者的知覺對象，便給知覺者帶來超越它自身的東西，而主客關係正出於這些永恆客體所扮演的雙重角色。一方面在變中維持不變，另一方面也帶來變化。永恆客體會藉著傳遞宇宙社群中其他主體的面向，來改變知覺者的主體，因此沒有個別的主體有獨立的眞實性，每個主體都是自身以外其他主體有限面向的攝入。如此一來，所謂「主客」的認知關係，事實上是「自我客體在其他客體之中」（ego-object amid objects）。這「其他客體」涵蓋了所有的潛存性和實現性；有個無偏無頗的其他客體世界，超越了自我客體的此時此地，也超越現前同時實現的空間世界。這世界包括了過去的實現性，未來的有限的潛存性，整個抽象潛存性的世界，以及超越實現歷程的永恆客體之域。「自我客體」便是一般所謂的意識，特別是指主體當下的意識。它意識到自己的經驗，那本質上是由自身、眞實世界和觀念世界之間的內在相關性所構成的。自我客體總在眞實世界之內，有賴於觀念的契入，作爲它超越自我的意圖。

主觀主義與客觀主義的對立

如此，懷德海機體的概念或可化解哲學上主觀主義（subjectivism）和客觀主義（objectivism）對立的問題。主觀主義相信我們的立即經驗，完全來自於主體自身的感受和個人的認知。如果說有一個思想上共同的世界，那也出於與其他個人感官知覺的連結，事實上並沒有獨立於我們概念思考之外的共同世界。客觀主義則主張我們感知到的實際世界，是個自存的共同世界。這世界是由眞實的事物所構成，包括我們的認知行動在內，但這世界超越我們的認知。懷德海指出主觀主義的說法不符合我們的知覺經驗；我們經驗到的是外在世界中的色聲香味，在時空之中的山河大地。我們也感覺到自己的身體是世界的一部分，這世界並不依賴我們而存在。其次有許多東西，如月球的背面、地球的核心、遙遠的星球，未有人類以前的宇宙等等，都不是我們主觀感覺得到的，而是推論出來的。這些雖然不是我們個人經驗的內容，卻相當信而有徵，可見眞實的世界確實超越個人的經驗。再則憑著行動的本能，一種自我超越的本能，我們自知這行動超越其自身，及於已知的外在世界。凡此種種，可見主觀主義是站不住腳的。

但客觀主義一向受到科學唯物論的扭曲，主張有獨立自存的物體——簡單定位了的物質存在，也一樣造成許多困難。但如果我們承認外在世界是由機體所構成，那局面就改觀了。機體是有知覺的攝入統一體，同時也是有軀體的統一體。機體根據身體所在的時空關係，反映整個時空世界的各個面向。從簡單定位的觀點，物質在一時一地，不可能反映整個宇宙；但從機體的觀點，每個機體和其他機體交鎖關聯，相互反映。機體結構因與環境交互作用而產生變化，發生演化的現象。機體的概念否定了「簡單定位是事物涉及時空的基本方式」的觀念。所以懷德海說：「以某種意義而言，所有的事物遍在每時每地。因爲每個定位都有其自身的某個面向在所有其他定位之中，所以每個時空觀點反映了整個世界。」懷德海的這項說法和佛學言事物有相及相入的關係，所謂「一即一切，一切即一」十分類似。如此，機體的概念肯定客觀的世界，也肯定主觀的經驗，進而肯定兩者之間有不可或分的關係，以及兩者所構成的整體。

價值論與機體論的結合

總結以上所說，懷德海的機體論不僅越過了有生命與無生命的界線，打破心物的藩籬，主客的對立，事實與價值的二分，同時也整合了所有的人類經驗。人不但有唯物論者所預設的感覺，還有道德直觀（moral intuition）、宗教情感、宇宙直觀（intuition of the universe）與審美直觀（aesthetic intuitions）。在詩人的眼中，自然永遠不能和美感價值（aesthetic values）分開。從機體論的立場，自然是在某些確定了的條件限制下，如時間空間、自然法則，展示機體的演化，而這演化本身往往超越自然。自然最普遍的現象便是演化的擴充（evolutionary expansiveness），其構成單元即所謂的事件；這事件不僅是最爲具體的事實，也是價值。所有的事件或機體都各有其內在價值，而其自我實現的過程就是取得價值的過程。事實是固執的、不可化約的、受到限制的，不論是科學還是藝術，或是其他的創造性活動，都無法擺脫有限事實。然而沒有孤立的事實，也沒有孤立的價值，所有事物的性質取決於它在整體之中的作用與功能，反之，整體的價值也受到個體的型塑，促使演化不斷發生。懷德海這項將價值論與機體論結合的做法，使得他的哲學提升到形上學的層次。

抽象與形而上的描寫

懷德海在出版《科學與現代世界》一書時，特別增列了〈抽象〉和〈上帝〉兩章。〈抽象〉這一章眞的是非常抽象，懷德海甚至建議讀者可以跳過去不讀。在這章裡，懷德海表示他致力於提出一種宇宙論的學說，其內容宏大，足以包括科學與科學批判，並且以有機綜合（organic synthesis）的理念，代替科學唯物論。他的這項立場和過去最大的不同，就在於發展形而上理論的需要。什麼是這理論上的需要呢？懷德海認爲自然之爲「實現的歷程」這個普遍的原理，需要形而上的終極預設。於是他將「自然機體論」發展成爲——「描寫形上學」（descriptive metaphysics），並使得自然哲學時期的重要概念，取得更深一層的哲學含意與「形而上的地位」（metaphysical status）。

現行機緣與永恆客體的形上地位

先前幾章，懷德海曾經提到「機緣」的概念，意指現時現地經驗的立即發生，也就是「立即機緣」。「立即機緣」的經驗是整體的，同時涵蓋了經驗的各層面，如認知、記憶、思維、想像、期待等等。立即經驗不僅是有意識的活動，也涵蓋無意識的感知，如磁石召鐵，電子波動等等。到了〈抽象〉章，他更明確地使用「現行機緣」（actual occasions）這個詞。這裡「抽象」一詞不是數學、邏輯或者科學的抽象，而是指不涉及任何特殊經驗的、超越具體、現實的永恆客體之本質。根據懷德海的說法，有著具體性和實現性的「現行機緣」，可透過藝術、虛構敘述、想像，聯繫到理想性上；這實現性與理想性，便是一切實有基本的「形上處境」（metaphysical situation）。「永恆客體」作為無限可能性與理想性的來源，供給「現行機緣」各種等級模式。反之，「現行機緣」也加諸可能性各種限制（limitation），藉此統合各種事物，突創出特殊的價值來。就自然機體論的觀點看來，沒有孤立的「現行機緣」，它們總是和「永恆客體」以及其他機緣在一起。「永恆客體」則可以孤立，因為作為可能性，它們的關係可以不涉及自身的個別本質（individual essence），就得以表達出來。不過以何種形式表達出來？懷德海並沒有說明白。

可能性與實現性

如前所言，「現行機緣」與「永恆客體」之間有契入的關係；而每個永恆客體自身有其的個別本質，可對每個特殊機緣做出貢獻——即其實現的可能性。現行機緣之間有無限多種關係，就像在抽象之域中，永恆客體之間的關係一樣。每個現行機緣的性質，由這些可能性在該機緣中實現出來，也可說是現行機緣在可能性中做選擇。作爲抽象實有，每個永恆客體都不能脫離與其他永恆客體的關係，也不能脫離與一般現行機緣的關係，因此每個永恆客體都具有關係的本質（relational essence）。一個機緣因選擇了特定的現行機緣與抽象層級，得以實現其自身，但也因此受到了限制。這限制不僅限制了它的可能性，也限制了其他機緣與它的綜合。這時，爲了使得「現行機緣」仍能保持自做決定與選擇的自由，就須有形而上的終極預設。換言之，對機緣而言，與其他機緣過去、現在、未來的關係，不是單純的因先果後的或者等值等量的關係。機緣與機緣之間的綜合，還涉及了機緣本身的意圖與選擇，因此保留了自由的空間，不是機械因果決定的。而「上帝」正是這自由的保障。這保障出於上帝是個體活動背後的實質活動（substantial activity），是可能性和潛存性的寄託，且是實現性得以實現的原理。

實現歷程

懷德海描述現行機緣實現的過程，都是一個歷程，一個生成變化的歷程（a becomingness）。機緣與機緣之間，有著內在關係；機緣與永恆客體之間，有著外在關係。又每個機緣來自其他機緣，構成了它的過去；就與其相連的等級，在立即現前向其他機緣展示自身的原創性，構成了它的現在。如此現行機緣可能完全受到過去的決定，但只要它展示自身，便有其自發性的攝入活動。這時該機緣便可以未來的形式取得不確定性，這不確定性包括因該機緣納入永恆客體而有的部分確定性，以及該機緣和過去與現在其他機緣之間時空相關的確定性。如此該機緣的未來是對永恆客體之爲「未有」（not-being）的綜合，也是從一個機緣變成其他機緣、從「未有」變成「有」的歷程（not-being becomes being）。這裡「有」是在美感綜合中有效的個體，可視之爲自我創生。從「未有」到「有」是一種超越，懷德海稱這樣的現行機緣是「超體」（superject），因永恆相關性（eternal relatedness）而突現的價值（emergent value）。把原來無價值的可能性攝入到超體的活動綜合活動，就是前面提到的——形而上的實質活動。無論懷德海這番形而上的描寫多麼複雜，他所想要表達的不過就是：每個具體的、特殊的、具有實現性的存有，同時也有無限的可能性，可以把它塑造成新的價值。而這一切，就是現行實有自我實現的過程。

懷德海的上帝

除了〈抽象〉章，〈上帝〉章也是懷德海在《科學與現代世界》裡特意增加的一個章節。不僅標示了機體哲學發展新的里程碑——之後在《形成中的宗教》和《歷程與眞際》中，「上帝」的概念是他形上學的最高概念之一，也是二十世紀美國歷程有神論（process theism）的開展起點。「歷程有神論」是指懷德海和他哈佛大學助理哈茲洪（Charles Hartshorne）的神學思想。其後追隨者，主要是成立「歷程研究中心」（Center for Process Studies）的柯布

（John B. Cobb, Jr.）和葛里芬（David R. Griffin），以加州克萊蒙神學院（Claremont School of Theology）爲基地——最近搬到奧瑞岡州——發展出新的基督教神學運動。就個人歷史而言，懷德海生長的環境，無論是家庭、學校以及十九世紀英國維多利亞時代的鄉紳社會，都充滿了宗教信仰（尤其是英國國教）的氛圍。無疑地，他從小便有豐富的宗教經驗。羅素曾說懷德海劍橋大學做學生時，受到過著名的紐曼主教（Cardinal Newman）的影響，幾乎要改宗羅馬天主教。隨後懷德海自修神學，長達八年，終至放棄神學的研究，此後便成爲無神論者。羅素曾證言說：「從一八九八年到一九一二年我和他最爲熟識的幾年間，他是極爲明確堅定的無神論者。」但在經歷第一次世界大戰痛失愛子的慘禍之後，懷德海又改變了他對宗教的態度。唯力是尚的機械宇宙無法提供人生以和諧秩序和目的價值，宗教是不可或缺的生命經驗。在這樣的宗教信念下，懷德海著手撰寫〈上帝〉這一章，不過他的上帝不是特定宗教信仰的對象，不是人格神，他的宗教也不是世俗的形式宗教（如基督教、天主教、猶太教、回教等等）。懷德海的宗教情感與其說接近耶穌、穆罕默德，毋寧說接近柏拉圖與亞里斯多德。正如他在該章開宗明義地表白：「亞里斯多德發現要完成他的形上學，必須引介一位『原初動者』（Prime Mover）——上帝的概念。……在亞里斯多德的物理學中，想維持物質的運動需要一個特別的原因。如果普遍的宇宙運動能持續下去，在他的理論系統中物體運動便可成立。……因此他需要一個原初的動者來維持天體的運動……。如果我們在先前章節中，談到的普遍形上學有類似的問題，那只能以類似的答案來解決。取代亞里斯多德的上帝作為原初動者，我們所需要的上帝是一切事物的聚合原理（the Principle of Concretion）。」

這裡懷德海明白地指出，他的宗教興趣是形上學的，他的上帝也是出於形上學理論的需要，是一終極預設。對亞里斯多德而言，這終極預設是引發宇宙一切運動的原動者，對懷德海而言，這終極預設是具體事實的基礎。懷德海在哈佛大學的同事霍金（William Ernest Hocking）曾確認懷德海這樣的想法，他說懷氏曾告訴他有關上帝的概念：「如果不是出於描寫事物完整性的嚴格要求，我根本不該把祂涵蓋在形上學中。我們必須給所有的要素一個基礎。如果提出一堆說辭，然後講：「『噢！我相信有個上帝』，那是沒有用的。」換言之，在這「上帝已死」的時代，如果不是出於理論的需要，懷德海寧可避免提出上帝這概念。

上帝之為限制原理

顯然懷德海提出上帝的概念，是為了給「現行機緣」實現歷程一個形而上的解釋——有關它們受到的限制。每個特有的形態本來就是受到限制，以有別於其他形態。現形機緣在實現歷程中，當然也會受到先前的限制。這限制有三種形式：一是所有機緣必須遵從特殊的邏輯關係；二是特定機緣實際上遵從的選擇關係；三是在普遍邏輯與因果關係之內，該歷程受到的影響。另一方面，現行機緣作為突限價值，也受到限制。如果沒有先前的價值標準，來衡量相關機緣和永恆客體實現後的價值，就不可能有價值。因此在價值之間必須先有一個限制，做爲提供相反、等級以及對立等價值衡量的依據。這裡先前限制的形上處境，便是終極限制（the ultimate limitation）原理，懷德海稱之爲「上帝」。就現實性而言，我們可以確知什麼是必然的，何以是必然的。但和邏輯與事實牴牾的錯覺（illusion），則出於非理性的限制（irrational limitation）。這時，我們需要一個更普遍的限制，作爲所有理性和非理性限制的來源。懷德海稱沒有理由可以說明限制是出於上帝的本質，因爲祂的存在是「終極的非理性」（the ultimate irrationality）。而所有的理由都來自於上帝，祂的本質也是理性的來源。上帝做爲終極限制，祂不是具體的，但卻是具體實現性的來源。

懷德海特別強調這不是說現實的存在是由形上理性決定的。上帝作爲限制原理是具體的，我們只能透過殊別經驗來認識上帝，而不是從抽象推論得知上帝。這點他的看法和一般經驗論一致：任何形而上不確定的，總是實事上確定的（What is metaphysically indeterminate has to be categorically determinate）。這是理性的極限，實事的限制並非出於任何形而上的理由（metaphysical reason）。透過具體經驗提供的通則，不是抽象推理所能發現的。同樣的，想要認識上帝必須通過個別的經驗。上帝不僅在理論上是「主體性起源」的終極解釋，也是人類宗教經驗的終極對象。懷德海說人類各自以不同詮釋來加諸這樣的經驗，或稱之爲耶和華，或稱之爲阿拉、梵天、天父、天命（Order of Heaven）、第一因、無上（supreme being）、機遇

（Chance）。每個名稱都相應於一套衍生自該名稱使用者經驗的系統思想。不過他特別強調這「上帝」不是中世紀神學家所描寫的全知、全能、全善、全有的上帝；如果「上帝」是終極活動的形上基礎，那祂不僅是善的起源，也是惡的起源。但如果上帝是限制的最高理由，那祂的本性便能區分善惡，無須再爲惡的起源負責了。換言之，上帝不是善惡的作者，而是善惡的評鑑者。

宗教與科學

通過對科學起源的歷史探討，對科學唯物論背後的預設簡單定位的批判，對取而代之的自然機體論的詳盡說明，懷德海最後提出自己的形上學說與上帝的觀念，《科學與現代世界》一書的眞正意圖終於浮現。出生於十九世紀下半葉的英格蘭，生活於二十世紀的上半葉的歐美，有著嚴格的科學訓練與深厚的人文素養，懷德海見證了兩次世界大戰，親身經歷了科技帶給西方文明的重大衝擊。傳統與現代、人文與科技、心靈與物質、目的與機械、抽象與具體、價值與事實，一切不該對立的文明因素，嚴重地對立著。懷德海思考人類文明的未來，從哲學的觀點，試圖找到新的出路。〈宗教與科學〉章就是這樣的一種努力。懷德海坦承西方歷史上宗教與科學之間總有衝突，但兩者也總是持續發展。後者僅是一項簡單歷史事實；無論是宗教還是科學理論，都曾隨著時代推陳出新，不斷有新的理論產生。前者則是影響整個人類文明發展的嚴重危機，如何在科技時代維護宗教精神與本質，正是現代生活的一大課題。有鑒於宗教和科學對於人類重大意義，懷德海甚至說未來歷史的軌跡，將取決於我們如何化解兩者之間的不和。

不過，懷德海在此提「宗教與科學」的衝突，不只是指歷史事實，且指二者間本質性的對立與不相容。可以想見，宗教關懷人與神的關係，肯定超自然的、超卓存有（supernatural, supreme being）的存在。人在此世的生活、道德規範、價值意義，乃至死後的歸宿，均透過這最高存有的恩典得到寄託。站在宗教啓示的立場，人是　自己行動負責的自由主體，神則是人靈魂不朽與自由的保障。另一方面，科學的目的在尋求自然現象的因果解釋，透過觀察、實驗、測量等方法，認識自然的事實。因此科學家所提供的世界觀是受到機械因果律所支配的物質宇宙，不容許超自然存有的存在，也不承認人能認識任何終極的原理與目的。依據科學衍生而出的人生觀，不免受到機械論、決定論（determinism）、相對主義（relativism）、實用主義（pragmatism），乃至虛無主義（nihilism）所影響，從而否定與宗教有關的自由、責任、道德、倫理、價值等概念的本質意義。

在二十世紀初，懷德海是西方最能深切感受到宗教與科學之間的對立、且必須加以化解的哲學家之一。面對科學自然主義的挑戰，宗教不可能再維持超自然主義，但也不能任由科學不知節制地否定宗教、道德和審美經驗，乃至以膚淺的感覺主義禁錮哲學理性。眼見宗教力量在西方文明日漸式微，科學知識的權威不斷超越宗教，他呼籲宗教必須學習科學，追求改變，才能保持傳統的力量。宗教的原理可以是永恆的，但它的表達方式需要不斷地發展。懷德海承認宗教式微的原因，在於其與科學發現的事實不相容。就這方面，宗教必須讓步，跟隨科學進步的腳步與之互動，必可得益。另就情緒面來看，宗教在現代生活也因不合時宜而備受冷落。宗教不僅關乎理智，也關乎情緒。古代宗教常將不可知的自然力量，訴諸如憤怒暴君一般的神祇，以引發人恐懼、敬畏的情緒。然而現代人的情緒是「非宗教的」（non-religious），他們將處理情緒的問題交給心理學，並且期待生活在舒適、有組織的現代社會裡。不過心理學和有組織的現代社會，是否足以取代傳統宗教的功能呢？懷德海顯然不以爲然。他說過去宗教對安排人生秩序甚具價值，宗教鼓勵人們從善去惡，宗教是屬靈的，是人精神生活所不可或缺的。爲了穩固強化這精神生活，人們不免崇拜超卓存有或上帝。然而懷德海深知現代人所能接受的「上帝」，當以激發愛與智慧爲宗旨，不可再如傳統憤怒的上帝般，製造恐懼與奴性依賴。於是懷德海肯定宗教精神的特質在於擁有終極的善，人性對宗教最直接的反應就是崇拜，而崇拜即是在互愛力量的驅使之下，達到永恆和諧的目的。反之，惡是造成支離破碎的獸性驅動，只會阻礙、破壞和傷害。上帝的力量則在於祂所激發出來的崇拜，使人在精神上進取不懈。

社會進步的必要條件

在《科學與現代世界》的終章，懷德海回顧他在本書展開出來的主題。歐洲民族如何經過長期準備，確立民族理智的特殊方向？如何展開出科學的主題？如何獲致勝利？如何改變人類文明？如何達到頂峰？如何顯露自身的界限，喚起人們再次運用創造性思想？根據他的觀察，科學對現代世界有四方面的影響：一是提出機械唯物的宇宙觀，二是技術的運用，三是知識的專業主義（professionalism），四是行爲動機生物學的解釋。科學帶給人類前所未有的進步，但是現代社會也因此面臨了前所未有的問題。懷德海指出科學引進了現代思想中的個人主義（individualism）；基於笛卡兒心靈實體的概念，人的肉體完全脫離了價值的領域。工業革命之後的十九世紀，傳統農業社會轉換爲製造業的時代，從心靈作爲獨立實體的學說，導引出個人私有的道德、自尊和爭取個人機會，成爲工業領袖績效的道德。都市化發展，資本主義和拜金主義，使人對自然和藝術之美缺乏尊敬，無視於人與自然環境之間的重要關係。專業人才訓練過於分化和專門，雖增進了各自有限學科範圍內的知識，但也產生了相反的效果。專家的通識薄弱，對歷史人文一無所知，受限於一隅的本位心態，一生只思考既定的某一套抽象概念，造成知識分子的獨身主義（the celibacy of intellects）。現代生活的其餘部分，因衍生自專業的淺薄，導致了巨大的危險。理性的指導力量被削弱了，現代社會缺乏眼界和沒有協調能力的專家，讓國家、城市、地區、機關，乃至於家庭和個人，在局部之中迷失了整體。

懷德海認爲如果現代社會想要進步，就需要智慧的指導力量，強化價值充分交互作用，平衡通才教育和專業教育的對立。除了傳授知識，教育更須重視直覺的訓練，培養學生欣賞各種價值。除了理解太陽、大氣層和地球運轉的一切問題，也不遺漏欣賞日落餘暉的美。他指出現代專業化的訓練，讓人們的腦筋僵硬地遵循方法論，對抽象作用的限制毫不反省。專業自滿的理性主義，實際上就是一種反理性主義（anti-rationalism）。受限於抽象思考上的武斷，致令缺乏藝術的靈魂，遭受幽閉的痛苦。懷德海強調藝術引發的美感功能，他說偉大的藝術不在圖一時之快，而在增添自我成長的豐富內容，透過自身的享受和深刻的紀律，使靈魂不斷超越自我。然而，懷德海認爲對於文明社會的審美需求，科學的反應到現在爲止都是不幸的。唯物論把事實和價值對立起來，一切有關社會組織的思想，都用物質或資本來表達，終極的價值被排斥了，商業競爭中人生價值被貶損了。工人成了人手，對於上帝提出來的問題，人們給的答覆就是該隱（Cain）的答覆：「我是看守我兄弟的人嗎？」他們也犯了該隱的罪。

根據資本主義的商業體系、科學唯物論、人性的貪婪、政治經濟學的抽象思考，在科技躍升的時代，懷德海診斷出未來的罪惡。喪失宗教信仰、濫用自然資源、平庸造成退化、美感創造受到壓抑，令現代社會有了衰敗的徵兆。十九世紀的口號是生存競爭、階級鬥爭、商業競爭、武裝鬥爭，但從演化哲學得出的結論是能改變環境、相互合作的機體，才是成功的機體。一顆樹獨存不易，樹木要聯合成樹林，才能長得茂盛。人類社群的歧異是促進發展的必要條件，但不同不是敵人，人類需要有相似之處，以便相互理解；有相異之處，以便引起注意；有足夠的偉大之處，以便引起欽佩。講到這裡，懷德海確實展現了重視人類合作而非競爭的態度，迥異於他所處的時代精神——大英帝國的侵略主義（imperialism）。

不過令人遺憾的是，稍後懷德海仍然受限於歐洲的冒險主義（adventurism）與優越感，肯定歐洲人掌握科技、全球殖民、冒險犯難的傳統。他說未來的作用就是有危險，而科學的諸多好處之一，就在於能使未來具有危險。北美洲的印地安人接受既有的環境，導致稀少的人口勉強覆蓋廣闊的土地。而歐洲人抵達美洲大陸時，立即採取了合作的策略，改變了環境。其結果，歐洲人以超過印地安人二十倍以上的人口，占有了相同的土地。懷德海這裡的想法與社會達爾文主義者（Social Darwinism）幾無二致；從哥倫布起，歐洲人侵略殖民美洲，屠殺原住民，以高度發展的社會組織與武力技術爲後盾，「成功地」改變了美洲的環境。但是這種違反人道、泯滅人性的侵略，並未得到應有的反省自覺，導致今日世局紛亂，人類文明岌岌可危。所幸到了最後，懷德海還是肯定哲學智慧要優勝於武力征服。偉大的征服者如亞歷山大，對人類精神整體轉變的影響，相較於從泰利斯（Thales）之後的思想家的影響，就顯得微不足道了。從個體來說，這些思想家是沒力量的，但最後卻是世界統治者。

總結以上所說，《科學與現代世界》中機體思想最大的特色，就在它的形而上性格。它所作的最大貢獻在超越西方傳統哲學的各種兩元論；舉凡有生命與無生命、心物、主客、內在與外在關係、價值與事實、目的因與動力因、不確定與確定、不朽與毀滅、潛存與實現、個人與社群、整體與部份等等二分，懷德海皆以機體的概念加以化解。這本書的困難在於過分抽象複雜；懷德海所指唯物物質觀是高度的抽象，但它卻來自於常識經驗。常識告訴我們外在事物眞實存在，如果不斷分割，確可產生物質粒子的概念。反之，懷德海雖然說他的機體概念來自具體經驗，但卻不是物質實體，而是一種活動與功能。他以時空關聯者的事件是具體的，以所有認識的客體對象爲抽象，更是有違常識經驗。或許這就是懷德海哲學雖然意義重大，卻未得到應有重視的主要原因。不過時至今日，處於全球化時代，所有人類的連動性密不可分，正如懷德海的機體概念所示。當前新冠肺炎全球肆虐的可怖景觀，也證實了懷德海一切實有皆有內在相關性的觀察。值此二十一世紀世界文明前景一片渾沌之際，如何發展出作爲「全球一家」和「永續生命共同體」理念的理論基礎，令人尤感懷德海哲學的迫切性。

民國一〇九年四月於東海大學

目次

第一章　現代科學的起源

文明的進程並不完全是一股邁向更美好事物的統一潮流。如果我們將其用足夠大的刻度描繪出來，它也許具有上述外觀。但這種廣泛的觀點，模糊了許多我們賴以全面理解這一進程的細節。如果放眼幾千年的人類歷史長河，我們就會發現新時代的出現往往相當地突然。寂寂無名的民族忽然取得歷史事件的主流地位；技術的發現改變了人類生活的機制；原始藝術迅速盛開，充分滿足某些審美熱情；偉大的宗教在草創時期，就在各國和各民族之間傳播著天堂的平靜和上帝之劍。

西元十六世紀見證了西方基督教的分崩離析和現代科學的興起。這是一個動亂的時期，儘管許多新領域和新觀念都呈現出來了，然而卻沒有一樣眞正確定下來。在科學方面，哥白尼（Copernicus）和維薩里（Vesalius）是代表人物，他們象徵著新的宇宙觀和科學對直接觀察的強調。喬爾丹諾・布魯諾（Giordano Bruno）則是一個殉道者，儘管他的受難並不是由於科學，而是由於自由想像推測。一六〇〇年布魯諾的死，迎來了嚴格意義上現代科學的第一個世紀。但是，因爲後來的科學思想並不信任他的那種一般推測，所以他受刑的象徵意義並未爲人所察覺。宗教改革儘管十分重要，但也只能被認爲是歐洲民族間的內部事務。甚至連東方的基督教也以一種毫不關心的態度來看待它。而且，這種分崩離析在基督教和其他宗教的歷史上也不是新鮮事物。當我們將這次偉大革命放置於教會的整個歷史中時，我們不能將之視爲給人類生活確立了什麼新的準則。不論好壞，它只是一次偉大的宗教轉型，並不是新宗教的出現。宗教改革本身也這樣認爲。改革者們認爲他們只是恢復了那些被人遺忘的東西而已。

現代科學的興起卻與此截然不同。在各個方面，它都與當時的宗教運動形成鮮明對比。宗教改革是一場人民起義，曾在一個半世紀裡將歐洲置於血泊之中。而科學運動剛開始時只侷限在一小部分知識精英當中。在目睹了三十年戰爭和記憶猶新的荷蘭阿爾瓦（Alva）事件[1]那段歲月裡，科學家所遭遇的最壞情況便是，伽利略（Galileo）在平靜地死於病榻之前，曾受到體面的拘禁與輕微的申斥。有史以來，人類所遭遇最爲密切的變革，就以這種平靜的方式開始了，而伽利略受迫害的方式是這個變革的開幕獻禮。自從一個嬰兒降生在馬廄裡以來[2]，還很難找出有這麼大的一次變革是以這麼小的驚擾開始的。

這一系列演講的主題，說明科學的平靜發展，實際上已經使我們的思想面貌變得豐富多彩，因此，以往被視爲特例的思維方式，如今在知識界廣泛傳播開來。這種新的思考方式在歐洲已經緩慢地蔓延了很多年，最終得以在科學的快速發展中迸發，從而也透過這種最顯著的體現，而強化了自身。這種新的思想面貌，甚至比新的科學和新的技術都更爲重要。它將我們心中形上學的預設和想像內容改變了，因此，舊刺激能激發出新的回應。也許我關於新的思想面貌的比喻過甚其詞了，我所要說的意思是「差之毫釐，謬以千里」。關於這一點，令人尊敬的天才威廉・詹姆斯（William James）在一封已經公開的信中有一句話倒是很貼切。當他完成偉大的著作《心理學原理》（*Principles of Psychology*）之後，他寫了封信給他的兄弟亨利・詹姆斯（Henry James），在信中他寫道：「我必須面對不可化約而又鐵一般的事實，來錘煉我的每一個句子。」

現代思維的特色就是對一般原理與不可化約而又鐵一般的事實之間的關係，發生了強烈的興趣。不分時地，都有一群注重實際的人致力於「不可化約而又鐵一般的事實」；不分時地，也都有一群具有哲學氣質的人，熱衷於構想普遍原理。正是對於詳細事實的強烈興趣，和對於抽象概括地孜孜以求的結合，構成了我們當下社會的新景象。此前，這種現象突然出現，好像是出於偶然。如今這種思想上的平衡兼顧，已然成爲有素養的思想所必須接受的一種傳統。這是使生活保持甜蜜的鹽。大學的主要任務，就是要將這種傳統作爲普世的遺產，一代一代傳承下去。

十六、十七世紀讓科學得以在眾多歐洲潮流中出類拔萃的另一個特色，就是它的普及性。現代科學誕生於歐洲，但是整個世界才是它的家。近兩個世紀，西方模式曾持續而混亂地影響了亞洲文明。東方的智者過去和現在都一直困擾著，不知道哪種調節生命的祕密，可以從西方傳到東方，而不至於胡亂破壞他們所珍視的自己的遺產。愈來愈明顯的是，西方能立即給予東方的，便是它的科學和科學觀點。只要是一個理性社會，這類東西都能從一個國家傳播到另外一個國家，從一個民族傳播到另外一個民族。

在這幾次講座中，我將不會討論科學發現的細節。我的主題是現代社會一種思想的繁榮過程，它的普遍化以及它對其他精神力量的影響。閱讀歷史有兩種方式：順推和回溯。在思想史中，這兩種方法都不可偏廢。一位十七世紀的作家說得好：要理解一種思潮，就要考慮它的前因後果。因此，我在這次講座中將會考慮我們現代自然探究的某些前因。

首先，如果沒有一個普遍的本能信念，相信「事物秩序」（Order of Things），尤其是「自然秩序」（Order of Nature），那麼現代科學就不可能存在。我用「本能」這個詞是經過深思熟慮的。只要人們的行爲被固定的本能所約束，不管人們說什麼都一樣。言語也許最終會損害本能，但是直到這發生之前，言語都不作數。這一點對於科學思想史來說非常重要。因爲我們發現自休謨（Hume）時代以來，流行的科學哲學一直在否定科學的合理性。這個結論是建立在休謨哲學的表面理論基礎上的。我們可以以休謨的《人類理解力研究》（*Inquiry Concerning Human Understanding*）第四章的一段話爲例進行說明：

> 總之，每個結果都是與它的原因不同的事件。因此，結果是不能從原因中發現出來的，我們對於結果的先驗構想或概念必定是完全任意的。

假如原因本身不能提供任何資訊給結果，以至於概念的產生是完全任意的，那麼我們馬上可以得出結論說，科學是不可能存在的，除非科學的意義就在於建立完全任意的聯繫，而這種聯繫是得不到原因或結果固有本質的保證。休謨哲學的某種版本已經在科學家中廣爲流傳。但是，科學信念適時興起，並不聲不響地移走了哲學所造成的這座高山。

鑒於科學思想中這種奇怪的衝突，當看到一個信念與自成體系的理性格格不入的時候，我們首先必須考慮這個信念的前因是什麼。因此，我們必須回溯本能的信念，而這些本能信念相信在每個停留的事件[3]中皆存在自然秩序。

當然，我們都具有這種信念，因而我們相信產生這種信念的原因，是由於我們理解了其中的眞理。可是一個普遍觀念的形成——比如自然秩序的理念——以及對其重要性的掌握和許多事例的觀察，卻絕不是該理念的眞理所產生的必然結果。熟悉的事物不斷發生，人們並不爲此操心。必須要具備不同尋常的心智，才能對非常明顯的事物進行分析。因此，我希望能談談這種分析經過了哪些階段，才逐漸明朗起來，以及最後又如何無可選擇地深入西歐知識分子的心中。

顯然，生活主要場景的重現是極爲常見的事，以至於最沒理智的人都不可能不注意到。甚至在理性出現之前，它們就對動物的本能發生作用了。大體上說，某些一般性的自然狀態是重複出現的，而且我們的本性也適應了這種重複，這點是無需討論的。

但與此互補的一個事實同樣眞實而明顯：沒有任何事物會把具體細節都一一重複展現出來。任何兩天或兩個冬天都不會完全相同。逝去的，就永遠逝去了。因此，人類的實踐哲學一直在預見大體上的重複事件，而將具體細節視爲從高深莫測的事物母體發出的，超越了理性範圍。人們預測著旭日東升，而風卻任意地刮著。

當然，從希臘古典文明以來，一直有一群人，包括許多派的人，都不接受這種終極的非理性的觀點。這些人都力圖將所有現象解釋爲事物秩序產出的結果，而這些事物無所不包。諸如亞里斯多德（Aristotle）、阿基米德（Archimedes）和羅吉爾・培根（Roger Bacon）等天才人物，一定都具有完全的科學精神，他們本能地認爲，所有大大小小的事情都是支配自然秩序的普遍原理的體現。

但是直到中世紀行將結束，一般的知識分子在這種觀念中，還沒有體會到那種確切的說服力和對於細節的興趣，因此不能持續鼓勵有相當能力和充分時間的人，來共同研究和發現這些假說原理。人們或許懷疑這些原理的存在，或許懷疑是否能找到這些原理，或許沒有興趣思考這些問題，又或許在找到之後無視，它們的實際意義。不管出於何種原因，從一個高度文明的大好時期及其所經歷的漫長時間來看，研究是疲弱的。爲什麼十六、十七世紀時，這種步伐突然加快了呢？直到中世紀結束之前，一種新的思潮出現了。發明刺激了思想，思想又加速了對自然界的思索，希臘的手稿也展示了古人的發現。雖然直到一五〇〇年，歐洲方面所知的還不如西元前二一二年去世的阿基米德那麼多。但是到了一七〇〇年，牛頓（Newton）的巨著《自然哲學的數學原理》（*Philosophiæ Naturalis Principia Mathematica*）業以完成，整個世界也就邁入了現代的新紀元了。

在一些偉大的文明中，科學所需要的獨特之心理均衡，只是偶爾出現，產生的效果也微乎其微。譬如，我們對中國的藝術、文學和人生哲學知道得愈多，就愈會欽佩這個文明所企及的高度。千百年來，中國不斷出現聰敏好學之士，畢生致力於研究。考慮到時間的跨度和影響的人口，中國創造了世界上迄今為止最偉大的文明。對中國個人而言，懷疑他們追求科學的稟賦是毫無依據的，然而實際上，中國的科學又是可以忽略不計的。如果任由中國自行發展，我們沒有理由相信中國會在科學研究上取得任何進步，印度也是這樣。還有，如果波斯奴役了希臘，我們就沒有足夠的理由相信科學會在歐洲繁榮起來。

羅馬人在這方面並沒有表現出特別的創造性。即便確實是這樣，希臘人曾經掀起了這場運動，但他們卻沒有用現代歐洲所展現出來的那股熱情來支持它。我並不是暗指大西洋兩岸最近的幾代歐洲人，而是指宗教改革時期小部分的歐洲，當時它們沉浸在戰爭和宗教紛爭之中。再來看看地中海東岸，從西西里島到亞洲西部的這片區域，從阿基米德逝世（西元前二一二年）到韃靼人入侵，這前後一四〇〇年的時間裡，那裡曾多次發生戰爭、革命和宗教的大變革，但是情況都不會比十六、十七世紀整個歐洲的戰爭情況更糟；也有一個偉大而繁榮的文明，異教徒、基督徒和伊斯蘭教徒都在一起生活。在那個時期，科學上也取得了不少成就。但總體來看，進展是緩慢而曲折的。除開數學以外的其他領域，文藝復興時期的人們還必須從阿基米德已經達到的高度起步。醫學和天文學方面也有一些進步。但是總體來說，這種進步在十七世紀取得的巨大成就面前，不值一提。比如，我們不妨將伽利略和克卜勒（Kepler）出生前的一五六〇年至牛頓鼎盛時的一七〇〇年之間科學知識之進展，與之前提到的古代作一比較，正好十倍於古代的進步。

然而，希臘終究是歐洲的母體，找尋現代觀念的起源，就必須看看希臘的情形。我們都知道，地中海東岸曾經有一個十分興盛的伊奧尼亞（Ionian）學派，他們對有關自然理論深感興趣。他們的思想經過天才柏拉圖（Plato）和亞里斯多德充實之後，一直流傳至今。但是，這一學派並沒有完全的科學精神，只有亞里斯多德是個極大的例外。從某些方面講，這樣更好。希臘天才是富有哲學性的，他們思維清晰而邏輯性強。這一學派的人物主要提出哲學問題，自然的根基是什麼？是火嗎？是土？是水？還是其中兩種或三種物質的組合？抑或它只是流體，不能化約成某種靜態的物質？他們對數學也非常感興趣。他們創立了數學的一般原理，分析了它的前提條件，通過嚴格遵照演繹推理的方式，在定理方面得出了重要的發現。他們的頭腦裡充滿了對於一般原理的渴望，他們要求清晰的、大膽的觀念，並且從這些觀念出發，進行嚴格的論證。所有的這些都十分高明而富於天才，是一個理想的準備工作。但這並不是我們所理解的科學。那時仔細觀察的耐心還沒有如此突出。他們的天賦並不適於充滿想像的混亂懸疑，而這往往出現在成功的歸納概括之前。他們是頭腦清楚的思想家和大膽的推理家。

當然也有意外，這其中最高的代表人物就是亞里斯多德和阿基米德。同時許多天文學家也進行了耐心的觀察：對待恆星，他們在數學上已經做到確定和明晰；而對待小的可數的失控行星帶，則十分著迷。

每個哲學都微染了某種隱密想像背景的色彩；這些背景在該哲學推論過程中，從未明白顯現。希臘人的自然觀，至少就他們流傳至後世的宇宙觀來看，本質上是戲劇性的。這並不是說他們的觀點由此就錯了，而只是說，他們的觀點太富有戲劇性了。因此，他們認爲自然的結構方式就像一齣戲劇，完全爲了體現普通觀念，再歸結到一個目的上。自然被分化了，以至於能爲每一樣東西都安排一個適當的目的。宇宙有一個中心，是有重量的物體運動的盡頭，還有許多天體，是本性上浮的物體運動的盡頭。天體是無感、無生的物體，下界是有感、可生的物體。自然是一齣戲劇，每一個物體都在其中扮演自己的角色。

我並不是說，亞里斯多德可以不做重大的保留就會同意這一觀點。事實上，他所要保留的意見也是我們所要保留的。但是希臘後期的思想從亞里斯多德的學說中，抽繹出來流傳至中世紀的，卻正是這一觀點。這種關於自然的想像結構抑制了歷史精神。因爲既然只有盡頭是富有啓發性的，那麼爲何還要糾結於本源呢？宗教改革和科學運動是歷史性革命的兩個方面，這個歷史性革命形成了文藝復興後期的主要思潮。這一思潮的兩面是回溯基督教的起源，以及法蘭西斯・培根（Francis Bacon）主張動力因（efficient causes）而反對目的因（final causes）。伽利略也是因爲這個原因與他的對手陷入無法擺脫的矛盾之中，這一點從他的《關於兩種世界體系的對話》（*Dialogues on the Two Systems of the World*）中可以看出。

伽利略一直在談及事物是如何發生的，而他的對手則有一套完整的理論論述事物爲什麼會發生。不幸的是，這兩種理論並不會得出相同的結論。伽利略一直堅持「不可化約而又鐵一般的事實」，而他的對手，辛普利修斯（Simplicius）則提出了另一套至少在他本人看起來令人滿意的理由。我們若把這次歷史性革命看作訴諸理性的，那就大錯特錯了。正相反，這是一次徹徹底底的反理性運動。它回到思考赤裸裸的事實，且建立在中世紀思想中僵硬理性的反彈基礎之上。我的這個說法只是概括了舊體制追隨者他們自己的主張。比如，在保羅・薩皮（Paul Sarpi[4]）神父的《特倫托宗教會議史》（*History of the Council of Trent*）第四部中，我們可以看到，一五五一年主持宗教會議的教皇特使曾下令：

> 一切神職人員的觀點必須符合聖經、使徒傳統、神聖而正式被批准的宗教會議，遵從教會法典和教皇的權威。大家必須簡潔明瞭，避免虛浮而無意的問題和乖張的爭論……

這道命令使義大利的神職人員頗感不快，他們說這是標新立異，故意譴責經院神學（Scholasticism）。經院神學在各種困難下都是理性的行爲。並且，根據這條法令，連聖托馬斯（St. Thomas Aquinas）、聖波拿文都拉（St. Bonaventure）等名人的行爲也都違法了。

義大利的神職人員堅持已經過時的無限制之理性主義，實在無法不讓人深表同情。他們被所有人拋棄了。新教徒完全反對他們，教廷不支持他們，甚至宗教會議上的主教也不能理解他們。在上述引文的後面有這樣一段話：

> 儘管很多人（對這個法令）頗有微詞，但它依舊十分普及。因爲總體上講，神父（主教）都希望能聽到別人說出易懂的話，而不是像在「稱義」[5]（Justification）和其他已經討論過的主題一樣，聽到深奧晦澀的語句。

可憐的中世紀主義者來得太遲了。當他們運用理性的時候，他們甚至不能被那個時代的統治者所理解。需要花費數個世紀，才能用理性將鐵一般的事實化約掉。同時，鐘擺也緩慢而沉重地擺到了歷史方法的那一極端去了。

在這些義大利神職人員寫下上述史籍後四十三年，理查・胡克爾（Richard Hooker）在他著名的《宗教政治的法律》（*Laws of Ecclesiastical Polity*）一書中，對他的清教徒對手提出了同樣的抱怨。胡克爾的均衡思想——稱呼「明智的胡克爾」（The Judicious Hooker）即來源於此——和承載了其思想的冗贅文體，使得他的作品極不適合簡明扼要的進行總結。然而在上述提到的章節中，他曾用到「他們對理性的蔑視」（Their Disparagement of Reason）指責他的對手，同時還明確地提及「最偉大的經院哲學家」來支撐他的立場，從稱號來看，我猜想他指的就是聖托馬斯‧阿奎那。

胡克爾的《宗教政治的法律》一書先於薩皮的《特倫托宗教會議史》出版，因此，兩本著作是獨立完成的。但是，一五五一年的義大利神職人員和那個世紀末的胡克爾，都證明了那個時代反理性主義的思潮。在這一方面，這些人將自己的時代與經院哲學的時代對立了起來。

這一反動對於中世紀毫無限制的理性主義而言，無疑是一次非常必要的修正。但是反動都是走極端的。因此，雖然這一反動的效果之一便是現代科學的誕生，但是我們也要記住，科學也因而繼承了這一源流的偏執思想。

希臘戲劇化的作品在許多方面，透過各種形式對中世紀思想產生了間接影響。今日所存之科學思想的鼻祖，是古雅典偉大的悲劇家埃斯庫羅斯（Aeschylus）、索福克勒斯（Sophocles）和歐里庇得斯（Euripides）等人。他們認爲命運是無情和冷漠的，驅使著悲劇性事件不可避免地發生，而這正是科學所持的觀點。希臘悲劇中的命運，變成了現代思想中的自然秩序。作爲命運作用的實例和證明，對於特殊英雄事件的濃厚興趣，在我們這個時代重現爲對重大實驗的專注興趣。有一次我很幸運地參加了在倫敦召開的英國皇家學（the Royal Society in London）會議，會中聽到英國皇家天文學家（the Astronomer Rougal for England）宣布：著名的日蝕相片底片已經由他在格林威治天文臺（Greenwich Observatory）的同事測量了出來，結果驗證了愛因斯坦（Einstein）關於光線經過太陽附近時會發生彎曲的預言。當時那種既緊張又十分感興趣的氛圍，完全就是希臘戲劇的氣氛。我們是附和著一個偉大事件，在其發展過程中所展現出來的命定的律令的合聲團。當時的場景戲劇性十足：傳統的儀式和背景上牛頓的畫像都在提醒我們，偉大的科學理論經過了兩個世紀之後，在今天終於得到了第一次修正。個人興致也很濃烈，因爲一次思想上的大冒險最終安全到達彼岸。

在這裡我想提醒你，悲劇的本質並非不幸，它駐留在事物無情運轉的嚴肅性上。只是命運的這種不可避免性，只有透過人生中眞實不幸的遭遇，才能得到闡明。因爲只有這樣，才能在劇情中顯示出逃避是無用的。這種無情的必然性處處彌漫著科學思想。物理定律即是命運的律令。

希臘戲劇中道德秩序（moral order）的概念，絕不是劇作家的發現。它一定是那個時代一般嚴肅的觀點，傳到文學傳統中所產生的結果。但是在找到這一強而有力的表現形式之後，它又因此得以加深其本來所發源的思潮。於是道德秩序的景象深深印在古典文明的思潮之中。

當偉大的社會崩潰之後，歐洲便進入到了中世紀。希臘文學的直接影響也消逝了。但是，道德秩序和自然秩序的概念卻受到斯多葛哲學（Stoics）的尊敬。比如，萊基（Lecky）在他的《歐洲道德史》（*History of European Morals*）中告訴我們：「塞尼加（Seneca）認爲神以無情的命運法則決定所有事物，他有權決定命運法則，但他自己也必須服從。」然而斯多葛哲學對中世紀的精神最深的影響，還是從羅馬法中來的秩序感。我們再引用萊基的一段話來說明：「羅馬的立法從兩個方面講，都是哲學的產兒。首先，它根據哲學的模式而制定，因爲它並不僅僅是一個適應現存社會實際需要的經驗系統。它確立了許多關於權利的抽象原則，並力求符合這些原則。其次，這些原則又都是直接從斯多葛學派借鑒而來。」儘管羅馬帝國瓦解之後，歐洲的廣大區域實際上都處於無政府狀態，但法律秩序感依然存在於帝國人民的民族記憶之中。西方教會的存在則是帝國統治傳統的活生生體現。

值得注意的是，中世紀文明上的這種法律的烙印，並不是幾句應滲入行爲舉止之中的格言，而是一個明確清晰的系統觀點。這個系統界定了社會有機體的詳細結構與周密運行方式的法律義務。這裡沒有任何含糊不清的東西，它不是一些絕妙的格言，而是將事物放置在正確位置上、並保持在那的確定程序。中世紀在秩序感方面給了西歐知識界長期的訓練，當然在實踐方面可能還有所欠缺。但是這種觀念在任何時候都沒有失去它的吸引力。這顯然是一個有秩序的思想的時期，徹徹底底理性主義者的時期。正是無政府狀態加速促成連貫的系統感，正如現代歐洲的無政府狀態刺激了「國際聯盟」（League of Nations）[6]這一明智看法的產生一般。

但是對於科學而言，除開事物秩序的常識之外，還需要一些別的東西。我們只需用一句話就能指出，經院邏輯和經院神學長期統治的結果，如何將清楚精確的思想習慣，深深植入到歐洲人的心目中去了。即便在經院哲學被否定了以後，這種習慣依然一直流傳下來。這就是尋求精確的論點，並在找到之後始終堅持不變的可貴習慣。伽利略從亞里斯多德那收穫的不僅僅是他那本《關於兩種世界體系的對話》（*Dialogue on the Two Chief World Systems*）表面上所展現出來的，他那清晰的思想和善於分析的頭腦都是從亞里斯多德那學來的。

然而，我認爲我依然沒有說出中世紀思想對於科學運動的形成所提出的最大貢獻。我指的是那些堅定不移的信念，就是認爲每一個細微的事件，都能以一種完全確定的方式和它的前件聯繫在一起，並展現了普遍原理。沒有這個信念，科學家們難以置信的工作將會沒有希望。這個出自本能的信念，生動地準備在推動各種研究的想像力之前，就是：祕密是存在的，祕密也是可以被揭穿的。這一信念又是如何生動地植入到歐洲人的心目中呢？

當我們將歐洲思想的狀態與其他自成體系的文明傾向進行比較，就可以看出它的唯一來源，即中世紀對神的理性之堅決主張。神的理性被視爲兼具耶和華的個別能量與希臘哲學家的理性。每一個細節都受到監督，並被置於一種秩序之中：對自然的研究只能證實對理性的信念。請記住，我不是在說少數個體明確表達的信念，我所指的是從數百年未受質疑的信念中產生出來的烙印，在歐洲人頭腦中的深刻印象。我的意思是說，這信念是一種本能的思想格調，而不僅僅是文字信條。

在亞洲，關於神的觀念不是太武斷，就是太非人格（impersonal），因此不會對思維的本能習慣產生多大的影響。任何特定的事情可能都來自於一個非理性的獨裁者所發出的命令，或某種非人格、不可思議的事物起源。他們對這種觀念與人具備可理解的理性相比，信心上顯然是不足的。我並不是說歐洲人相信自然的可理解性這一點，已經合乎邏輯地、甚至在其自身的神學中得到了證明。我唯一的關注點是要理解這問題是怎麼產生的。我的解釋是在現代科學理論發展出來之前，人們對於科學可能性的信念，是不知不覺從中世紀神學中衍生出來的。

但是科學不僅僅是本能信念的產物。它還需要對生活中簡單的事本身抱有積極的興趣。

「爲事物本身」（for their own sake）這一點是很重要的。中世紀的第一個階段是象徵主義時期。那是一個觀念百花齊放的時代，也是技術原始的時代。當時和自然打交道的事情很少，除了從自然中掙得一份艱苦的生活。但那時有許多的思想領域極待開發，包括哲學領域和神學領域。原始藝術能將充滿所有有思想頭腦中的觀念象徵化。中世紀初期的藝術具有一種無與倫比的魅力：它的內在品質被強化了，以其超越了藝術本身的美學成就傳遞藏在自然自身背後的象徵意義。在這個象徵階段，中世紀藝術以自然爲媒介活躍起來，但卻指向另一個世界。

中世紀早期的環境和科學思想所需要的氣氛，是全然不同的，爲了理解兩者之間這種顯著的對比，我們可以將義大利第六世紀的情況和其十六世紀的情況比較一下。在這兩個世紀中，義大利的天才們一直都在爲一個新的時代奠定一個良好的基礎。第六世紀之前的三個世紀，儘管基督教的興起帶來了未來的希望，但這段時間歷史的主要基調，仍然是文明的衰落。每一代都喪失一些東西。當我們閱讀當時的史籍時，野蠻時代即將來臨的陰影，縈繞心頭而揮之不去。當時也有一些在思想或行爲方面很傑出的偉大人物，但總的來說，他們僅僅能在很短的時間裡暫時抑制普遍衰落的趨勢。西元六世紀，義大利跌落到了谷底。但那一個世紀裡的每一個行動，都在爲新歐洲文明的強勢崛起奠定基礎。查士丁尼（Justinian）統治下的拜占庭帝國（Byzantine Empire），在三方面決定了西歐中世紀早期的特徵。首先，它的軍隊在貝利薩留斯（Belisarius）和納爾塞斯（Narses）的指揮下，將義大利從哥德人（Gothic）的統治下解放了出來。這樣一來，古代義大利的天才們可以創立一些組織，用以日後保護文化活動的理想。我們不可能不同情哥德人；然而毫無疑問的是，對於歐洲而言，羅馬教廷統治一千年的意義，卻遠比我們從義大利體制完備的哥德王國中所獲取的益處，要大得多。

其次，羅馬法典的制定樹立了法治的觀念，這種觀念在接下來的幾個世紀裡，支配了歐洲的社會思想。法律既是政府的工具，也是約束政府的條件。多虧了查士丁尼時代法學家的貢獻，教會法和國家的民法對歐洲的發展影響深遠。他們在歐洲人頭腦中樹立了這樣一種理想：當權者應當既是合法的，也是執法的，它本身應當展現出是合理地調節的組織體系。第六世紀的義大利，首先展示了這些觀念是如何在與拜占庭帝國的接觸中形成的。

第三，在藝術和學術這些非政治領域，君士坦丁堡（Constantinople）也爲已經實現的成就樹立了一個標竿，從而爲西歐文化的發展提供持續的動力：部份靠直接模仿的衝動，部份靠知道有這樣一種東西存在的間接啓發。拜占庭在中世紀初期思想中所起的作用，和埃及在希臘早期思想中所發揮的作用類似。也許有關這兩種智慧的實際知識，對於接受者而言剛剛好。他們所知道的，正好夠他們了解一種可達到的標準，而又不至於多到被古板和傳統的思維方式所束縛。因此，在兩種情形下，人們都能按照自己的意願前進，而且做得更好。

談到歐洲科學思想的興起，任何人都不能否認背後拜占庭文明的影響。西元六世紀，拜占庭與西方的關係曾有過一場危機。這場危機可以與十五、十六世紀希臘文學對歐洲思想的影響形成對比。十六世紀，義大利出現兩位爲未來奠定基礎的傑出人物，他們就是聖・本尼迪克特（St. Benedict）和大貴格利（Gregory the Great）。提到他們，我們能馬上看到希臘曾經達到的科學思想，如何陷入完全毀敗的。那時科學的溫度是零度。但是大貴格利和本尼迪克特的畢生工作，爲歐洲的重建作出了貢獻，保證了重建包含了一個比古代更爲卓越有效的科學思想。希臘人過於偏重理論了。對他們而言，科學只是哲學的分支。大貴格利和本尼迪克特都是重實際的人，他們看重平凡事物的非凡意義。他們將這種重實際的氣質和他們的宗教和文化活動相結合。尤其是因爲有聖・本尼迪克特，修道院成爲了實用農學家、聖徒、藝術家和學者的家園。多虧了早期本尼迪克特會的修士的務實傾向，科學和技術才能結合起來，學術也才與不可化約而又鐵一般的事實，建立了聯繫。現代科學源於羅馬，也源於希臘，而這羅馬的特質解釋了它在思想上的動能，與事實世界的緊密聯繫。

但是修道院與自然事實聯繫的影響，首先在藝術領域表現出來。中世紀後期自然主義（naturalism）的興起，使得科學興起所必需的最後一種成分，也深入歐洲人的心中。那就是對自然物體與自然發生本身發生了興趣。某一地區天然植物被雕刻在偏僻地點的後期建築物上，僅僅只是以這些大家熟悉的物體爲樂。各種藝術所造成的整體氛圍，展現出一種對理解周邊事物的直接喜悅。中世紀晚期裝飾雕刻的藝匠，喬托（Giotto）、喬叟（Chaucer）、華茲華斯（Wordsworth）、沃爾特・惠特曼（Walt Whitman）與當下新英格蘭詩人羅伯特・弗羅斯特（Robert Frost），在這方面都很相近。簡單直接的事實，一方面就是引人關注的主題，另一方面就是作爲「不可化約而又鐵一般的事實」，出現在科學思想中。

那時歐洲人的心理正準備新的思想冒險。科學興起過程中的許多偶然事件，無需細談。比如財富和休閒時間的增長、大學的擴張、印刷術的發明、君士坦丁堡的淪陷、哥白尼、瓦斯科・達・伽馬（Vasco da Gama）、哥倫布（Columbus）、望遠鏡等。土壤、氣候和種子依舊那樣，森林也照常生長。在後來的文藝復興這歷史性的革命中，科學也從未將它身上源流的印記去掉。這一印記主導了一個建立在天眞信念基礎上的反理性運動。它所缺少的推理能力，從希臘理性主義的尙存遺跡——數學那裡借來了，其根據爲演繹法。科學否定了哲學，換句話說，科學從不在意去證實自己的信念，或者去解釋自身的意義，對於休謨的駁斥也是淡淡的漠不關心。

當然，這場歷史性的革命是完全有正當理由的。當時需要這場革命，不僅僅是需要，而且是正常發展過程中所不可少的。世界需要對「不可化約而又鐵一般的事實」，作上數世紀的觀察。一個人同時做幾件事情是很辛苦的，但是這件事是在中世紀理性主義狂歡之後，人們不得不做的。這是極爲明智的反動，但卻不是爲了維護理性。

那些特意避免走向知識大道的人，是會遭受天罰的。奧利佛・克倫威爾（Oliver Cromwell）的呼喊回盪了幾個世紀：「同胞們，我以上帝的名義請求你們，想想你們可能錯了。」

科學的進展目前已經到達了一個轉捩點。物理學的堅實基礎已被打破，生理學也有史以來第一次成爲一個有效的知識體系，不再是一堆廢料。科學思想從前的基礎正在變得難以理解。時間、空間、物質、質料、乙太（ether）、電、機械、機體、形態（configuration）、結構、模式、功能，都需要重新加以解釋。當你不知道力學是什麼而去談論力學的解釋，那又有什麼意義呢？

事實是，科學在開啓它的現代之旅時，繼承了亞里斯多德派哲學中最薄弱一面的一些觀念。從某些方面來說，這是令人愉快的選擇。它使得十七世紀的物理學和化學能完整的公式化，這種完整性一直持續到現在。但是生物學與心理學的進展，可能因爲它們對一些片面事實的假定不加批判，而受到阻礙。如果科學不願退化成一堆特殊假定組成的大雜燴的話，那麼它必須成爲哲學式的，對自身的基礎進行徹底的批判。

在後續的演講中，我會追述最近三個世紀以來，歐洲思想所持的宇宙論中某些特殊觀念的成敗。一般而言，觀念的風潮將持續兩三代，那就是說，能持續六十到一百年的時間。也有一些持續時間較短的思潮，它們只是主流上的水波。因此，我們將發現，歐洲觀點的變化緩慢影響了往後的幾個世紀。然而，某種固定的科學宇宙論卻始終存在。這種宇宙論預先假設了一個終極事實：一種不可化約的物質確定存在，或者是流散瀰佈於空間之中的質料確定存在。這種質料本身是無意識的、無價值的、無目的性的。它是什麼就展現什麼，根據外在關係加給它的固定規則來行動，而這些關係並不是從自身的本質中產生出來的。我所謂的「科學唯物主義」（scienific materialism）就是這種假定。同時，我也對這個假定提出挑戰，認爲它完全不適於目前我們已經達到的科學狀況。如果適當加以解釋，它並沒有錯。如果我們將自身侷限於某些類型的事實，而從產生事物的全部環境中抽象出來，那麼唯物主義的假設就能完美的表述這些事實。但是當我們擺脫上述抽象概括（abstractions），或是更細緻地運用我們的感官，或是要求理解思維的意義和連貫性，這種構想就會立即瓦解。正因爲這種構想的有效範圍很窄，才促成了它在方法論上的極高成就。因爲它把注意力只導向在當時知識條件下，那幾類需要研究的事實上。

這種架構的成功，對於許多流行的歐洲思想是不利的。歷史性的革命是反理性主義的。因爲經院學派的理性主義在接觸到直接事實時，要求做大幅度的修正。但是在笛卡兒（Descartes）和他的繼承者手中，哲學的復興由於接受了表面意義上的科學宇宙論，而在其發展中完全蒙上了一層色彩。他們根本觀念的成功使得科學家有理由拒絕，把這些觀念當成理性探討的結果來加以修正。任何哲學都不得不在某種方式之下，全盤接受它們。同時科學的例證也在其他的思想領域產生了影響。因此，這場歷史性的革命被誇大了，以至於將哲學在協調方法論的各種抽象概括上扮演的適當角色被排除了。思想是抽象的，而對抽象的偏執利用是理智的主要缺陷。這一缺陷在回到具體經驗時，沒有得到完全的修正。因爲畢竟，你只需考慮那些侷限在特定架構內的具體經驗。有兩種方式可以澄清這些觀念：一種是通過身體的感官做客觀公正的觀察，但是觀察是有選擇性的。因此，我們很難超越一個抽象概括的架構，如果這個抽象概括能在很廣的範圍內獲得成功。另一種方式，是將穩固建立在我們各種經驗基礎上的抽象概括架構，加以比較。這種比較所採取的形式，可以滿足保羅·薩皮所提到的義大利經院派神職人員的要求。他們要求運用理性。理性的信念就是相信事物的終極本質，是在於一種排除武斷的和諧之中。這種信念也認爲，我們所找到事物的基礎，將不僅是一些武斷的神祕事物。對自然秩序的信念使得科學得以成長，然而這只是深刻信念中的一個特例。這種信念不能用任何歸納概括來證明。它源於對事物本質的直接觀察，這些事物就是我們自身當前直接經驗的顯示。這種信念與我們形影不離。體驗這種信念就會發現以下幾點：我們之爲自己存在，不僅止於我們自己而已；我們的經驗儘管模糊而支離破碎，但卻說明了實在的最深處；事物的細節必須放在整個事物的系統之中，才能見其本來面目；這個系統包含邏輯理性的和諧與美學境界的和諧；邏輯的和諧在宇宙中，僅作爲一種不可更改的必然性而存在，美學的和諧則在宇宙中，作爲一種生動活潑的理想而存在，並把宇宙走向更細膩、更精緻的議題所經歷的斷裂過程連接起來。

註文

【1】譯者注：指西班牙的阿爾瓦公爵（Fadrique Alvarez de Toledo）在鎮壓尼德蘭（Naarden）反抗運動時曾經指揮大屠殺。

【2】指耶穌降生。

【3】譯者注：參照了劍橋二〇一一年英文版，原文中的every detained occurrence 應爲 every detailed occurrence。

【4】譯者注：應爲Paolo Sarpi（1552～1623）。

【5】譯者注：在基督教神學中，指個人脫離罪惡而進入恩典的過程。

【6】譯者注：第一次世界大戰結束時由協約國建立的國際合作組織。最終沒能阻止法西斯的侵略行爲。

第二章 「數學」之爲思想史中的要素

純數學科學在現代發展的過程中，可以說是人類精神最富原創性的產物。此外可以與之一爭席位的就是音樂。我們暫時拋開席位之爭不談，來考察一下數學應該占有這個地位的原因何在。數學的原創性，在於其所展現事物之間的關係，不經過人類理性的作用，便是不容易看出來的。因之，除了被先前數學知識所激發和引導的知覺之外，當代數學家心中的觀念，與那些可以直接得自感官知覺的理念，相去甚遠。我將繼續說明這個論題。

我們不妨運用想像，回溯到數千年之前，努力去領悟早期社會中的人，甚至是最偉大賢哲的心智是多麼簡單。對我們而言，顯而易見的抽象觀念，但在他們卻只能做大致的理解。以數字爲例，我們認爲數字5可以運用到任何合適的一群實有上去——5條魚，5個小孩，5個蘋果，5天。因此，在考慮數字5和數字3的關係時，我們想到的便是兩群東西，一群有5個，另一群有3個。但是我們完全不去考慮組成這兩群的任何個別實有，甚至是某種特殊類別的實有。我們只考慮兩個群體之間的關係，而這完全和兩群中任何個體的本質無關。這就是抽象作用中令人印象深刻的功效。人類一定是花了很多年才走到這一步。在漫長的歲月中，魚群會被比出數量來，一段段日子也會比出時間長短來。但是第一個注意到7條魚和7天之間可以類比的人，使得思想史往前邁進了一大步。他是第一個持有純數學觀念的人。當時，他一定不可能預知那些有待發現的抽象數學觀念的複雜和微妙，也一定猜不到這些觀念將在往後世世代代中發揮廣泛的魅力。學術界有一個錯誤的傳統，認爲對數學的喜愛是一種偏執狂，這種偏執狂在每一世代人中，只有少數怪人才會有。儘管情況可能如此，但因當時的社會裡，抽象思維找不到對應物，所以從中得到的樂趣也無法預期。第三，數學知識對於人類生活、日常愛好、傳統思想和社會組織，將會發生巨大影響，這一點完全超出早期思想家的意料之外。即使到現在，人們對於思想史中數學要素眞正地位的把握，也是搖擺不定的。我不願說，構建一部思想史而不深入研究每一個時代的數學觀念，就像將哈姆雷特（Hamlet）從戲劇《哈姆雷特》中去掉了一般。也許這樣說言過其實，但是這樣做肯定類似於將奧菲利亞（Ophelia）這個角色刪除了。這個比喻是非常恰當的。因爲奧菲利亞對於整部戲劇來說是非常重要的，她很迷人，也有一點瘋狂。我們不妨認爲，對數學的追求是人類精神的神聖瘋狂，是對偶發之事緊迫感的避難所。

一想到數學，我們心裡就浮現出一門專門探索數、量、幾何的科學。在現代社會，這門科學還包括探討更爲抽象的次序概念，和純邏輯關係的類似類型。數學的關鍵在於，在其中我們擺脫了特殊事例，甚至是任何一類特殊的實有。所以，沒有數學眞理是僅僅運用於魚、石頭和顏色的。只要你是處理的純數學，便處於完全和絕對的抽象領域之中。所說的不外乎是理性堅信，任何實有具有滿足某純抽象條件的關係，就必然具有滿足另外純抽象條件的關係。

數學被認爲在完全抽象領域活動，遠離任何其所言及的特殊事例。只要這種數學觀點還不明顯，我們可以確信，即便現在這一觀點還未得普遍理解。比如說，習慣上認爲數學的確定性，就是我們關於物理宇宙空間幾何知識確定性的理由。這種錯覺過去已經誤導了很多哲學思想，如今仍在誤導一些哲學思想。幾何問題是相當重要的測試案例。對於未指明的實有，有多套純抽象條件可以成爲它們之間的聯繫，我稱之爲「幾何條件」（geometrical conditions）。我之所以給它們這個稱呼，是因爲它們大體上與那些條件相似。那些條件讓我們確信能夠掌握事物之間的特殊幾何關係，而那些是透過我們對自然的直接感知，可以觀察得到的。就我們的觀察而言，我們還不夠精準的知道，管控我們在自然中遇到事物的條件，究竟是什麼。但是我們可以把假說稍作延伸，就能把這些被觀察到的條件，當作是某套純粹抽象的幾何條件。如此一來，我們就對某群未確定的實有，做出某種特殊的限定，而那些是抽象科學中的關係者（relata）。在探討幾何關係的純數學中，如果任何一群實有在其間成員所具有的任何關係，能夠滿足「這一套」抽象幾何條件，則某種附加抽象條件，也一定能有這種關係。不過當我們探討物理空間時，某一群明確被觀察到的物理實有，在群內各實有之間具有某些明確被觀察到的關係，而那確實滿足了上述的那套抽象幾何條件。因此，我們得出結論說，對任何例子而言有效的附加關係，也一定對特殊例子有效。

數學的確定性依賴於它完全抽象的普遍性。我們相信在具體宇宙中被觀察到的實有，形成了我們一般推理中的特例，但對此我們沒有先驗地確定說我們是對的。再舉一個算術的例子。純數學中一個普遍的抽象眞理是，任何一組四十個實有，可以被分爲兩組二十個實有。我們因此有根據斷定，一堆四十個蘋果，可以被分成兩堆二十個蘋果。然而，我們將四十個蘋果數錯的可能是常有的事，所以在是實際分蘋果的時候，就會發現有一堆太少，而另一堆太多的情形。

因此，當我們批評一個基於數學應用於特殊事實的主張上時，我們必須清楚地記得三個過程。首先我們必須仔細檢查純數學的推理，以確保沒有漏洞，沒有因疏忽而產生偶然不合邏輯之處。任何數學家都從慘痛的經歷中得知，在開始詳細製作一系列推理過程時，非常容易犯下一些小失誤，導致結果完全不同。但是當一種數學已經經過修正，並且由專家們考驗了一段時間，那麼它發生失誤的可能性就可忽略不計了。其次，第二段過程是確保預先假定所有抽象條件都成立，也就是確認一下數學推理開始的抽象前提。這有相當大的難度。過去曾經發生過很明顯的疏忽，而且已經被歷代最偉大的數學家所接受了。這其中最主要的危險是疏忽，即不知不覺中，引入一些對我們而言非常自然的預設條件，而事實上這些條件不一定都成立。另外在這個聯繫中，也有一種與之相對的疏忽，這個疏忽倒不會導致錯誤，但是其弊端在於缺乏簡化。我們很容易以爲需要更多的假定條件（postulate），超出事實需求。換言之，我們可能認爲一些抽象假定是必須的，然而事實上，這些假定已能從其他掌握到的假定中得到證明。過多假定的唯一結果，就是減少了在數學推理過程中的審美樂趣，並且將會給第三個批判過程帶來麻煩。

第三個批評過程是檢證我們的抽象假定，在當前的特殊個案中是否可以成立。所有的麻煩都產生在對特殊個案進行檢證的過程之中。在諸如數四十個蘋果這樣簡單的例子中，只要稍加留意，我們就可以達到實際的確定性。但是一般來說，對於更爲複雜的例子，完全的確定性是不可能達到的。對這個問題進行討論的文獻，早已汗牛充棟了。它也是對立的哲學家思想交鋒的戰場。其中涉及兩個不同的問題。其一爲我們觀察到一些特殊明確的事物，而我們必須確保這些事物之間的關係，確實遵從特定精確的抽象條件。這裡面犯錯的空間就很大。科學精確的觀察方法，都是爲了減少對於直接事實問題作出錯誤的結論。但是現在另一個問題就出現了，直接被觀察到的事物幾乎都是例子。我們想要得出的結論是：在例子中能否成立的抽象條件，同樣在所有因某種理由而被視爲一類的其他實有中，也能成立。這種由例子推至全體的過程，就是歸納法。歸納法的理論是哲學所不能處理的，然而我們所有的活動都建立在它之上。總之，評論一個特殊事實問題的數學結論時，眞正的困難在於找出其中涉及的抽象假設，並對它們可應用於身邊特殊個案的證明，進行評價。

因此，經常可以看到，在評論一部應用數學方面的學術著作或者一篇研究報告時，所有的問題都出現在第一章，甚至在第一頁。因爲就是在最一開始的地方，作者的假設可能產生了失誤。並且，問題不是出在作者說了什麼，而在於他沒說什麼；不在於他明確的假設，而在於他不知不覺中所做的假設。我們不懷疑作者的誠信，我們評論的是他自作聰明之處。每一代人都批評父輩不知不覺中所做的假設。他們也許會同意這些假設，但是卻會將它們從不知不覺中揭示出來。

語言學發展的歷史，正好說明了這一點。這是一段觀念分析不斷進展的歷史。拉丁文和希臘文都是詞尾有變化的語言。這就意味著表達一個未加分析的複雜觀念時，它們可以僅僅只變換下單詞。然而，以英語爲例，我們就需使用介詞和助動詞去揭示所涉觀念全部的意思。儘管不是全部，但是對於特定形式的文學藝術而言，輔助觀念被密集吸收進主要語詞中，可能是一種優勢。不過在表述明確方面，英文取得了壓倒性的成果。表述明確性的增強，就是將各種語句含義中的複雜觀念，其所涉及的各種抽象作用，更完整地表達出來。

與語言做比較，我們就能看出透過純數學表現出來的思想功能是什麼。這是在進行完全分析的道路上的一次堅決嘗試，目的是將事實要素和它們所體現出的純抽象條件區分開來。

如此分析的習慣，激發了人類心智功能的每一個行爲。它首先（孤立地來看）強調以感性的方式直接體察經驗內容。這種直接體察意味著對經驗究竟是什麼的理解，這裡經驗指的是，就其自身獨有的本質而言的，包括直接的具體價值。這是直接經驗的問題，依賴於感覺的敏感性。其次是關於特殊實有涉及的抽象問題，也就是將這些實有與它們被認知時所處的特殊經驗機緣（occasion）區別開來，以便理解它們自身。最後還要進一步理解這些絕對的普遍條件，這些條件被經驗實有之間的特殊關係所滿足。這些條件之所以得到通則性（generality），是因爲它們單靠本身就能表達出來，而不必涉及那些在特殊經驗機緣中的特殊關係，或者特殊關係者。這些條件在其他不確定的多種機緣下也成立，包括其他實有和其他相互關係。因此，這些條件完全是一般化的，因爲它們不涉及任何特殊機緣，不涉及不同機緣下的任何特殊實有（比如綠色、藍色、樹），也不涉及這些實有之間的關係。

然而，數學的通則性也有限度，這是一個對所有一般性論述都能平等適用的條件。任何遙遠機緣若與立即機緣沒有關係，因而不能形成立即機緣（immediate occasion）本質的組成要素，那麼我們對這種機緣只能提出一種論述。我所謂的「立即機緣」是指把個人判斷活動當成一個成分的機緣。唯一可說的是，如果事物缺乏關係，則我們會對它完全一無所知。這裡的「一無所知」，我指的是不知情，因此無論是在「實踐」中或其他情形下，關於如何看待它或者如何對待它，都無法給出建議。或者我們透過其本身就是立即機緣成分的認知，來知曉遙遠機緣的一些事情，或者我們便一無所知。因此，在各種經驗顯示下的全部宇宙，其中的每一個細節，都與立即機緣存在一定的適當關係。數學的通則性是最爲完整的通則性，它與組成我們形而上處境的機緣群體（the community of ocoasions）一致。

值得進一步注意的是，爲了進入任何機緣，特殊實有需具有這些普遍條件。然而，相同的普遍條件可能被許多類型的特殊實有所需求。普遍條件超越了任何一組特殊實有這樣一個事實，使「變數」（variable）這個概念進入到數學，進入到數學邏輯的基地。由於引入了「變數」這個概念，考察普遍條件時，可以不需要任何特殊實有。特殊實有間的不相關性，仍然沒有被一般人所理解，比如，實際經驗中的圓形、球形、立方形等形狀的性質，並未進入幾何推理。

邏輯理性的運用往往和絕對普遍條件相關。在最廣泛的意義上，數學的發現就是發現了這些普遍抽象條件的總體性（totality），那同樣可運用於任何具體機緣中實有關係之上，而且以一定模式相互聯繫，其中有開啓全局的關鍵。就普遍必然性而言，每一個事物必是其自身，並且以其自身獨特的方式，不同於其他事物。普遍抽象條件之間的關係模式，仍以相同的方式影響著外界實在（external reality），影響著我們對外界實在的抽象表述。這就是抽象邏輯的必然性，也就是每一個經驗的立即機緣所顯示的交關存在（inter-related existence）之前提。

開啓模式的關鍵是指這一事實：一套被選定的普遍條件，展示在任何一個或者相同的機緣後，一種包含了無限變化的其他相同條件，想要展現在同一機緣下，則能夠以純粹運用抽象邏輯來推演。任何這樣被選定的一套條件，就被稱爲一套假定或者一套前提，推理從它們開始。推理就是普遍條件的全部模式的展示，而這些模式是從選定假定中推演出來的。

邏輯推理的和諧預卜到包含在假定中的完整模式，是最普遍的美感性質，這種性質源自一個機緣統一體（a unity of occasion）中包含了同時並存（concurrent existence）這一事實。哪裡有機緣統一體，哪裡就會在機緣的普遍條件之間建立美學關係。美學關係是在理性的運用中被發現的。無論什麼落在這一關係之內的，都將在該機緣中體現出來；無論什麼落在這一關係之外的，都不會在該機緣中體現出來。因此，像這樣體現出來普遍條件的完整模式，是被任一套選出條件所決定的。這種關鍵性的各套假定，就是各套相等的假定。「存有」的理性和諧，是複雜機緣的統一體所需要的。它和包含在邏輯和諧中的所有完整體現（在那種機緣下），是形上學學說的主要論題。這意味著事物結合起來，是有理性的結合。也就是說，思想能深入於事實的每個機緣，因此，透過理解關鍵性條件，條件模式的整個組合就被開啓了。總之，假如我們了解任一機緣中要素的某些完全普遍的性質，就將了解同一機緣下，必然出現無數其他同樣普遍的概念。一個機緣統一體中的邏輯和諧，既是排斥的又是包容的。機緣必須排斥一些不和諧的東西，而將和諧之物納入。

畢達哥拉斯（Pythagoras）是掌握了普遍原理之全部意義的第一人。他生活在西元前六世紀。我們對他的認識是片段的。但是我們了解一些奠定了他在思想史偉大地位的觀點。他堅持推理中終極普遍性的重要性，他預見到數字有助於表象自然秩序建構的重要意義。我們也知道他研究幾何學，並給出了直接三角形中一個著名定理[1]的普遍證明。畢達哥拉斯兄弟會（the Pythagorean Brotherhood）的建立，與其儀式和影響力的許多神祕傳說，都提供了一些證據，說明了，雖然有些模糊，畢達哥拉斯預見到數學在科學形成中可能的重要性。在這些方面他開創了一種研討，直到現在，這種研討一直使得思想家們很激動。他問道：「數學中的實有，比如數字，究竟在事物領域占有什麼地位？」例如「2」這個數字，在某種意義上就是處於時間之流與空間之必然位置之外的，然而，它又涉及眞實世界。同樣的理由也適用於圓形之類的幾何概念。據說畢達哥拉斯曾經教導說數學實有，比如數和形狀，是終極材質（the ultimate stuff），我們知覺經驗中的眞正實有，都是由這些材質所構成的。坦率地說，這種觀點看起來十分粗糙，也不怎麼高明。毋庸諱言地是，他發現了一個相當重要的哲學概念。這個概念具有悠久的歷史，曾經感動過人們的心靈，甚至深入到基督教神學體系中去。《亞他那修信經》（*Athanasian Creed*）[2]和畢達哥拉斯生活的時代相距了約一千年之久，畢達哥拉斯和黑格爾（Hegel）相距了約兩千四百年之久。無論時間相隔多久，確定數字在神聖自然（Divine Nature）構成中的重要作用，以及眞實世界的概念是觀念演化的展現，這些都可以回溯到畢達哥拉斯所提出的思想。

獨立思想家的地位有時靠機遇，因爲這取決於他的觀念在後繼者心中的命運如何。在這個方面，畢達哥拉斯是幸運的。他的哲學思想透過柏拉圖的智慧傳遞給我們。柏拉圖的理想世界，就是畢達哥拉斯學說的精煉和修正。這一學說認爲眞實世界的基礎是數。由於希臘時期是用點的形式來表示數字，所以數字和幾何圖形的觀念，不如我們現在這樣區分得這麼開。毫無疑問，畢達哥拉斯學說也將形狀的性質包括了進去，這樣它就是一個不純的數學實有。因而如今，當愛因斯坦和他的追隨者們，宣告諸如重力等物理事實，都可以被解釋爲時空性質的局部特性的時候，他們是在追隨純畢達哥拉斯傳統。從某種意義上說，柏拉圖和畢達哥拉斯比亞里斯多德更爲靠近現代物理科學。前兩位都是數學家，而亞里斯多德是醫生的兒子，當然他並沒有因此而忽視數學。來自畢達哥拉斯的實際忠告是，首先測量，然後用數量的方式來表達性質。但是直到現代，生物科學主要是屬於分類的科學。因此，亞里斯多德的「邏輯學」中就強調了分類。在整個中世紀，亞里斯多德邏輯學的流行，阻礙了物理科學的進展。如果經院學者採用測量而不是分類，那麼他們將學習到多少東西啊！

分類是直接具體的個別事物和完整抽象的數學觀念之間的中途站。類（species）考慮類的特性，屬（genera）注意的是屬的特性。但是在聯繫數學觀念和自然事實的過程中，透過計數、測量、幾何關係和層級型態，理性的思維就從確定類和屬不完全的抽象層次，進入到了數學的完全抽象層次。分類是必需的。但是除非你能從分類推進到數學，否則你的推理便不能帶你走得很遠。

從畢達哥拉斯和柏拉圖時期，到十七世紀現代世界之間，將近兩千年。在這段漫長期間中，數學取得了巨大的進步。幾何學在圓錐形截面和三角學的研究中取得了成功。窮舉法也幾乎預見到了積分學的研究。最重要的是，亞洲思想貢獻了阿拉伯數字和代數學。然而，這些進展都是在技術層面。數學，作爲哲學發展中的構成要素，在這段漫長的時間裡，從來沒有從亞里斯多德的手中解脫出來。一些從畢達哥拉斯和柏拉圖時期傳下來的舊觀念，一直在身旁徘徊。這些觀念可以從柏拉圖學說對基督教神學初期演進的影響中，也能看出來。但是哲學並沒有從不斷穩步前進的數學科學中，得到新的靈感。西元十七世紀，亞里斯多德的影響力降到谷底，數學也恢復了往日的重要地位。那是一個偉大的物理學家與偉大的哲學家並存的年代，他們幾乎同樣是數學家。只有約翰・洛克（John Locke）是特例，儘管他受到英國皇家學會中牛頓這一學派人的極大影響。在伽利略、笛卡兒、斯賓諾莎（Spinoza）、牛頓和萊布尼茲（Leibniz）的時代裡，數學對哲學觀念產生了極大影響。但是，如今脫穎而出的數學，卻與之早期大爲不同。它在通則化上得到成功，且開啓了幾乎難以置信的現代事業，將累積出一套套精妙的通則。並且，每增加一份複雜性，就愈能找到一些新的途徑，應用於物理科學或者哲學思維。阿拉伯數字符號在處理數學運算方面，爲科學提供了近乎完美的技術效能。這從算術細節中掙脫出來（比如，西元前一六〇〇年埃及的算術所表現的），使得希臘晚期數學些微預期到這發展的空間。代數學現在登上了歷史舞臺，代數是算術的通則化。正如數字觀念抽象自任何一套特殊的實有一樣，代數也抽象自任何特殊數字的觀念。正如數字「5」無差別地表示任何5個實有的群體，代數中的字母也用於無差別地表示任何數字。只需有條件規定，在上下文相同的同一用法中，每一個字母表示同一個數字。

這種用法首先使用在方程式中，方程式是提出複雜算術問題的方法。在這種關係中，代表數字的字母被稱爲「未知數」。但是方程式隨即提出了一個新的想法，即一個或者多個普通符號的函數，這些符號就是字母，代表著任何數字。在這種用法中，代數字母稱爲函數的「引數」（arguments），有時也被稱爲「變數」（variables）。舉例來說，如果以某種給定單位測量一個角，並將所得數值以一個代數字母代表，那麼三角就被涵蓋到這種新的代數中去了。因此，代數發展成普遍的分析科學，在這門科學裡，我們考慮不定引數的各種函數的性質。最後，一些特殊的函數，比如三角函數、對數函數和代數函數，都得以通則化爲「任何函數」的觀念。太廣泛的通則化，將會導致毫無結果。只有以一恰如其分的殊別性，來限制廣泛的通則化，才能使得它成爲有效概念。例如任何連續函數的觀念，都必須引入連續性的極限，才是完滿的觀念，這種觀念已經引出了很多重要的應用。代數分析的興起，正好與笛卡兒發現分析幾何，及其牛頓和萊布尼茲發現微積分，同一時期。的確，畢達哥拉斯，如果他能夠預見到他所創制思潮的後果，將會覺得他的兄弟會及其裡面令人興奮的神祕儀式，是完全有道理的。

我想說明的一個觀點是：在數學的抽象領域占據優勢地位的函數觀念，反應在自然秩序中，便是以數學表達出來的自然律。要是沒有數學這種進步，十七世紀科學的發展將不可能。數學給科學家觀察提供了想像思維的背景。伽利略、笛卡兒、惠更斯（Huygens）、牛頓等人都創造了很多的公式。

假如要找一個有關數學的抽象發展，對當時科學的影響特例，可以考慮一下「週期性」（periodicity）這個概念。在我們日常的經驗中，事物普遍都有明顯的重複現象。日復一日、月圓月缺、四季輪迴、周而復始、心跳和呼吸循環往復；在每個方面，我們都能碰到重複現象。假如沒有重複，知識也不可能產生，因爲在這種情況下，就沒有任何事物能和我們過去的經驗發生聯繫。同時，沒有規律性的重複現象，測量也變得不可能。根據我們的經驗，當我們獲得精確的觀念時，重複是基本的。

在第十六、十七世紀，週期性理論在科學中處於基礎地位。克卜勒發現了一條法則，這條法則將行星軌道的長軸，與各行星沿著自身軌道運行的週期，聯繫起來。伽利略觀察了鐘擺的振動週期；牛頓解釋了聲音是由疏密相間的週期性波動，穿過空氣時發生的擾動所形成的；惠更斯認爲光是精細的乙太的振動波形成的；梅賽納（Mersenne）則將小提琴弦的振動週期與它的密度、張力和長度聯繫起來。現代物理學的誕生，有賴於將週期性的抽象觀念應用在許多具體事例上。但是除非數學家已經將圍繞著週期性概念的抽象觀念推演出來，否則這是不可能的。三角學興起於研究直角三角形中兩銳角比率間的關係。隨後，在新發現的數學科學中的函數分析影響之下，擴大爲對體現這種比率的純粹抽象週期函數的研究。因此，三角學完全成爲抽象的。正因爲它變得抽象了，也變得有用處了。它闡明了完全不同的物理現象潛在的類似之處。同時，它還提供了武器，就任何一套物理現象自身的各種特性加以分析，然後相互聯繫起來。[3]

沒有什麼比這樣一個事實更加讓人印象深刻了：當數學愈退縮到極端的抽象概括的高山

上，它回到地面對具體事實的分析，就相對的更爲重要。十七世紀的歷史讀起來，猶如柏拉圖和畢達哥拉斯生動的夢。從這個特徵來看，十七世紀僅僅是後繼者們的先驅而已。

最終的抽象概括，是控制我們思考具體事實的眞正武器。這一弔詭的觀點，現今已完全確立了。十七世紀數學家盛極一時的後果是，十八世紀是數學思維的世紀。在法國影響力占據優勢的地區尤其如此。洛克所宣導的英國經驗主義（English Empiricism），算是一個例外。在法國之外的地區，牛頓對於哲學直接影響的最佳見證者就是康德（Kant），而不是休謨。

在十九世紀，數學的普遍影響逐漸式微。文學上的浪漫主義（romantic movement）和哲學上的唯心主義（idealistic movement），都不是數學思維的產物。同時，甚至在科學領域中，地質學、動物學和生物科學的發展，一般來說也與數學完全無關。這個世紀最爲令人興奮的科學事件，就是達爾文的演化論（Darwinian theory of evolution）。因此，就這個時代流行思想而言，數學退居到幕後去了。但是這並不意味著數學被忽視了，甚至也不能說它毫無影響力了。十九世紀純數學取得的進步，幾乎相當於畢達哥拉斯以來所有成績的總和。當然進步是容易的，因爲技術已經日臻完善。然而即便如此，一八〇〇至一九〇〇年這段時間裡，數學的變化仍然是相當顯著的。如果我們再往前推一百年，將當今之前的前面二百年都算上，我們就會忍不住認爲數學奠定基礎的時間，是在十七世紀的最後二十五年。發現數學要素的時段，從畢達哥拉斯時期到延伸到笛卡兒、牛頓和萊布尼茲時代，發展成熟的科學則是最近兩百五十年左右出現的。這不是要誇耀現代世界中的超級天才，因爲發現要素比發展科學要困難得多。

整個十九世紀，數學影響了動力學和物理學，然後及於工程學和化學。透過這些科學作爲媒介，數學間接影響了人類生活，而這是難以估量的。但是數學並沒有對當時的一般思想，產生直接的影響。

透過簡要回顧數學在歐洲歷史上的影響，我們發現數學曾有兩個偉大時段，對一般思想產生了直接影響，每個時段都各自持續了大概兩百年。第一時段是從畢達哥拉斯到柏拉圖，當時創立科學（知識）的可能性和普通特性，首次出現在希臘思想家心中。第二階段包括了現代時期的十七世紀和十八世紀。這兩個時段具有一些共同的特點：在第一、二個階段中，在與人類興趣所在的許多領域，思想普遍範疇處於瓦解狀態。在畢達哥拉斯時期，讓人覺察不到的異教信仰，憑藉著它美麗和魔奇的儀式的傳統外衣，在兩方面的影響下進入了一個新的階段。一方面，宗教熱情的浪潮，尋求對於存有神祕深處事物的直接啓示。另一方面，在相反的另一極，已經覺醒的批判分析思想，以冷靜客觀的態度探究事物的終極意義。雖然這兩種影響的結果十分不同，但卻都具備一個共同要素：一股被喚醒的好奇心，和一場旨在重建傳統方式的運動。這種異教徒的神秘效果，堪比清教徒和天主教徒的反動。批判的科學價值在兩個時代都是相似的，儘管在實際重要性方面，略有區別。

在每一個時段的早期，都是欣欣向榮的和充滿新機會的。在這個方面，它們與西元二、三世紀基督教征服羅馬世界的衰落時代不同。只有在一個幸運的時代裡，一方面能從環境的直接壓力中解脫出來，另一方面又具有強烈的好奇心，時代精神才能對那些最終抽象概括進行任意地直接修正。那些最終抽象概括，隱藏在更爲具體的概念之後。我們時代的嚴肅思想，都是從這些概念開始發展起來的。這件事只能在極少的時代裡完成，從而數學與哲學發生了關聯。因爲數學是人類心智所能及的、最爲完整抽象概括的知識。

這兩個時段的相似之處，不會被過分強調。現代世界要遠比地中海沿岸的古代文明世界，甚至是遣送哥倫布和清教徒前輩移民渡過大西洋時的歐洲，更大更複雜。我們不能用一時強勢，而後又將會被束之高閣上千年的簡單公式，來解釋我們這個時代。因此，從盧梭（Rousseau）以來，數學精神的短暫沉寂，看上去已經走到盡頭。我們正在進入一個宗教、科學和政治思想的重建時代。這樣一個時代裡，如果想避免只是無知地在兩個極端之間搖擺的話，一定得尋求終極深刻的眞理。但除非有一種哲學來充分說明那些終極的抽象概括，且以數學來說明這些抽象概括間的交互關係，否則這種深刻的眞理是無法洞察的。

爲了確切說明數學是如何在當前獲得普遍重要性的，我們不妨從一個特殊的科學困惑出發，去看看在試圖解決這些困難時，我們自然地被引導到哪種觀念上去。當前，物理學正在爲量子論而犯難。如果有人還不熟悉這個理論是什麼，在此暫不做過多解釋。[4]我所要指出的是，這些解釋中最有希望的一個說法，認定電子不連續地穿過空間的路徑。這觀點認爲，電子存在的方式，是它出現在空間中一系列離散的位置上。在這些位置上，它占據一段前後持續的時間。這就好像一部汽車，以平均每小時三十公里的速度，沿著一條道路前行，但它並不是連續的通過這條道路，而是依次在一系列的里程碑那裡出現，並在每座里程碑那裡停留兩分鐘。

首先，我們需要純技術地運用數學，看看這個概念是否能眞正解釋量子論中許多令人困惑的性質。如果這種觀念經得起這場考驗，毫無疑問，物理學就會採用它。總而言之，這問題純粹是要數學與物理學，根據數學計算和物理學觀察來解決。

但是，目前一個問題擺在了哲學家的面前。電子在空間中具有一種不連續的存在，這和我們習慣地假定事物顯然是連續存在，很不相同。電子似乎從西藏聖人那裡借了功力過來。電子加上與其相關的質子，就成爲日常經驗中物體的基本實有。因此，如果這個解釋被接受了，我們必須修正所有關於物體存在終極特質的觀點。因爲當我們深入到這些終極實有時，令人驚訝的空間存在的不連續性就顯現出來了。

解釋這個弔詭現象並不困難，只要我們同意將那些目前已被大家所接受、關於聲和光的相同原理，運用於表面穩定而無差別事物的持續狀態上，就可以了。一個穩定持續的音符，被解釋爲空氣振動（vibration）的結果。一個穩定的顏色，被解釋爲乙太振動的結果。如果我們用相同的原理解釋事物穩定而又持續的狀態，我們就應該設想：每一個最初要素，都是潛在能量或活動的振動起伏。假定我們堅持物理學上能量的觀念，那麼每一種最初要素，都將會是一個能量振動之流的組織系統。因此，每一個要素都將具有一個確切的週期，在這個週期內，這個能量之流系統，將會從一個靜止端擺動到另一個靜止端。以海洋潮汐爲喻，能量之流系統將會從一個高潮時期，擺動到另一個高潮時期。這個組成最初要素的系統，在某瞬間看來是不存在的。它需要整個週期才能展現出來。同理，一個音符在瞬間也是不能成爲音符的，而需要整個週期才能展現出來。

因此，如果問最初要素在哪裡？我們就必須取它在每個週期的平均位置。如若我們將時間分割成更小的要素，作爲電子實有的振動系統將不復存在。這樣一個振動實有在空間中的軌跡——振動構成實有的地方——必須被描繪成空間中一系列的離散位置，如同汽車出現在一系列的里程碑旁，而不是出現在兩個里程碑之間一樣。

首先，我們必須要問的是，是否有任何證據表明量子論和振動說之間的聯繫。這個問題可以立即做肯定的回答。整個量子理論都是圍繞著從原子來的輻射能上，並且與輻射波系統的週期密切聯繫。因此，看上去振動存在的假說（hypothesis），是最可能解釋軌道不連續這一困惑的了。

其次，一個新的問題擺在了哲學家和物理學家的面前，如果我們採用了上述假說，認爲事物的終極要素，本質上存在於它們的振動性之中。也就是我所說的，除了週期性的系統之外，並沒有所謂的要素存在。在這一假說之下，我們必須得問，構成振動系統的成分是什麼呢?我們已經除掉了物質無差別的持久性（undifferentitated endurance）。除了形而上的強制要求之外，我們並沒有理由去提出另一種更爲精微的材質（stuff），取代剛才解釋過了的物質（matter）。現在這個領域，已經爲引入一種新的機體論（doctrine of organism）以取代唯物論，打開了大門，那自十七世紀以來，就被科學像裝馬鞍一樣，套在哲學身上。値得銘記的是，物理學家所謂的能量顯然只是一個抽象概念。具體的事實是，機體必然是眞實發生的完整表達。將科學唯物論替換下來，如果這曾經發生過，一定對思想的每個領域都會產生重要的影響。

最後，我們的回應必然是，最終我們回到了老畢達哥拉斯的說法上了，數學和數學物理都是從他那裡開始崛起的。他發現了研究抽象概念的重要性，尤其是引導人們注意到數目能刻畫音符的週期性這一特質。因此，週期性這一抽象觀念，在數學和歐洲哲學發展的最早期，就已經存在了。

十七世紀時，現代科學的誕生要求一種新的數學，更完備地分析振動存在這一特性。在二十世紀的今天，我們發現物理學家大多從事於分析原子週期性的工作。誠然，畢達哥拉斯在建立歐洲哲學和歐洲數學時，就賦予了它們這一最爲幸運的幸運推測——這難道是神聖天才的閃光，洞察到事物最深的本質上去了?

註文

【1】譯者注：即畢氏定理。

【2】譯者注：《亞他那修信經》（*Athanasian Creed*）與《使徒信經》（*Apostle's Creed*）、《奈西亞信經》（*Nicene Creed*）、《迦克墩信經》（*Chalcedonian Creed*）並稱基督信仰四大信經，此信經是第一個闡述三位一體教義的信經。

【3】關於自然和純數學函數的更詳細的研究，請參看我的著作《數學導論》（*An Introduction to Mathematics*）。

【4】參見本書第八章。

第三章　天才的世紀

先前兩章旨在介紹一些先決條件，那爲十七世紀科學的繁榮，提供了所需的土壤。它們追溯了各種思想的要素和本能的信念所經歷的種種過程，從古代世界的古典文明的初次開花，穿過中世紀經歷的轉變，直到十六世紀的歷史性革命。三個主要的因素吸引著大家的注意——數學的興起，在複雜自然秩序中的本能信念，以及中世紀後期思想中不受動搖的理性主義。這種理性主義，我指的是這種信念，認爲發現眞理的途徑，主要是通過對事物本質進行形而上的分析，那決定事物如何活動與作用。歷史性革命斷然拋棄了這種方法，轉而研究前因後果的經驗事實。在宗教中，這意味著追溯到基督教的本源。在科學上，這意味著求助於實驗和歸納法的推理。

若將歐洲人在我們這個時代以前的二百二十五年中的知識分子生活，做一個簡短、十分確切的描述，就將發現，他們一直靠著十七世紀的天才們，爲他們積累下來的思想財富過日子。那個時代的人們，繼承了伴隨著十六世紀歷史性革命觀念的發酵，又把觸及人類生活各方面的既定思想體系，流傳下去。十七世紀一貫到底地爲人類活動的各個領域，提供聰明的天才，這些天才足以與其偉大相媲美。從文學的編年史中，就可以看出這個百年英才輩出的盛況。世紀之初，培根的《學術的進展》（*Advancement of Learning*）和賽凡提斯（Cervantes）的《唐吉珂德》（*Don Quixote*）在同一年（1605）出版，好像那個時代會以一種承前啓後的姿態出現。第一個四開本的《哈姆雷特》（*Hamlet*）於此前一年問世，一六〇五年又發行了另一個稍加修改的版本。最後莎士比亞（Shakespeare）和賽凡提斯，於一六一六年四月二十三日同一天逝世。在那一年的春天，哈維（Harvey）在倫敦醫學院（College of Physicians in London）的一個講座課程裡，首度解釋了他的血液循環理論。牛頓出生的那一年，正好伽利略逝世（1642），也正好是哥白尼的《天體運行論》（*De Revolutionibus*）發表一百週年。此前一年，笛卡兒出版了《第一哲學沉思集》（*Meditationes*），兩年後又出版了《哲學原理》（*Principia Philosophiae*）。總而言之，時間不足以將這個世紀天才們的重大事件充分一一展開。

我無法詳載這個時代裡思維發展的每一個階段。對於一次演講，這個主題太大了，並且會模糊原先我計畫闡明的觀點。我們在有限的時間裡，只需一提當時所發表世界性重要成果的人名就足夠了：法蘭西斯・培根、哈維、克卜勒、伽利略、笛卡兒、帕斯卡（Pascal）、惠更斯、波義耳（Boyle）、牛頓、洛克、斯賓諾莎、萊布尼茲。我僅列出這份名單到神聖的數字十二為止，這個數字太小了，以至不能有效代表當時的情形。譬如，這份名單裡只有一位義大利人，然而，義大利人實際上能將這份名單填滿。同時，哈維是僅有的一名生物學家。而英國在這方面的人才很多，這個遺憾，部分地歸因於演講者是英國人，而聽眾也和他一樣，承認這是一個英國人的世紀。如果演講者是荷蘭人，就會覺得荷蘭人人才濟濟；如果演講者是義大利人，就會覺得義大利人人才濟濟；如果演講者是法國人，就會覺得法國人人才濟濟。而德國，不幸的三十年戰爭正摧毀這個國家。不過，其他國家回首這個世紀時，都認為那是一個天才輩出、達到頂峰的時代。毋庸置疑，這是一個英國思想的偉大時期，正如伏爾泰（Voltaire）後來對法國的印象一般。

除了哈維，省略掉其他生理學家是需要解釋一下的。當然，生物學在這個世紀裡獲得了長足的發展，這個主要是和義大利和帕多瓦（Padua）大學有關。但是我的目的是追溯這些來源於科學、且被科學預設的哲學觀點，並且還要評估這些觀點對於每個時代一般風氣的影響。現在，這個時代的科學哲學，是由物理學占據領導地位的。以一般的觀念來說，在這個時代及其往後的兩個世紀，科學哲學成爲物理學知識狀態最明顯的表現。事實上，這些概念與生物學並不合拍，卻將物質、生命、機體等不能解決的問題交給生物學，成爲現今生物學家努力研究的課題。但是有關生命機體的科學，直到現在才發展到以其概念加諸哲學的地步。過去的半個世紀，見證了企圖將生物學觀念印刻在十七世紀的唯物論上、而沒有成功的這一歷史。然而，無論對這一成就如何評價，有一點可確定的，便是十七世紀的根本觀點，來自於伽利略、惠更斯和牛頓這一學派的思想，而不是來自於帕多瓦大學的生理學家。這個時期衍生的一個未曾解決的思想問題，可說如下：以物理定律所規定的物質形態，及其在空間中的運動，當如何解釋生命機體。

討論這個時代，最好引用法蘭西斯・培根的《自然史》（*Natural History*）第四部分首段或者〈世紀〉（Century）的話。我們從他的牧師羅利（Rowley）當年的回憶錄中得知，這本著作是在他生命的最後五年裡完成的，因此這本著作的時間寫於一六二〇至一六二六年。這裡引用如下：

可以肯定的是，無論任何物體，儘管它們沒有感覺（sense），但是它們有知覺（perception）。因為當一個物體加於另一個物體時，會有一種選擇，選擇接納合意的那部分，而排斥不合意的那部分。無論這個物體是改變他物還是被他物改變，從此之後，在行動之前總有一種知覺存在。否則，所有物體都將混為一體。有時候，這種知覺在某種物體上比感覺更為精微。因此，知覺與之相比，是十分遲鈍的：我們看見溫度計，能發現天氣中或熱或冷的最小差別，那這單憑我們是無法發現的。並且，這種知覺有時候會相隔一段距離發生，但是就和直接觸發生一樣。天然磁石吸鐵或者巴比倫的石油火焰，發生時都是隔著一段距離的。因此這是一種很高貴的探究主題，這種探究是對更精微的知覺探究。[1]知覺是開啟自然的另一個關鍵，與感覺一樣重要，有時候重要性甚至超過了感覺。此外，這還是觀察自然界的主要方法，因為知覺出現地較早，而其效果則在很久以後才產生。

這段引言有很多有趣之處，其中一些的重要性，在接下來的演講中將會可見。首先，應注意培根將知覺或感應到（taking account of），與感覺或認知經驗（cognitive experience）仔細加以區分。在這一點上，培根是游離於那個世紀的，最後在主流的物理思想之外。後來，人們認爲物質是被動的，受著外力的作用。我認爲培根的思想路線，與唯物主義的概念相比，表達了一個更爲基本的眞理；唯物主義被塑造成合乎物理學的需要。現如今我們已習慣用唯物主義的觀點去看事物，這種方式被十七世紀的天才們深植於文獻之中，以至於我們要理解另一種看待自然問題的方式，就會變得有些困難。

在剛剛引用的這個特殊例子中，滿篇的段落和句子中充斥著實驗的方法，也就是說，充滿了對「不可化約而又鐵一般的事實」的注意，以及得出普遍規律的歸納法。十七世紀遺留給我們另一個未解決的問題是，歸納法的理性根據。清晰地認識到經院學派的演繹理性，和現代的歸納觀察法之間對立性的人，首當推培根。當然，在伽利略和當時所有科學家的思想中，也暗含了這一點。但是，培根是最早認識到這一點的人之一，而且他還對於當時正在發生的知識革命的全部範圍，也有最直接的理解。也許最完整預測到培根和整個現代觀點的人，是李奧納多・達・文西（Leonardo Da Vinci），他生活的年代正好比培根早一個世紀。達・文西也闡明了上次演講中所提出的理論，即自然主義藝術的興起，是我們科學思想形成中的一個重要成分。誠然，達・文西是一個比培根更爲全面的科學家。自然主義藝術的作法，更類似於物理學、化學和生物學的作法，而非法律的作法。我們所有的人都記得培根的同代人，血液循環的發現者——哈維曾經說過，培根「像個大法官（Lord Chacellor）一樣寫科學著作」。但是在現代初期，達・文西和培根一起結合起來，形成現代世界的各種思潮，即法律思想和自然主義藝術家觀察的習慣。

在我上述引用培根的那段話中，並沒有清楚地提到歸納推論法。對我來說，沒有必要做任何的引證來說明實行這種方法的重要性，以及由此發現的自然祕密，對於人類福祉的重要性，其實這些都是培根的著作中所強調的要點。歸納法已經被證實比培根所預期的還要複雜。他的心中有一個信念，認爲只要在蒐集事例時，保持足夠的仔細，普遍規律就會自然顯現出來。也許哈維當時就知道了，我們現在也知道了，這有關產出科學普遍原理過程的說明，很不充分。但是當你把這一切都拋開，培根依然是構築現代思想的偉大奠基者之一。

到了十八世紀，在休謨的批判下，歸納法所帶來的特殊困難，開始凸顯。但是培根是那次歷史性革命的先知之一。那次革命拋棄了無變化的理性主義方法，而衝向另一個極端。將所有豐富的知識，都建立在根據過去的特殊機緣，去推斷將來的特殊機緣這一方法之上。我並不懷疑歸納法的有效性，只要它運用得法。我的觀點是，除非我們滿足於將歸納法建構在我們模糊的本能之上，認爲其理所當然，否則預先進行一番繁雜的工作是必需的。這些工作就是運用理性去說明直接出現在我們認知之中，立即機緣的普遍特質。立即機緣若不能給過去和未來提供一些知識，涉及記憶和歸納時，我們就難免陷入全然的懷疑主義（Skepticism）之中。科學或我們日常生活之中歸納過程的關鍵，就在於正確地理解知識的立即機緣，以其全部具體情況，這一點多麼強調都不爲過。正是我們抓住了這些機緣在全部具體情況下的特質，生理學和心理學的現代發展，才至關重要。我將在接下來的演講中闡明這一點。當我們僅僅以抽象來取代這個具體機緣，只考慮物體在時空中的構形，我們就將發現自己陷入不能解決的困境之中。很明顯，這種東西（objects）只能告訴我們，它們就是它們所在（they are where they are）。

因此，我們必須回顧義大利中世紀研究者所說明的經院神學的方法，這一點我在第一次演講中已經提過。我們必須觀察立即機緣，並且使用理性對其本性做普遍的描述。歸納法預先假定了一種形上學。換言之，它是建立在事先成立的理性主義基礎之上的。引證歷史無法得到理性的根據，直到形上學已確定好有歷史可以引證。同理，對未來的猜測也預設了某種知識前提，即有一個遵從某些決定因素的未來存在。困難在於搞清楚這兩種觀念的意義。但是除非你已經了解，否則歸納法只是空話。

你將會觀察到，我不認爲歸納法就其本質而言，是普遍律則派生出來的。它是從已知過去特殊事例的性質，預測未來某些特殊事例性質的方法。一個更爲廣泛的設定（assumption）是，普遍律則適用於所有可認知的機緣，這對於有限的知識是一種很不妥當的擴大。我們所有能要求當前機緣的是，它應該去決定一種特殊的機緣群體，那因在同一群體之內，故在某些方面互爲條件。在物理科學中，這個機緣群體是一套發生之事，可說它們在共同時空之中彼此配合，因此我們能追溯從一個機緣到另一個機緣的轉變。而我們所涉及的，也就是在我們對立即機緣的知識中所顯示出的共同時空。歸納推理是從特殊機緣到特殊機緣群體，再從特殊機緣群到同群體中特殊機緣間的關係。在我們考慮其他科學概念之前，我們關於歸納法的討論，還不可能超越這個初步的結論。

在培根的引述中，第三點是值得注意的。這段引述完全是關於「質」的。在這方面，培根完全失去了支持十七世紀科學成功的調性。當時的科學一直是、而且仍然是主要重「量」的。先找出現象中可以測量的要素，然後找出這些物理量測量間的關係。培根忽視了這條科學規則。比如上述引文中，他提到隔著距離的作用，所考慮的是針對「質」而言的，而不是針對「量」而言的。我們不能要求他預知到他的晚輩——伽利略的觀點，或者他的繼承者——牛頓的觀點。但是他並沒有暗示要研究「量」。或許他被從亞里斯多德傳承下來的流行邏輯學說誤導了，實際上，那些學說在應該告訴物理學家測量的時候，卻告訴了他們分類。

直到十七世紀末，物理學才建立在令人滿意之測量的基礎上。最後恰當的解釋是由牛頓所提出來的。質量共同可測量的成分，可以各種不同物體中的「量」來辨識。在實體、形狀和大小方面，顯然相同的物體，在質量上也會非常相近：三項條件相同的程度愈大，質量相等的程度也愈大。作用於物體上的「力」，不論是接觸或是隔著距離產生作用，被（實際上）視爲等於物體的質量乘以物體速度的變率，這種變率是由「力」作用於物體之上產生的。這樣一來，「力」就由它對物體運動產生的效果上，區分出來了。現在的問題是，「力」的大小概念是否能引導發現一種簡單的「量」的律則，這個律則包括可通過實體構形、和物理特性的外在情況來決定「力」。在整個現代，牛頓的這一概念在這項測驗中，一直都很出色成功。它的第一個勝利是萬有引力定律，成就的最高峰是天文動力學、工程學和物理學的全面發展。

三大運動定律和萬有引力定律形成的主題值得特別關注。整個思想的發展剛好經歷兩代人。它始於伽利略，而終於牛頓的《自然哲學的數學原理》，而且牛頓出生的那一年，伽利略正好逝世。笛卡兒和惠更斯生活的年代，正好在這兩個偉大人物之間。這四人合作所獲得的成就，有權利被認爲是人類史上單一最偉大的理智成就。爲評價它的大小，我們必須考慮它範圍的全面性。它給我們構造了一個物質宇宙的景象，並且使得我們能夠計算某一特殊發生最微小的細節。伽利略邁出了第一步，找到了正確的思想道路。他發現值得注意的關鍵，不是物體的運動，而是它們運動的改變。伽利略的發現，被牛頓在他的第一運動定律公式化了：一切物體在沒有受到力的作用時，總保持等速直線運動狀態或靜止狀態，除非作用在它上面的力迫使它改變這種運動狀態。

這個公式否定了兩千年來阻礙物理學進步的信念。它也涉及一個科學理論上必備的基本概念，我說的是理想的、獨立系統的概念。這個概念包含了事物的基本特性。假如沒有這些特性，科學、或者是人類有限智慧中的一切知識，都將是不可能成立的。這個「獨立」系統不是一個唯我論者的系統（solipsist system），認爲萬事萬物離開我就不存在了。它在宇宙內是獨立存在的。這意味著，關於這個系統的眞理，只要參照關係的規律系統的架構，其餘的事物便可以成立了。因此，獨立系統的概念不是說實體上獨立於其餘的事物，而是說與宇宙中其他事物的細節，沒有偶發性的依存關係。進一步說，這沒有偶發性依存關係，只對這獨立系統中某些抽象特質而言，而不是對這系統的全部具體性而言。

運動第一定律問：一個動力獨立系統就其整體運動而言，從它的方向和內部各部分間的排列抽象出來，我們能說的是什麼?亞里斯多德說，你必須把這樣一個系統看成是靜止的。伽利略補充說：「靜止狀態只是一種特殊狀態，普遍的說法是物體不是處於靜止狀態，便處於等速直線運動之中。」因此，一個亞里斯多德派的學者會認爲，「力」是由外物的反作用引起的，在「量」上可以由該物所保持的速度來衡量，方向上可以由該速度的方向來決定。然而伽利略派會直接關注加速度的大小及其他的方向。這一差別，從克卜勒和牛頓的對比中顯現出來。他們兩個都觀察使得行星保持在其軌道上的力。克卜勒發現的是推動行星的切向力（tangential forcee），牛頓發現的，是轉變行星運動方向的徑向力（radial forces）。

如果從我們經驗中的明顯事實來看，與其詳述亞里斯多德所犯的錯誤，還不如強調他所做的證明，更爲有益。我們日常生活中所見到的一些運動，除非它們獲得了外力支持，否則就會立刻停下來。因此，一個正常的經驗主義者，一定會關注運動的持續性問題。在這裡我們發現了一個缺乏想像力的經驗主義者，所遭遇的危機。十七世紀展現了另一個這種危機的例子，牛頓和世界上的其他人一樣，也陷入其中了。惠更斯已經提出了光的波動理論。但是這個理論沒有辦法解釋我們日常經驗中，有關光的最爲明顯的事實，那就是，一個突出物體所投射的影子，是由直線光所決定的。因此，牛頓拒絕承認這一理論，而只接受微粒說（corpuscular theory），因爲這一理論完美解釋了陰影問題。從那以後，兩個理論都有屬於它們的一段全盛期。目前科學正在尋求將兩種理論進行結合。這個例子說明了：由於某種被考察物極其明顯的事實不能被解釋，而拒絕承認某一種觀點，那將會是危險的。如果你已經注意到在自己一生中出現思想上的新鮮事物，你將會觀察到幾乎所有的新觀念在出現的時候，都有一些不盡如人意的地方。

現在回到運動定律上，值得注意的是，十七世紀並沒有爲不同意亞里斯多德觀點的伽利略派，提供任何理由。這是一個重要的事實。在這一系列演講中，當我們後面談到現代時，將看到相對論對這一問題全面的說明，不過那只是重新整理了我們對時間和空間的整個概念而已。

直到牛頓出來，才使人們關注到質量是物體本質上所固有的物理量。質量在運動變化時，始終不發生變化。但是質量在化學變化時，也始終不發生變化，這事實需要等到一個世紀後拉瓦錫（Lavoisier）來證明。牛頓的下一項任務，是以物體的質量和加速度來估計外力的大小。在這方面他的運氣很好，因爲從數學家的觀點來看，質量和加速度兩者之間的乘積，是最爲簡單的律則，也是最爲成功的一個。現代的相對論又修正了這個極其簡單的理論。不過對於科學而言，幸好當時並不知道今天物理學家所做的這些精密實驗，甚至不知道有可能。因此，世人要費兩個世紀，以便消化牛頓的運動定律。

在看到以上這些盛世之事後，我們就不會驚訝於科學家將他們的終極原理，建構在唯物論的基礎上，並且其後拋棄了哲學。如果我們能精確理解這個基礎是什麼，以及它最終的困難，那麼我們就能抓住思想的過程。當你在批判一個時代的哲學時，不要將你主要的注意力集中在那些代表人物公開辯護的理智立場上。某些基本假定，在同一個時代，可能被各種不同理論體系的信眾，同時不自覺地採納。這些假定看來十分明顯，以至於人們不知道這些假定是什麼，因爲他們也從未想到其他處理事物的方式。根據這些假設，有限數目的哲學體系類型是可能的，並且這一群體系就構成了時代的哲學。

現代時期，某一個這樣的假定就構成了整個自然哲學的基礎。這個假定包含在概念之中，表達了自然最具體的一面。伊奧尼亞學派的哲學家問：自然是由什麼構成的？答案不外乎材質、物質或質料——採取何種名稱並不重要——重要的是，指明它在時間和空間中有一個簡單的位置，或者用更爲現代的觀念說，在時空中有一個簡單定位（simple location）。而我所謂的物質或質料，就是具有簡單定位這一特性的一切。而我所謂的簡單定位，就是一個主要特質，也就是對時間與空間而言相同的特質，另一些次要的特質，就是在時間空間之間不相同的東西。

時間和空間的共同特質是：質料在空間中可以說「在此」，在時間中也可以說「在此」，或者在時空中說「在此」，其意義完全確定，不需要參照時空中其他區域來進行解釋。奇怪的是，這種簡單定位的特質，無論我們將時空區域用絕對方式或相對方式來決定，都能適用。假若區域只是顯示質料與其他實有的一套特定關係，那麼所謂簡單定位的特質，就說明質料與其他實有具有位置關係，而不需要參照同一群實有的類似位置關係，所構成的其他區域就能說明。事實上，不管以何種方式，只要時空中的確切位置被確定好了，就可以透過說明特定質料正好在某個地方，來充分說明特定質料與時空之間的關係。如果僅就簡單定位而言，已經無需再做過多說明了。

然而，還有一些次要的解釋要說明，這些解釋可以產生上述提到的次要特質。首先，就時間而言，如果質料在某段時間中已經存在過，那麼它就在這段時間裡的任何一部分中存在過。換言之，分割時間，並沒有分割質料。其次，就空間而言，將體積進行了分割，就將質料也分割了。[2]因此，如果質料以一定體積而存在，那麼體積減半，所包含的質料也必然比原體積少。正是由於這性質，空間中某一點的密度觀念才得以產生。人們談論密度時，不會將時間和空間混合起來，以達到現代相對論學派中的某些極端主義者，急於渴求的那種程度。因爲就質料來說，時間與空間分割發揮的作用，有相當大的區別。

此外，質料與時間分割無關這一事實，可以引導出結論：時間的流逝是偶然的，而不是質料的本質。質料在任何時間的分段中，都是它本身，而不管分段有多短。因此，時間的過渡和質料的特質沒有關聯。質料在瞬間即是它本身。這裡時間的瞬間就是瞬間本身，沒有過渡，因為時間的過渡就是瞬間的連接。

因此，伊奧尼亞思想家所提出「世界是由什麼構成的」這個問題，十七世紀的答案是：如果把乙太之類的，比一般物質更為精微的材質包括進去，也可以說世界是由物質瞬間組構的連續性（a succession of instantaneous configuration of matter）所構成。

關於基本自然要素的看法，科學對這種假定表示滿意，而對這一點，我們不表驚奇。像引力這種巨大的自然力量，完全是由質料的組構來決定的。因此，組構可以決定它們自身的變化，也正是為此，科學思想圈也跟著完全封閉了。這就是著名的自然機械論（mechanistic theory of nature），這一理論從十七世紀以來一直占據優勢地位。這是物理科學的正統信條，並且這信條通過實際的考驗，證實它是行得通的。於是物理學家對於哲學不再有興趣了。他們強調歷史性革命中的反理性主義。然而這種唯物機械論的困境，不久就顯露出來了。十八世紀和十九世紀的思想史受到以下事實的支配，即世界已經掌握了一種普遍的觀念，有它和沒有它都活不下去。

只要考慮到時間問題，以及將這質料瞬間組成的簡單定位作為具體自然的基本事實，就是柏格森（Bergson）所反對的。他認為這是由於理智將事物「空間化」（spatializetion），扭曲了自然。我同意柏格森的反對意見，但我不贊同說從理智上來理解自然，這種扭曲就必定是一個缺點。我將在接下來的演講中努力展示，這種空間化是具體事實在非常抽象邏輯結構下的表達。這裡有一個錯誤，但是僅僅是一個「將抽象誤認爲是具體」這樣一個偶然性錯誤而已。這就是所謂「錯置具體性的謬誤」（fallacy of misplaced concreteness）的一個實例。這種謬誤在哲學中引起很大的混亂。儘管在這個實例中可看出此謬誤的普遍趨勢，但是理智也不必然陷入到這個錯誤之中。

非常明顯，簡單定位的概念將對歸納法造成巨大困難。因爲物質的組成在任何一個時段中的定位，若與任何其他時間都沒有關係，無論是過去的或是未來的，則可以立即推論：任何時期內的自然，都與其他任何時間的自然沒有關係。因此，歸納法所依據的，便不是在任何可透過觀察確定爲自然固有的事物。因此，我們不能從自然中找到任何定律信念的依據，比如關於萬有引力定律。換言之，自然秩序不能僅從對自然的觀察中找到根據。因爲在當前，沒有什麼固有的東西可以聯繫到過去或未來。也因此看來，記憶和歸納法在自然本身，似乎也無法找到根據。

我一直在期待未來的思想途徑，並且一直重複休謨的論證。這思潮立即遵從了簡單定位的說法，讓我們不能等到十八世紀再考慮。奇怪的是，事實上世界眞的等待到了休謨，才注意到其困境。而當休謨眞正開始嶄露頭角時，也僅僅是他的哲學中提到宗教的部分，受到關注。

由此可見，科學公眾是反理性主義的。原則上，這是因爲神職人員是理性主義者，而科學人員則懷有相信自然秩序的簡單信念。休謨本人就曾挖苦道：「我們神聖的宗教是以信仰爲基礎的」。這種態度能使英國皇家學會滿意，卻不能讓教會滿意。這種態度也使休謨滿意，及後來的經驗主義者滿意。

還有另一個思想方面的預設，也可以和簡單定位的理論相提並論。我是指相互聯繫的兩個範疇：實體和屬性（substance and quality）。但是兩者之間卻有些不同。對於空間地位的適當描述，已經有相當多不同的理論。但是不論空間的地位如何，被認爲就處於空間之中的各種實有與空間的聯繫，是一種簡單定位。簡而言之，一般人都默認爲空間是簡單定位存在的場所。任何事物存在於空間之中，就必然存在於空間中的某一確定部分。然而，談到實體和屬性的問題，儘管十七世紀頂尖的思想家利用他們的天賦，立即建構了一個足以滿足他們直接目的的理論，但是他們對這一問題始終感到困惑不解。

當然，實體和屬性以及簡單定位，對於人類而言，都是最爲自然的觀念。這就是我們思考問題的方式。沒有這些思考方式，我們日常生活中的觀念就無法安排了。這一點毫無疑問，唯一的問題是，當我們在這些概念的指引下，去思考自然的時候，我們的思想究竟具體到什麼程度？我的答案是，我們只替自己給出直接事實的簡化版本。當我們檢視這些簡化版本的基本要素時，將發現它們事實上只能作爲精細詳盡、又高度抽象的邏輯結構而存在。當然，就個人心理而言，我們只要粗略地把無關的一些細節拋棄不用，就能得知這些觀念。但是當我們試圖爲這種拋開無關細節的做法找尋根據時，將會發現儘管留下來的實有，與我們討論的實有是一致，可是這些實有是高度抽象的。

因此，我認爲實體和屬性是「錯置具體性謬誤」的另一個例證。我們來考慮一下實體和屬性的觀念是如何產生的。我們觀察一個東西，將其作爲特定特質的實有。並且每一個別的實有，也是透過其特質被人理解的。比如，我們觀察一個物體，有一些性質我們注意到了，可能是硬度、藍色、圓形、聲音等。我們觀察到有些事物具有這些性質，撇開這些性質，其他的我們都沒注意到。因此，實有是基質（substratum），或者是實體，而屬性是在實有的基礎上推斷出來的。一些屬性是必要的，缺少了它們，實有就不再是實有本身，其他的屬性則是偶然的、可變的。在十七世紀末期，約翰・洛克認爲物質實體具有可以用數量表示的性質，並在空間中占有某一簡單定位，這兩點都是物體的基本性質。當然位置是可改變的，而不可改變的性質僅是一個經驗事實，除了一些極端主義者之外，大家都這麼認爲。

到目前爲止一，切都還順利。但是當我們談到藍色和聲音的時候，我們必須面臨一種新的情況。首先，物體不會永遠是藍色，或者持續不斷地發出聲音。在偶然性質的理論中，我們已經接納了這一點，那在目前情況下，我們認爲是切當的（adequate）。其次，十七世紀發現了一個眞正的困境。偉大的物理學家根據自然唯物主義的觀點，詳細闡釋光和聲音的傳播理論。

關於光，有兩種假說：其一，「光」是通過物質性乙太的振動波來傳播的；其二，根據牛頓的說法，「光」是透過令人難以置信的小微粒的運動傳播的，而這種小微粒是由一些精微的物質組成。我們都知道，在十九世紀，惠更斯的波動理論占有優勢地位，而現今，物理學家努力試圖結合著兩種理論，以解釋輻射所遇到的不明情況。但是無論選擇哪種理論，事實上外在的自然中，都沒有光和顏色的存在。有的只是質料的運動。同時，當光射入你的眼睛並落在視網膜上，有的也只是質料的運動。然後你的神經和大腦都受到影響，但這也僅僅是質料的運動。這種說法同樣適用於聲音，只需要把乙太波換成空氣波，把眼睛換成耳朵就行了。

我們接下來要問：在什麼意義上，藍色和聲音是物體的性質呢？基於相似的理由，我們也可以問，在什麼意義上，香氣是玫瑰花的性質呢？

伽利略思考了這個問題後，立即指出，離開了眼睛、耳朵和鼻子，就沒有所謂的顏色、聲音和香氣了。笛卡兒和洛克詳細闡述了初性和次性的理論（theory of primary and secordary qualites）。例如，笛卡兒在他的《第一哲學沉思集》中的〈第六個沉思〉（Sixth Meditation）[3]中說：「當然，從我感覺的不同種類之顏色、氣味、滋味、聲音、冷熱、軟硬等，我有把握地斷言，在產生這些不同的感官知覺的物體裡，多種多樣的東西與這些物體相應，雖然它們也許實際上和這些物體不一樣。」

他在《哲學原理》（*Principles of Philosophy*）說：「我們透過感官對外物所能知道的，不外乎它們的形狀（狀態）、大小和運動。」

洛克在寫作時，是具有牛頓力學知識的，他將質量當作是物體的初性。簡而言之，他依照物理科學在十七世紀末的狀態，詳細論述了初性和次性的理論。初性是實體的根本性質，這些實體的時空關係組成了自然。而這些關係的秩序性，就構成了自然秩序。自然發生（the occurrences of nature）以某種方式，受到與我們身體緊密相連的心靈所領悟。根本上，這種心靈的領悟是相互聯繫的人體中特定部分的發生，比如大腦中的發生所引發的。但是心靈在領悟時也經歷了很多感覺，恰當的說，它們是心靈本身的性質。這些感覺被心靈投射出去，以便覆蓋在外在自然中適當的物體上。因此，這些物體便被認為具有某些性質，而事實上，這些性質並不屬於它們本身，而只是純粹的心靈產物。因此，自然得到的特質，其實是屬於我們自身的，如玫瑰花的香氣、夜鶯的歌聲、太陽的光輝等。詩人們徹底錯了，他們應該將抒情詩獻給他們自己，並且還應當把這些詩歌，變成對傑出人類心靈的自我歌頌。自然是枯燥無味的，沒有聲音、沒有香氣，也沒有顏色，有的僅僅是質料匆匆忙忙、無休無止、毫無意義的流轉。

不論如何隱瞞，十七世紀典型的科學哲學，最後達到的實際成果，就是這些說法。

首先，我們必須注意到其作為一個概念系統，在科學研究的組織上所起的驚人作用。在這方面，它完全配得上當時的天才人物。從那時起，它就一直作為科學研究的指導原理，到現在仍然占據統治地位。世界上的每一所大學，都是依據它而組織起來的。探求科學眞理的其他組織系統未曾出現過。它不僅處於統治地位，簡直是根本沒有對手。

然而，這說法太讓人無法相信。這種宇宙概念必然是以高度抽象的方式構成，只有當我們錯把抽象當成具體實在時，這種弔詭的說法才會產生。

關於這一世紀的科學進展，不管多麼廣泛的描述，都不能省略掉數學的進步。這裡正和其他很多方面一樣，是當時天才們大顯身手的地方。三個偉大的法國人，笛卡兒、笛沙格（Desargues）、帕斯卡（Pascal）開啓了幾何學的現代時期。另一個法國人，費馬（Fermat）奠定了現代分析數學的基礎，只是沒有使得微積分的方法達到完美的境地。處於他們時代之間的牛頓和萊布尼茲，創造出微積分作爲一種數學推理的實際方法。到世紀末，作爲一種運用到物理問題上的工具，數學已經能達到現代的精純了。除了幾何學之外，現代純數學還處於發展初期，十九世紀的驚人發展，在當時也看不出半點跡象。不過數學物理學家已經出現，帶來了一種思維方式，這種思維方式將統治下一個世紀的科學世界。那將是一個「勝利的分析」（Victorius Analysis）的時代。

十七世紀終於產生一種科學思想方案（scheme），這是數學家爲了自己的使用而擬定出來的。數學頭腦最大的特性，在於其處理抽象概念的能力，並且從這些抽象概念中演繹出一系列的推理論證。只要這些抽象概念是你想要探討的，你就能滿足於這些論證。科學抽象工作的巨大成就，一方面提出了物質和物質在時空中的簡單定位，另一方面提出了知覺、經歷和推理、但不干預的心靈。這樣就在不知不覺中，迫使哲學接受它們是事實的最具體表現。

在這種情形下，現代哲學受到巨大的衝擊。它以一種極其複雜的方式在三個極端之間搖擺：一種是二元論，這種觀念認爲物質和心靈具有相同的地位。另外兩種都是一元論，即將心靈置於物質之中，或者將物質置於心靈之中。但是這樣玩弄抽象概念，並不能克服十七世紀科學體系中「錯置具體性」所引起的內在混亂。

註文

【1】譯者注：英文版中此處出現錯誤，經對照，「a great distance, as well as upon the touch; as when the loadstone quiry,」應作「a great distance off. It is therefore a subject of a very noble inquiry.」。

【2】譯者注：英文原版中此處爲「dividing the volume does not divide the material」，而根據上下文，並參照劍橋版，此處應爲「dividing the volume does divide the material」。

【3】根據約翰・維奇（John Veitch）教授的譯本。

第四章　十八世紀

就各時代可對照比較的學術風氣而言，十八世紀歐洲的情形與中世紀完全相反。這種對比象徵化地表現在沙爾特教堂（cathedral of chartres），以及達朗貝爾（D'Alembert）與伏爾泰（Voltaire）會談所在的巴黎的沙龍這兩地的差別上。中世紀的人總有一種想將無限理性化的渴望：十八世紀的人則將現代社會生活理性化，並將他們的社會學理論建立在自然事實的基礎之上。前一時期是信仰的時期，建立在理性基礎之上。後一時期，他們對過去的事情決定不再提，這是理性的時期，以信仰爲基礎。爲了闡明我的意思，試舉一例：如果聖安塞姆（St. Anselm）無法找出令人信服的理由，以證明上帝存在，並且他的信仰大廈就是建立在這個理由基礎之上的話，他會很失落。而休謨的《宗教的自然史》（*Dissertation on the Natural History of Religion*）則建立在對自然秩序的信仰之上。在比較這兩個時代時，應當記住理性可能犯錯，信仰也可能誤置。

在前一章中，我追述了自十七世紀以來，一直占據優勢地位的科學觀念體系在十七世紀的發展情形。它包含了一個基本的二元論（dualism）：一邊是物質，另一邊是心靈。這兩者之間存在著生命、機體、功能、瞬間實在、交互作用、自然秩序等概念，這些概念綜合起來就形成了整個系統的阿基里斯之踵（Achilles heel）。

我也曾表達了我堅定的看法，如果我們想對自然事實的具體特徵，做更爲根本的表述，那麼在這一理論體系中，我們首先應該批判的就是簡單定位的概念。由於這概念將在以下的演講中占有重要地位，我會重複我對這概念所賦予的意義。當說一小塊物質具有簡單定位，那就意味著在表達時空關係時，比較適切的表達是：它的位置就在它本身所在之處，在一個確定有限的空間區域中，與一確定有限的持續時間中，而完全沒有必要涉及該小塊物質與其他空間區域和延續時間的關係。同時，簡單定位的概念，與絕對論者和相對論者對於空間和時間觀念的爭執，毫無關聯。只要任何關於空間和時間的理論，能對確切空間區域和確切延續時間的意義加以說明，不論其觀點是絕對還是相對的，簡單定位的觀念都有完全確切的意義。這個觀念正是十七世紀自然觀體系的基礎。少了它，這體系就無法表達。我再說明：在我們直接經驗對自然所感知的首要要素中，沒有任何一種要素具有簡單定位性質的特性。可是，這並不是說十七世紀的科學錯了。我認爲透過建設性的抽象過程，我們能夠得知某些具有簡單定位性質的物質微粒的抽象概念，以及另一些包含在科學思想體系中心靈的抽象概念。因此，眞正的錯誤是我之前說的「錯置具體性謬誤」。

將注意力集中在確切的一組抽象概念上的優勢是：你集中思想於清晰確定的事物與清晰確定的關係上。因此，如果你有一個善於邏輯思維的頭腦，你就能夠對這些抽象實有之間的關係，演繹出各種不同的結論。同時，如果抽象概念的基礎很好，也就是說，它們抽象時沒有脫離經驗中一切重要事物的話，那麼集中在這些抽象概念上的科學思想，將得出一系列與我們自然經驗相關的重要眞理。我們都知道那些清晰敏銳的思想家，固定不動地被包在抽象概念的硬殼中，他們僅透過抓住你的個性，將你納入到他們的抽象概念裡。

不論這些抽象概念是否良好建立，僅僅將注意力集中在一組抽象概念上的不利之處，在於事物的本質所限，那就是你是從事物的殘留中抽象出來的。只要這些被排除在外的事物，在你的經驗中是重要的，那麼你的思考方式便不適於處理它們了。只要沒有抽象作用，你便無法思想，因此，最爲重要的是警醒地以批判的態度，修正你的抽象思考模式。正是在這一點上，哲學找到了它的歸宿，對社會健康發展的極爲重要。這就是對抽象作用的批判。一個文明如果不能突破當前的抽象概念，就註定要在一段非常有限的進步之後，變得荒瘠。一個活躍的哲學學派，對於觀念的推動是十分重要的，就如同一個活躍的鐵路工程學派，對於燃料的推動十分重要一樣。

有時候，一個抽象方案在表述一個時代的主要活動時，獲得了驚人的成功，然而卻將哲學所提供的幫助完全忽略掉了。這就是十八世紀所發生的事情。當時的哲學家[1]根本不是哲學家（*des philosophes were not philosophers*）。他們是天才，頭腦清晰而思維敏捷。他們將十七世紀的科學抽象作用，應用於分析廣大的宇宙中。就當時引起興趣的觀念圈子而言，他們獲得了壓倒性的勝利。凡是不符合他們體系的東西，都被置之不理、嘲笑和不被信任。他們憎恨哥德式的建築，象徵了他們對於模糊的看法缺乏同情。那是理性的時代，是健康、強壯、強健而有活力的理性的時期。但這是一種一隻眼睛的理性，視野缺乏深度。我們對那個時代的人充滿感激。千餘年來，歐洲一直是不能容人、又令人無法容忍的空想家的受害者。十八世紀的常識，即對怵目驚心的人類苦難，以及對人性明顯要求的掌握，使得世界像是受到一次道德洗禮。伏爾泰的功績是不容抹殺的，他痛恨不講道義、他痛恨殘暴、他痛恨無情地鎮壓，以及他痛恨欺騙。同時，他又能洞察這些惡習。在那些至高的德行面前，他是他們那個時代光明面的典型人物。但是如果人不能光靠麵包生活，就更不可能光靠消毒劑過日子。這個時代有其侷限性，但是這種熱情卻難以理解，除非我們完全公允地對待當時的成就。直到今天，當時的某些重要論點，特別是在幾個科學學派中，還是被這種熱情捍衛著。十七世紀的概念方案，被證明是完美的研究工具。

這種唯物論的勝利，主要體現在理性科學的動力學、物理學和化學中。就動力學和物理學而言，進展的形式是前一個時代主要觀念的直接發展。完全新穎的東西沒有產生，但是細節方面的發展是巨大的。特例被揭露了。就如同天國的門根據一套特定計畫被打開了。在這個世紀的下半葉，拉瓦錫（Lavoisier）實際上已將化學建立在當下的基礎上了。他確定了物質在任何化學變化中，不生不滅的原則。這是唯物論思想最後一次的勝利，它最終也沒能證明出可以有不同說法，化學科學只是在等待著下一個世紀原子理論的到來。

在這個世紀中，對自然過程機械解釋的理念，最終僵化爲科學的教條。這種理念盛行不衰的原因，在於許多數學物理學家獲得一系列不可思議的勝利，這其中以拉格朗日（Lagrange）

一七八七年出版的《分析力學》（*Mécanique analytique*）爲其巔峰。牛頓的《自然哲學的數學原理》發表於一六八七年，正好這兩部偉大的著作相隔一百年。這個世紀包含了現代數學物理的第一個時期。克拉克・麥克斯韋（Clerk Maxwell）於一八七三年出版了《電磁通論》（*Electricity and Magnetism*）[2]，代表了第二個時期的結束。這三本著作中的每一本，都給思想帶來了新眼界，影響往後的每一個事物。

我們如果回顧人類曾系統研究的若干領域，便不可能不深深感到各領域人才分布的不均。在幾乎所有主題上都有一些傑出的人物。因爲要靠天才去創設一個主題，讓其成爲思想領域中一個獨立的題材。但是就很多主題而言，在一個良好開端與其立即機緣建立了密切關係之後，往後的發展就成爲一系列軟弱的掙扎，整個主題逐漸失去了對思想進展的把握。然而數學物理學卻與此截然不同。你對這個主題愈是研究，就愈是對它展現出難以置信的智慧上的成就所震驚。十八世紀和十九世紀最初幾年的偉大數學物理學家可以說明這一點，他們之中大部分是法國人：莫佩爾蒂（Maupertuis）、克萊羅（Clairaut）、達朗貝爾（D'Alembert）、拉格朗日、拉普拉斯（Laplace）、傅立葉（Fourier）、卡諾（Carnot）等一系列名字，這些名字都讓人想起某些世界一流的成就。隨後，當浪漫主義時期的代言人卡萊爾（Carlyle）諷刺地稱這個時代爲「數學分析勝利的時代」（Age of Victorious Analysis），並嘲笑莫佩爾蒂爲「戴著白色假髮氣質高尚的君子」時，他表達的僅僅是狹隘的浪漫主義者的觀點。

要在短時間內，不藉助專門術語，就將這一學派所取得進展的細節解釋清楚，是不可能的。然而，我將努力說明莫佩爾蒂和拉格朗日兩人共同成就的要點。他們的成果，加上隨後十九世紀上半葉兩位偉大的德國數學家高斯（Gause）和黎曼（Riemann）所提出的數學方法，正好爲赫茲（Herz）和愛因斯坦引介數學物理學中的新觀念，做了必要的準備工作。同時他們也爲前面所提到的克拉克・麥克斯韋的著作啓發了一些可貴的觀念。

他們想要發現一些比先前論及的牛頓運動定律，更爲根本、更爲普遍的東西。他們想要找到一些更廣泛的觀念，例如拉格朗日，想找到一些更爲普遍的數學探索方法。這是一個雄心勃勃的事業，而他們完全成功了。莫佩爾蒂生活在十八世紀的上半葉，拉格朗日則活躍在十八世紀下半葉。我們在莫佩爾蒂的著作中，還看出他出生前一個神學世代的色彩。他的起始點爲一個物質微粒，在任何有限的時間中所經歷的全部路徑，必定達到了符合上帝旨意的完美。這個總則中有兩點值得注意：首先，它顯示我在第一講中所主張的論點，即相信自然秩序存在的信念，產生於中世紀教會在歐洲人心中留下的深刻理念，認爲具有理性的人格神，對一切做了細緻和深謀遠慮的安排。其次，儘管我們都知道這種思維方式對於細節的科學探討，沒有直接用處，但是莫佩爾蒂在這特殊情況的成功，卻說明幾乎任何能讓你擺脫現有抽象概括的觀念都是好的。在當前的例子中，對莫佩爾蒂而言的那觀念，是引導他去探討從牛頓運動定律導出的整個路徑，有何普遍性質。毫無疑問，不管一個人的神學觀念如何，這是一個非常合理的程序。

且他的普遍觀念，也使他認識到被發現的性質是一種「量」的總和，以致稍稍偏離這個路徑，就會增加這總量。在這假定之下，他普及了牛頓的運動第一定律。因爲每一個獨立的微粒都等速取最短路徑進行運動，所以莫佩爾蒂推測說一個微粒穿過一個力場時，一定會實現某個最小可能的數量。他發現了這個「量」，並稱之爲各時間極限之間的積分作用。以現代術語來說，這就是微粒在連續瞬間中的動能和靜能的差異，在經歷一段時間後的總和。因此，這一作用，就和動能以及位能之間的交換有關。莫佩爾蒂發現了「最小作用」（theorem of least action）這一著名定理。莫佩爾蒂比之拉格朗日來，還算不上一流。在他手裡和那些他的直接繼承者手中，他的原理並沒有主導重要性。拉格朗日將同一問題放在了更爲廣泛的基礎上，以便使其答案和動力學發展的眞實過程相關。他的「虛功原理」（Principle of Virtual Work）應用到運動系統時產生的效果，就是莫佩爾蒂的原理應用到這個系統的每一瞬間路徑的情形。但是拉格朗日看得比莫佩爾蒂遠。他領會所獲得的是一種描述動力學眞理的方式，這種方式和固定系統各部分位置時，用到的特殊測量方法毫不相關。因此，他繼續推演出運動的方程式，不管做出何種數量上的測量，只要它們能滿足固定位置的需要，就都能應用這些方程式。這些優美而又幾乎超凡簡潔的方程式，可以與古代神秘符號相媲美，那些神祕符號被認爲直接表述了萬物根源的超卓理性（Supreme Reason）。隨後，發明了電磁波的赫茲（Hertz）將他的力學建立在一個新的觀念上，他認爲每一個微粒在其運動受限的條件下，穿過它所能通過的最短路徑。最後愛因斯坦提出來，透過運用高斯（Gauss）和黎曼（Riemann）的幾何理論，證明了這些條件可以被解釋爲時空固有的特性。以上便是動力學從伽利略到愛因斯坦這段過程，最爲簡短地描述。

與此同時，伽伐尼（Galvani）和伏特（Volta）也在進行電方面的發現，生物科學逐漸積累了它們的材料，但是仍然在等待主導性觀念的出現。心理學也開始擺脫對於一般哲學的依賴。心理學的獨立發展是透過約翰・洛克批評形上學的門檻，所達成最終自省的結果。所有有關生命的科學，仍然處於初步觀察的階段。這一階段占據主導地位的方法，是分類法和直接描述法。在這種情況下，抽象概括方案還能滿足事情的需要。

在實踐領域，這個時期，產生了一些開明的統治者，比如哈布斯堡家族的約瑟夫皇帝（Emperor Joseph of the House of Hapsburg），腓特烈大帝（Frederick the Great）、沃波爾（Walpole）、查塔姆大公（the Great Lord Chatham）、喬治・華盛頓（George Washington）等，不能說是失敗的。尤其在這些統治者之外，英國創設了議會內閣制政府，美國創設了聯邦總統制政府，法國大革命提出了人道主義原則。同時在技術方面，發明了蒸汽機，因而進入到一個文明的新紀元。毋庸置疑，作爲一個實踐的時期，十八世紀是成功的。如果你向這個世紀最聰明、最典型的先驅請教，我指的是約翰・洛克，他正好見證了這個世紀的開端，他的期望當不會超越實際的成就。

在評判十八世紀科學方案的時候，必須先提出我爲何忽略十九世紀唯心論（idealism）的主要理由。我指的是哲學上的唯心論，那在精神上找尋實在的終極意義，這種精神完全是認知範圍內的。唯心學派發展至今，已經和科學觀念相距甚遠。它完全接受了科學方案，將之視爲自然事實的唯一解釋，然後將之解釋爲終極精神裡的一個觀念。在絕對唯心論（absolute idealism）看來，自然世界只是眾多觀念中的一種，它用某種方式分化了絕對（the Absolute）的統一：在主張單子心靈（monadic mentalites）的多元唯心論（pluralistic idealism）看來，這個世界就是各種不同觀念的最大公約數，這些觀念將各種單子中的各種心靈單位分化開來。然而無論如何，這些唯心論學派顯然都不能有機地將自然事實，與他們的唯心論哲學連接起來。就這一列演講將要討論的問題來看，最終的觀點不是唯物論的，就是唯心論的。我的觀點是，我們需要的是暫時實在論（provisional realism），讓科學方案能得以重鑄，並使其建立在機體（organism）這個終極概念之上。

大體來說，我的步驟是從分析空間和時間的地位入手，以現代術語來說，就是從時空（space-time）地位的分析入手。這兩者都有兩個特性，事物被空間加以分割，也被時間分割，但是它們又在空間中一起存在，在時間中也一起存在，即便它們不是同時存在。我將這些特性稱之爲時空的「分離的」（separative）和「攝入的」（prehensive）。此外，時空還有第三種特性。空間中的任何事物，都受到某種確切的限制。因此在某種意義上，它具有某種形態而不具有其他形態；在某種意義上，它也處於某個地方，而不處於另一個地方。同理，時間的情況也類似，事物在某一階段裡持續存在，而不在另一階段持續存在。我將這個稱爲時空的「模態性」（modal character）。很明顯，模態性本身引起了簡單定位的觀念。但它必須和分離性及攝入性聯合起來看。

爲了將思路簡化起見，我將先討論空間，然後再以同樣的方式擴展到討論時間。

體積是空間最爲具體的元素。但是空間的分離性將體積分析爲次體積，並無限制的進行下去。因此，單獨從分離性來看，我們可以推測到體積僅僅是非體積元素的重複累積，這個非體積元素事實上就是點。但是單位體積卻是最終的經驗事實，比如這座大廳的容積性空間。此時，這座大廳僅僅只是點的重複累積，就成爲了邏輯想像的構建。

因此，體積的攝入性單位（prehensive unity）是基本事實，這種單位是由內含無數部分的分離單位，調節或限制而成。我們看到一個攝入性單位時，仍然認爲它是內含部分的集合。但是體積的攝入性單位，並不僅僅是各部分的邏輯集合。各部分形成一個有秩序的集合，在這個意義上，每一個部分從其他部分的觀點看來，都自成一體，同時其他部分對於該部分來說，也是自成一體。因此，如果A、B、C是三個體積，從A的觀點來看，B有一個面向（aspect），同樣C也有一個。從B或C來看，本身之外的兩個體積，也有一個面向。從A出發而求得的B面向，就是A的本質。體積沒有獨立存在。它們只是整體中的實有；你不能在不破壞它們本質的基礎上，把它們從它們的環境中抽離出來。因此，我認爲從A出發求得B的面向，就是B藉以進入A結構的模態（mode）。攝入性單位A從它本身觀點出發，攝入著一切其他的體積，而成爲一個單位，這就是空間的模態性。體積的形狀就是從之可推演出其一切面向的公式。因此體積的形狀比之它的面向更爲抽象。很明顯，我可以借用萊布尼茲的語言說，每一個體積皆在自身反映出其他體積。

以上關於空間的說法，同樣可以適用於時間的延續（duration）。沒有延續的瞬間是一個想像的邏輯性建構。每一段時間持續的本身，都反映出所有時間的延續。

但是在敘述時，我在兩個方面過分簡化了。首先，我應該將空間和時間聯繫起來，從時空的四維區域來作出解釋。但即使採用這種解釋方法，我也不會增加什麼新東西。只要在心中將前述的空間體積，用四維區域替換就行了。

其次，這種解釋本身包含了一個惡性循環。因爲我說攝入性單位A區域，是由其他區域的模態呈現在A區域中所形成的統一。這裡循環論證之所以產生，是因爲實際上不能將時空視爲自立的實有。它是一種抽象概念，其解釋必須參照抽繹出它的那個源頭。時空是事件通性的詳細說明，以及它們相互之間的秩序。這回歸到具體事實，將我們帶回到十八世紀，甚至將我們帶回到十七世紀的法蘭西斯·培根那去了。我們必須考慮在那些時代裡，對居於主導地位科學架構的批判發展。

沒有哪個時代是同質的，不管某一相當長時期中的主旋律是什麼，該時期總是可能產生與時代旋律相反的人物，甚至是偉大的人物。十八世紀就是這樣的例子。例如，當我描述那個時代的特性時，你們可能想起約翰・衛斯理（John Wesley）和盧梭等人，然而我卻不想談論他們，或者其他同類的人。我必須詳細考慮的是巴克萊（Berkeley）大主教的觀念。這個時代剛開始時，他就做出所有正確的批判，至少原則上如此。說他的思想沒有發生作用，那將是不符合實情的。他是一位名人。世上少有像喬治二世皇后如此聰明、如此英明、能明智地庇佑學術，因此，巴克萊被任命爲主教，當時主教在大英帝國的地位，比之今天主教的地位，要高多了。同時，比他的主教地位更爲重要的是，休謨研究了他的學說，並且發展了他的哲學中的一面，只是這種發展方式，可能會驚擾到這位偉大神職人員的靈魂。之後康德研究了休謨的學說。因此，如果說巴克萊在那個世紀沒有影響，就太荒謬了。但是同時，他也沒能影響到主流的科學思想。科學思想繼續奔騰往前，就像他沒有寫下任何東西一樣。從那時起，科學界由於獲得了極大成就，而不屑於任何批評。整個世界的科學，仍然非常滿意於自身獨特的抽象工作。只要它們行得通，對於當時科學而言，也已足夠了。

我們面前的問題是，在二十世紀，現在科學界的思想對於它面前所要分析的具體事實而言，太過於狹隘了。這一點甚至在物理學上也是如此，在生物科學中就越發急迫了。因此，爲了理解現代科學思想的困境，及其他對現代世界的反應，我們必須在心裡掌握一些範圍更爲寬泛的抽象作用，以及距離我們直覺經驗的全部具體情況更近的、更爲具體的分析。這樣的分析，必須找到自己在物質和精神概念分析中的定位，以便我們諸多物理世界中的經驗，能被這些抽象思考所解釋。巴克萊就是在探索更廣泛的科學基礎上，起了重要的作用。在牛頓和洛克兩個學派完成了它們的工作之後，他隨即針對它們的弱點提出了批評。我打算不考慮巴克萊所創造的主觀唯心論（subjective idealism），以及休謨和康德各自發展而成的各種學派。我想要說的是，不管你最後接受的形上學是什麼，巴克萊那裡內含有另一條發展路徑，正好指出了我們所找尋的那種分析。巴克萊忽視了這一點，部分原因是因爲哲學家過於強調理智主義，還有部分原因是因爲，他急於找出一種以上帝心靈爲客觀基礎的唯心論。你們可能還記得我曾經說過，問題的關鍵在於簡單定位的觀念。事實上巴克萊批評了這種觀念。他還提出問題說，在自然中認識的所謂事物，究竟是什麼？

他在《人類知識原理》（*Principles of Human Knowledge*）的第23、第24小節中，對後面的一個問題，給出了他的回答，我將從這些小節摘出一些句子來看看：

23.不過您又說，我們很容易想像，例如公園中有樹，壁櫥裡有書，並且不必有人來感知它們。我可以答覆說，您自然是可以如此設想的，這並沒有什麼困難。不過我要問，您這不是只在心中構成所謂樹和書的觀念麼？您只是在同時忽略能感知它們的人的觀念罷了……

我們縱然盡力設想外界事物的存在，而我們所能爲力的，也只是思維自己的觀念。不過人心因爲不曾注意到自己，因此，它便錯認自己可以設想：各種物體可以不被思想而能存在，或在人心以外存在。……

24. 顯然，只要我們稍稍考察自己的思想，就可以知道，自己是否可以理解：所謂可感事物本身的絕對存在，或心外的存在，究竟有何種意義。在我看來，這些文字只不過標記出一個明顯的矛盾來，否則便是全無意義的。

另外，巴克萊的著作《阿爾西弗龍》（*Alciphron*）第四篇對話錄中的第10小節，是一段令人印象深刻的段落，我在我的《自然知識原理》（*Principles of Natural Knowledge*）中曾相當詳細的引用過：

歐佛拉諾（Euphranor）：「阿爾西弗龍，請告訴我，你能否看到原來那座城堡的門、窗戶和城垛？」

阿爾西弗龍：「不能，從這麼遠看上去，那座城堡就像一座小圓塔。」

歐佛拉諾：「但是我到過那，我知道那不是小圓塔，而是一座方形的大建築，有城垛也有塔樓，好像你都沒看到。」

阿爾西弗龍：「你想推論出什麼呢？」

歐佛拉諾：「我認爲你用視覺嚴格而恰當的看到的東西，並不是數英里以外的那個東西本身。」

阿爾西弗龍：「爲什麼會這樣？」

歐佛拉諾：「因爲一個小圓形的物體和大方形的物體是完全不同的東西，對嗎？……」

在同一篇對話錄引用了有關行星和雲的類似對話，這一段結尾如下：

歐佛拉諾：「這一點還不清楚嗎？你在這兒看到的城堡、行星、雲，都與你假定在很遠地方存在的實際物體大不相同。」

在上述已經引用的第一段，已經清晰的表明，巴克萊本人抱持極端唯心論的詮釋。對於他來說，心靈是唯一絕對的實在。自然的統一體就是上帝心中觀念的統一體。就個人而言，我認爲巴克萊對於形上學問題的解釋所帶來的困難，並不會比他指出科學架構系的唯實論解釋所帶來的困難更少。然而，還有另一條可能的思維路徑，可以讓我們採取一個暫時唯實論的態度，並且透過一種對科學本身有利的方式，拓寬科學架構。

我在前面的演講中引用了法蘭西斯・培根《自然史》（*Natural History*）的一段話，這裡再回顧一下：

> 肯定的是，無論任何物體，儘管它們沒有感覺，但是它們有知覺……，在行動之前總有一種知覺，那物體就會改變他物，或被他物所改變。否則，所有物體都將混爲一體了……。

在先前的演講中，我也把培根筆下的「知覺」，解釋爲「感應到」被知覺事物的根本特性，並且我還將「感覺」（sense）解釋爲「認知」（cognition）。我們肯定可以在我們對於事物還沒有清晰認知的情況下，對它進行感應。甚至當時並沒有認知，我們也能有一個感應的認知記憶。另外，正如培根所指出的：「否則，所有物體都將混爲一體了……」很顯然，我們感應的是根本特性的一些元素，換句話說，是發現事物的差異之處，而不僅僅是差異。

「知覺」一詞在我們普遍的用法中，充滿了「認知性領悟」（cognitive apprehencion）的理念，即便去掉「認知的」一詞，「領悟」一詞仍然充滿了認知的觀念。我將用「攝入」一詞，代表「非認知的領悟」（uncognitive appreheasion）。這樣一來，「領悟」便可以是、也可以不是認知的。現在再來看歐佛拉諾的最後的言論：

這一點還不清楚嗎？你在這兒看到的城堡、行星、雲，都與你假定在很遠地方存在的實際物體大不相同。

因此，這裡就存在著攝入（prehension），這裡是我們所在之處，但是與其他地方也相關。現在再次回到巴克萊的名句，引自於他的《人類知識原理》這本著作。他主張自然實有的實現過程，就是在心靈統一體中被知覺。

我們可以替換這個概念，實現就是事物聚集在攝入統一體（the unity of a prehension）之中的過程，因此實現是攝入這個過程，而不是事物本身。這種攝入的統一體是此地和此時的，並且集中到攝入統一體中的事物，與其他地點與其他時間本質上相關。我用攝入統一過程（prehensive unification），取代了巴克萊的心靈。爲了讓自然發生逐步實現的概念被人所理解，更爲詳盡的擴充是有必要的，並且還要與它在具體經驗中的實現含義相對照。這一點是隨後演講中要完成的任務。首先，簡單定位的觀念已經消失了，聚集到此時此地所實現的統一體中的事物，已經不單純是城堡、雲、或行星本身了。而是從攝入統一體觀點中看到，在空間和時間內的城堡、雲、或者行星。換句話說，這就是從此處的統一體的觀點出發，看到另一處城堡的透視。因此，這便是聚集進入此處統一體的城堡、雲、行星的面向。你們應該還記得，透視的觀念在哲學中是很常見的。這是萊布尼茲在他單子反映宇宙的透視理念中引介的。我用的也是這個相同理念，只是將他的單子淡化，換成在空間和時間中統一的事件。在某些方面，這個更爲接近斯賓諾莎的模態概念。這就是我使用模態（mode）和模態的（modal）兩個詞的理由。與斯賓諾莎對比來看，他那唯一實體，對我來說，就是實現過程在互相聯繫的複雜模態下、個體化的背後活動（underlying activity）。因此，具體事實就是歷程（process）。這方面的首要分析，便是對於潛在的攝入的背後活動，以及對於被實現攝入性事件（realized prehensive event）的分析。每一個事件都是從基質活動（substrative activity）個體化時，所產生的個別事實。然而個體化並不等於實體的獨立存在。

我們在感官知覺中認識到的實有，是我們知覺作用的終點。我把這種實有稱爲「感覺客體」（sense-object）。例如，某種的色調綠色就是感覺客體。同樣的還有某種音質和音高的聲音，某種確切的氣味，某種一定性質的觸覺。這種實有在某一確切的時間與空間的聯繫，是相當複雜的。我會說感覺客體已經「契入」（ingression）時空之中。感覺客體的認知知覺，便是各種感覺客體的不同模態，連同感覺客體一起，在攝入統一體（A點）中的覺察（awareness）。當然，觀點A是時空中的區域。那就是說，它是在某一延續時間中的空間體積。但是作爲一個實有，這個觀點便是一個實現的經驗單位。感覺客體的A模態，就是從A到另一區域B的面向。此A是離開感覺客體來看的，這感覺客體與A的關係受著模態的限制。因此，感覺客體以在B的位置模態（the mode of location），存在於A之中。因此，如果我們討論的綠色是感覺客體，那麼綠色就不僅僅存在於A點，這個它被認知到的地方，也不僅僅存在於B，這個它被人認定的所在地，而是在以B的位置模態，存在於A之中。這個問題並無任何特殊神祕之處，你僅僅需要看著鏡子，然後注意你身後綠葉在鏡子中的鏡像，就會明白了。你所在的A點有綠色存在，但是綠色卻不僅僅存在於你所在的A點。A點的綠色有一模態，即存在於鏡子裡面的葉子鏡像中。然後請你轉過身看著葉子。現在你感知綠色的方式，和你轉身前完全一樣。只是現在綠色具有存在於實際樹葉中的模態。我現在只是描述我們所感知的東西：我們認識到綠色在感覺客體的攝入統一體，只是一個元素。每一個感覺客體，包括綠色在內，都有其特殊的模態，可表現爲處於另外的地點。位置模態有各種各樣的形式。比如，聲音是容積性的，它充滿了整座大廳，顏色的擴散有時也是如此。但是顏色的位置模態，可能是一體積的偏遠界限，比如房間裡牆壁上的顏色。因此，時空就是感覺客體在某種模態下契入的場所。這就是爲什麼空間和時間是完整的理由，爲了方便起見，我們分開談。因爲每一體積的空間，或者是每一段時間在本質上都包含了所有空間體積，或所有時間延續的面向。哲學上關於空間和時間的困難，就在於將它們作爲簡單定位的場所。簡單來說，知覺就是對攝入統一體的認知。再簡單點，知覺是攝入的認知。實際世界是攝入組成的多面體（manifold of prehensions），並且一個「攝入」，就是一個「攝入機緣」。而一個攝入機緣，就是最具體的有限實有。這些實有被看作是在己和爲己（in itself and for itself），而不是在其他這種機緣本質中所反映的面向來看的。攝入統一體可以說在A體積中具有簡單定位。但是這僅是一個恆眞句。因爲空間和時間只是從攝入統一體的總體（totality）被形成模式後，整體抽象出來的。因此，一個攝入在A體積上具有簡單定位，就如同一個人的臉湊合到臉上浮現的微笑一般。根據上述討論，莫不如說知覺的行動具有簡單定位，更有意義；因爲這樣可以簡單地被理解爲是「被認知的攝入」（the cognized prehension）。

就以上所說的來看，自然包含的實有，比單純的感覺客體更多。儘管從更完整的觀點來看，我們的說法還需修正，但這就是我們所能構想回答巴克萊關於自然實在性的問題了。他說這是心靈中觀念的實在性。獲得某些心靈的理念和觀念的理念之後的完整形上學，可能最終會接受這個看法。對於這系列演講的目的而言，沒有必要去討論這個根本性問題。我們可以接受一種暫時實在論，即將自然看作是攝入統一體的複合物（a complex of prehensive unification）。空間和時間則展現出這些攝入之間相互關係的一般架構。你不能將其中任何一個從這關聯中拆開。它們在關聯中的每一個，都具有整個複合物所具有的實在性。反過來說，總體也具有每一個攝入同樣的實在性。因爲每一個攝入都統一了從它本身出發、賦予總體中其他部分的模態。攝入就是一個統一的歷程。因此，自然是一個擴張發展的歷程，必然從一個攝入轉換到另一個攝入體，被達成的也因此被超越了，但是本身又被保留下來，因爲它們的面向呈現於未來的攝入之中。

因此，自然是一個演化歷程的結構。實在即是歷程。如果有人問紅色是不是眞實的，那是毫無意義的。紅色只是實現歷程的一個成分而已。自然的實在就是攝入，那就是說，自然的事件。

現在我們已經將簡單定位的汙點從空間和時間中清除了。也因此可以部分地拋棄笨拙的「攝入」一詞。這個名詞被引入，原來是爲了說明一個事件的本質統一性，即作爲一個事件是一個實有，而不僅僅是部分或者成分的集合。但是必須理解的是，時空只不過是將集合組成統一體的系統。而事件正好意味著是處於時空統一體中的一個。因此，「事件」一詞可用以取代「攝入」，意指被攝入的事物。

凡是事件都有與之同時發生的其他事件。這意味著一個事件把同時發生的其他事件之模態，作爲立即成就的展現，而反映在自身之中。事件有過去，這意味著事件把先前事件作爲記憶，混入自身的內容中，並反映在自身之中。事件也有將來，這意味著事件把未來反射回現前，作爲一種面向反映在自身之中。換而言之，把現在決定未來這樣一種面向，反映在自身之中。因此，事件便具有了預知能力：

「這先知的靈魂，夢想著未來的事物」

這段結語對於任何形式的唯實論都非常重要。因爲在我們認知的世界中，有過去的記憶、立時的實現，和對未來的預示。

上述的概括分析比科學思想架構更爲具體，從可以代表我們認知方面的心理領域出發，這一觀點的意義，就是它本身所表明的意義：對我們身體事件（bodily event）的自知之明。我指的是所有事件，而不是對身體的細節考察。這種自知之明，顯現出超越自身的實有模態的攝入統一。總而言之，除去不常見的複雜與穩定的固有模式之外，這種身體事件總體，與其他事件處於同一等級上。唯物機械論（materialistic mechanism）的力量，在於它一直要求不能任意打亂自然秩序，以彌補理論解釋的不足。我贊同這一原則。但是如果從我們心理經驗的直接事實出發，就像一個經驗主義者那樣，你就會立即被引向本講提出的自然的機體概念了。

十八世紀科學架構的缺陷在於，它沒有提出任何構成人類直接心理經驗的元素，也沒有提出任何有機統一整體的基本線索，那電子、質子、分子和生物體等有機統一體所從出。依據那樣的架構，在事物的本質中沒有任何理由說明，爲什麼不同部分的質料互相之間，應該具有物理聯繫。我們不妨承認，我們不能找到必然的本質規律。但是我們可以想見，自然秩序的存在是必不可少的。自然秩序的概念與自然作爲機體發展場所的概念，結合起來了。

與本章最後一段有關的，笛卡兒在〈對《第一哲學沉思集》反駁的答辯中〉（Reply to Objections ... against the Meditations）提到很有意思的一句話：「太陽的觀念就是太陽本身存在於心靈之中，不是形式地，好像它在天上那樣，而是客觀地，也就是說以客體（objects）經常存在的方式在心靈之中。不錯，這種存在的方式，比東西存在於心靈之外的方式，要不完滿得多，可是並不因此就什麼都不是，就像我從前說過的那樣。」[3]我發現笛卡兒的這種觀念，要與笛卡兒哲學的其他部分調和，存在著困難，儘管我很贊同這種觀念。

註文

【1】譯者注：Les philosophes，主要應指法國哲學家。

【2】譯者注：作者全名爲詹姆斯・克拉克・麥克斯韋（James Clerk Maxwell），書的英文全名爲*A Treatise on Electricity and Magnetism*。

【3】〈對《第一哲學沉思集》反駁的答辯〉，海頓（Haldane）與羅斯（Ross）合譯，第二卷，第十頁。

第五章　浪漫主義的反動浪潮

在上一章中，曾描述了十八世紀從前人那繼承下來，狹隘又有效的科學概念方案，對當時所產生的影響。這一方案是與創立奧古斯丁（Augustinian）所創的神學，非常相似的精神產物。新教的喀爾文主義（Calvinism）和天主教的詹森主義（Jansenism），都展現了人在不可抗拒的聖寵面前，是無能為力的：當前的科學方案也展示了人在不可抗拒的自然機制面前，是無能為力的。上帝的機械論和物質的機械論，是受限的形上學和智能清晰的邏輯產生的怪異問題。十七世紀也有天才，也將混沌的思想清理了一番。十八世紀繼續以無情的效能，進行清理工作。科學方案比理論方案持續得時間更為長久。人類很快就對不可抗拒的聖恩失去了興趣，轉而欣賞起效用高的工程學，工程學就源自於科學。在十八世紀的前二十五年，喬治・巴克萊對科學系統的整個基礎，提出了他的哲學批判。但他沒能攪動思想的主流。在上次演講中，我發展了與他平行的理論，這個理論最後引導出一個思想體系，即把自然建構在機體的概念之上，而不是物質的概念上。在本章中，我打算先思考實際受過教育的人士，如何看待機械論和機體論的對立。只有在文學作品中，人性的具體外貌才能表現出來。因此，如果我們希望發現一代人內心的想法，就必須閱讀文學著作，尤其是從詩歌和歌劇等，更為具體的形式可見的。

我們很快發現，西方人展現出許許多多的獨特性，而這些獨特性常被認為是中國人的獨有特質。常常使人驚訝的是，中國人信仰兩個宗教。一會兒相信孔教，一會兒又相信佛教。這是否為真，我並不清楚，我也不知道如果是真的，這兩種看法是否真的不相容。然而，毋庸置疑的是，在西方如果有這種情形，那這兩種信仰就不相容。建立在機械論基礎上的科學實在論，與一種堅定的信念緊密結合在一起，這種信念認爲，世上的人和高等動物是由自主的機體所構成。現代思想的基礎中存在著這種根本的不相容，正好解釋了我們文明中的心意不定和動盪不安。如果說這種不相容分裂了思想，還言過其實。但是由於背後潛在的不相容，確實使思想衰弱了。總之，中世紀的人曾經追求的卓越境界，已經幾乎被我們完全遺忘了。他們樹立了一個要達到理解上和諧的理想，而我們卻滿足於各種武斷的出發點，所形成的表面秩序。比如，歐洲人個人主義能量所創造出來的事業，預設了物理行動朝向的最終目的。但是他們發展中所運用的科學，是建立在一種主張物理因果至上的哲學之上，也將物理因果與目的因果分開。詳細論述這其中涉及的絕對衝突，並不受歡迎。然而不管如何用辭藻掩飾，這仍然是個事實。當然，在十八世紀佩利（Paley）的著名說法中，我們發現機械論預設了自然的創造者上帝的存在。甚至在佩利提出這一說法的最終版本之前，休謨就寫下辯駁：你將找到的上帝，會是創造那機械論的上帝。換而言之，機械論至多只是預設了一個機械系統，且不只是一個機械系統，而是它的機械性（not merely a mechanic but its mechanic）。脫離這種機械論的唯一辦法，就是去發現它不是機械論。

當我們撇開護教神學，轉而談論一般文學時，就會發現，正如我們所預料到的，科學觀點普遍受到忽視。就文學的品質而言，科學可能永遠不會被提到。直到最近，幾乎所有的作家都沉浸於古典文學的和文藝復興時期的文學。對於他們大多數而言，哲學和科學都引不起他們的興趣，他們的思想也被訓練得不關心這一套。

但是這種概括的說法有一些例外。即便單就英國文學而言，一些偉大的名字也與哲學和科學存在緊密聯繫，尤其是科學的間接影響，尤爲値得注意。

我們若檢視一下英國文學中，在一般風格上帶有說教性偉大嚴肅的詩裡，就會得到一個旁證，發現現代思想中確實存在令人迷惑的不相容。這種類型的詩有米爾頓（Milton）的《失樂園》（*Paradise Lost*）、波普（Pope）的《論人》（*Essay on Man*）、華茲華斯（Wordsworth）的《漫遊》（*Excursion*）、丁尼生（Tennyson）的《悼念》（*In Memoriam*）。米爾頓的著作雖然寫於「復辟」（Restoration）[1]之後，但是卻傳達了他那個時代早期不受科學唯物論影響的神學氣氛。波普的詩，代表發生於六十年間科學唯物論對一般思想的影響，這一時期包括科學運動穩獲勝利的初期。華茲華斯一生都表現出對十八世紀精神有意識的反抗，這種精神意味著接受科學觀念的表面價值。華茲華斯對學者的反對並不在意，他唯一感受的是一種道德上的反感。他認爲有些東西遺漏了，正是這些東西構成了所有最重要的事物。丁尼生則是在十九世紀第二個二十五年，或爲試圖協調日趨式微的浪漫主義與科學之間的代言人。那時候，現代思想中的兩大要素，已經展現出它們在自然規律和人生的解釋上，存在著根本的分歧。丁尼生的詩成爲上述混亂狀況的典型代表。兩種對立的世界觀，通過訴諸無法逃避的最終直覺，使得他無法不接受。丁尼生深入到困難的核心，而這正是使他膽寒的機械論問題。

「星群」，她輕聲低語，「茫然運行」。

這句詩把全詩所含的哲學問題都點出來了。每一個分子都茫然運行。人的身體是分子的組合，因此人的身體也是茫然運行的。也因此對於身體行為來說，沒有個人責任可言。如果接受分子是獨立存在的，完全不受整個身體機體所決定，同時承認茫然運行受著一般力學規律的規定，那麼這樣的結論就是無可避免的。但是心理經驗是衍生自身體行動，當然包括其內在行為。因此，心靈的唯一功能便確認它的一些經驗的最低限度，並且讓某些獨立於身體內外運動的經驗，向它開放。

於是我們可以得出兩個與心靈可能有關的理論。要不是你否認它能為其本身提供身體所不能提供的經驗，就是你得承認這一點。

如果你不承認附加經驗，那麼所有的個人道德責任也不存在了。如果你承認它們，那麼人可對自己的思想狀態負起責任，即便他對自己身體的行動無需負責。思想在現代世界的衰弱，從丁尼生的詩避開這一明顯問題的方式，便得到說明。這裡面有一些弦外之音，成為了見不得人的醜事。他觸及了幾乎所有的宗教和科學問題，唯獨對於這個問題，只是一筆帶過般地間接提到了一下。

當詩寫成時，正是問題爭論得激烈的時候。約翰・史都華・彌爾（John Stuart Mill）正在提倡他的決定論（determinism）。這一理論認爲，意志被動機所決定，動機可由先前條件，包括身心兩方面的狀態來表達。

很顯然，這一理論未能避開徹底機械論所提出的兩難問題。因爲如果意志影響到身體狀態，那麼身體裡的分子就不是茫然運行的。如果一直沒有影響到身體狀態，則心靈就會處於不舒服的位置。

彌爾的理論被廣泛接受，尤其是在科學家之間。好像它能讓你接受極端的唯物機械論，同時又脫離那難以置信的結論。其實並非如此。身體裡的分子要不是茫然運行，就不是茫然運行。如果它們確實是茫然運行的，則心理狀態就與身體行動的討論無關了。

我已簡明地提出這些說明，因爲事實上這問題很簡單，冗長的討論反而會產生混亂。這裡並沒有涉及分子在形上學中的地位問題。它們僅僅是一些公式的說法，也無法在此立足。因爲大體上說來，公式都有意義。如果沒有意義，那麼整個機械論也沒有意義，也就沒有這問題了。但是如果公式有意義，這個說法就只能緊扣該意義來談。傳統逃避這一困難的辦法，除了單純有意忽視它的這種方式之外，就是求助於今天所謂的「活力論」（vitalism）。活力論其實是一種折衷的說法。它主張在整個無生命自然中，可以自由運用機械論；而在生命體中，機械論的運用則部分減少。我認爲這個理論並不是一個令人滿意的折衷說法。有生命的物體與無生命的物體之間的界限，是模糊且問題重重的，不是這樣一個武斷的假設能夠說得通的，而且這個假設在某些地方，也包含著本質上的二元論。

我的理論主張是，唯物論的整個概念，只能應用於邏輯識別所產生的抽象實有。而具體的持久實有就是機體，所以整個機體的計畫將會影響到各種附屬機體的特質。以動物爲例，心理狀態進入到整個機體的計畫中，因此對於一系列的附屬機體，直到最小的機體，諸如電子，都有影響。所以，在生命體內部的電子與體外的電子是不同的，原因就在於身體結構的緣故。電子在生命體內外都是茫然運行，但是在體內運行時，則遵照它在體內的特質運行。那就是說，遵照身體的一般計畫運行，這個計畫包含了心理狀態。然而，變更特質的原理在自然中非常普遍，絕不僅僅是生命體的獨有特質。在接下來的演講中，我將會說明，這個理論包含了放棄傳統的科學唯物論，而以機體論取代之。

由於彌爾的決定論在這系列演講之外，我將不會予以討論。前面的討論只是說出，如果不是唯物機械論或者折衷的活力論所引發的困難，造成阻礙的話，決定論或者自由意志論總有一個站得住腳。我把這一系列演講所提出的理論，命名爲「機體機械論」（organic mechanism）。在這種理論中，分子依然會遵照一般規律而茫然運行，但是每個分子的固有特質，隨著它們所屬體的一般機體計畫不同，而有所不同。

科學的唯物機械論，與具體生活事務中所預設的道德直覺（moral intuitions）之間，存在一定的差異。這種差異的眞正意義，要經過幾個世紀才能逐漸看出來。前述各詩湊巧都在開頭幾段，反映出各自時代的不同風格。米爾頓在序言的結尾寫下了一段祈禱：

使我能夠適應這個偉大主題的崇高境界，使我能夠闡明永恆的神意，昭示神公正待人。

根據許多現代研究米爾頓的作家判斷，我們也許會認爲他的《失樂園》（*Paradise Lost*）和《復樂園》（*Paradise Regained*）是一系列無韻詩的試驗。但是米爾頓本人卻一定不以爲然。「昭示神公正待人」才是他的主要目的。他在《鬥士參孫》（*Samson Agonistes*）中又提到了同樣的觀念：

神的道路是公正的，他對世人也是公正的。

我們看到這裡的信心是何等的強大，完全不受迎面而來的科學浪潮所影響。《失樂園》的實際出版日期，在它所屬的時代之外。這是一個不受干擾、即將消逝於世界的絕唱。

比較波普的《論人》和米爾頓的這本《失樂園》，就會發現英國思想中的基調，在波普和米爾頓之間五、六十年的變化。米爾頓的詩歌寫向上帝，而波普的詩則寫給博林布魯克公爵（Lord Bolingbroke）：

> 人生在世，如駒過隙，嗟彼世主，縈心細微，我求聖人，暢論人生；
> 有生之初，渾渾穆穆，大千世界，迷於方隅，歷時既久，各有定處。[2]

我們不妨對照自信滿滿的波普「大千世界，迷於方隅，歷時既久，各有定處」，和米爾頓的「神的道路是公正的，他對世人也是公正的。」但是眞正值得注意的是，波普和米爾頓都未受現代世界大謎團的困擾。米爾頓所追隨的線索是上帝的馭人之道。兩代之後，波普也同樣信心滿滿地肯定，現代社會的文明之道，給迷亂的大千世界提供了一幅藍圖。

華茲華斯的《漫遊》，就是下一步關於這一主題的英文詩集。散文體序言告訴我們，該書只是巨大工程——「關於人、自然和社會的哲學詩集」中的一小部分。

該詩以極具特色的方式開始：

> 炎炎夏日，太陽旦旦升高。

因此，浪漫主義的反動浪潮，既不是從上帝開始，也不是從博林布魯克公爵出發，而是從自然始的。我們在此見證了一個有意識反抗十八世紀格調的浪潮。十八世紀以抽象的科學分析去研究自然，而華茲華斯則以自身全部的具體經驗，反對這種科學的抽象。

整整一代宗教的復興和科學的進步，發生在《漫遊》和丁尼生的《悼念》之間。早期的詩人面對這個困惑時，選擇了有意忽視，而丁尼生卻不願如此，因此他的詩開篇就是：

神全能的兒子呀！不朽之愛。
我們未曾見過你的面。
藉由信仰，單憑信心，信奉著。
相信著，即使我們無法證實。

此詩的困惑之處，一眼就能看出。十九世紀是一個困惑的世紀，在某種意義上說，前幾個世紀卻並非如此。在早些時間也有過對抗的陣營，在根本問題上爭論不止。然而，除去少部分彷徨不定的人之外，各陣營都是觀念高度統一的。丁尼生詩歌的重要性，在於它精確表達了那個時代的特質。每個個體都分裂得自己和自己作對。在稍早些時候，笛卡兒、斯賓諾莎、洛克、萊布尼茲等，都是頭腦清晰的思想家。他們清楚自己所表達的意思，以及他們說了什麼。

在十九世紀，神學家和哲學家中的很多大思想家，卻是思想含混不清的。他們同時承認不相容的學說，而他們的協調又引起無可避免的混亂。

馬修・阿諾德（Matthew Arnold）是比丁尼生更能表現當時典型個人迷惑的詩人。與《悼念》相比，阿諾德的《多佛海灘》（*Dover Beach*）寫道：

> 我們猶如處在黑暗的曠野，
> 鬥爭和逃跑構成一片混亂與驚怖，
> 無知的軍隊在黑夜中互相衝突。

紐曼（Newman）樞機主教在他的《爲自己一生辯護》（*Apologia pro Vita Sua*）中談到偉大的英國傳教士蒲賽（Pusey）的一個特點是，「他從未遭遇心靈困惑的騷擾」。在這方面，蒲賽讓人回憶起米爾頓、波普和華茲華斯，與他們形成對比的是丁尼生、克拉夫（Clough）、馬修・阿諾德與紐曼本人。

就英國文學而言，不出所料，在其中我們發現了法國大革命前後，浪漫主義反動浪潮的領軍人物，對科學思想體做最有趣的批判。在英國文學中，最深刻的思想家是柯勒律治（Coleridge）、華茲華斯和雪萊（Shelley）。濟慈（Keats）是未受科學影響的文學家的例子。我們可能忽略了柯勒律治所致力一套明晰的哲學公式，又在他那個時代頗有影響力，但是本系列演講，將只提及那些一直在發生作用的思想元素。然即便如此，也難免掛一漏萬。對我們而言，柯勒律治的意義，在於他對華茲華斯的影響。如此一來，只剩下華茲華斯和雪萊了。

華茲華斯對自然異常著迷。據說斯賓諾莎醉心於上帝，那麼也可說華茲華斯醉心於自然。但是他是一個充滿思想，喜愛閱讀、對哲學非常感興趣，且頭腦清晰到近乎單調之人。此外，他還是個天才。他對科學的排斥，使他本身的份量稍減。我們都記得他對窮人的諷刺，斥責他們不該在母親的墳墓上鬼鬼祟祟地張望，並在那採集植物。表現這種反感情緒的段落，一段接著一段。在這方面，他這種典型的思想，可以用他自己的話來概括，「我們謀殺是爲了解剖」。

在這段話之後，他揭示了他批判科學的思想根源。他聲稱反對科學完全沉浸在抽象之中。他一貫討論的主題是自然界的重要事實，科學方法不得掌握。因此，很重要的一點必須問，華茲華斯到底發現了自然界的哪些東西，不能用科學來表達呢？我是爲了科學自身的利益來問這個問題的。因爲這系列演講有一個主要立場，即反對那些認爲科學的抽象不能改變、又無法更換的觀念。現在華茲華斯根本不是將無機物放與科學去分析，而是堅守著一個信念，即生命體中有一些元素，是科學無法分析的。當然，毫無疑問地，他認識到在某種意義上，有生命的東西和無生命的東西之間，是不同的。但是這不是他的主要觀點。他一直掛念的是那縈繞心頭的山景。他主張自然是一個「獨立的整體」（insolido），這就是說，無論我們如何將分離的元素視爲獨立的確定個體，其周圍的事物都會神祕地呈現出來。他經常在特殊事例的調性中，把握整體自然。這就是爲什麼他會和水仙花歡笑，在櫻草花中找到「眼淚不足以表達其深意」的思想了。

華茲華斯最偉大的詩作是《序曲》（*The Prelude*）第一卷。詩中充滿了自然縈繞心中的感覺。有好些段華麗的詩句，就表達了這一觀念，但由於篇幅太長在此不便引用。當然，華茲華斯是一個寫詩之人，對於枯燥的哲學敘述並不關心。但是對於自然的感受，很難表達得比他認爲自然顯示爲交錯纏繞的攝入統一體，更爲清楚；每一個攝入統一體，都充滿了其他統一體的模態呈現（modal presences）：

大自然的靈魂，你們存在於天宇，
在地上！在山巒重顯現！
在那幽寂
淒清的地方！
年復一年，每當我
玩著孩子的遊戲，

你們必來
附體纏身：
在洞中與地方，在林地
或山崗，
在所有景物上印出艱險
與欲望的標記，
於是讓遼闊的地面
密佈勝利與歡樂，
憧憬與恐懼——
像大海的波濤洶湧激昂。

因此，我這裡引用華茲華斯的詩，是想提醒大家：現代科學植入我們頭腦中，關於自然的觀念，是何等的讓人緊張和困惑。華茲華斯是個天才，表達了我們理解中的具體事實，而這些事實都被科學分析給扭曲了。科學的標準化概念，只在一定的限度內有效，而這個限度對於科學本身而言，太過狹小了，這難道不是可能的嗎？

雪萊對於科學的態度，正好站在華茲華斯的對立面。他熱愛科學，並不知疲倦地在詩中表達出科學所提示給他的思想。對他而言，科學象徵著快樂、和平與光明。山丘對於青年時期的華茲華斯，就像化學實驗室對於雪萊。可惜的是，人們對於雪萊文學的批判，在心態上不太近乎雪萊本人。他們傾向於將這些當作雪萊本性中偶爾流露出的怪癖，事實上，這正是他思想主要結構的一個部分，滲透入他的每首詩中。如果雪萊晚出生了一百年，他將成爲二十世紀化學家中的牛頓。

爲了評價雪萊在這方面的成就，了解他的思想如何專注於科學觀念，就十分重要。這在一首接一首的抒情詩中，得到了充分的體現。我僅挑出一首舉例，他的《脫縛了的普羅米修士》（*Prometheus Unbound*）第四幕。在這詩中，大地和月亮在用精確的科學語言對話。物理實驗引導著他的想像，比如大地驚呼道：

蒸汽般的喜悅心情不可壓抑平靜！

這就是科學書中的「氣體膨脹力」（the expansive force of gases）的詩化。再看看大地的這一詩節：

我在我的黑夜高塔下旋轉，

塔尖指向天空，夢著快樂，
在著魔的夢鄉喃喃著勝利的喜悅，
像個青年做春夢含糊歎息，
當他躺在他的美人影子裡，
她爲他休息的光照和溫暖守夜。

這一節詩，只有那些內心已有了一幅確切的幾何圖像的人，才寫得出來—而那正是我經常在數學班上證明的。作爲證據，最後一行尤其值得注意。這一行以詩意烘托出光環繞著夜之塔的景象。沒有上述的幾何圖像在心中，是想不出這種觀念的。這首詩和他其他的詩歌，都彌漫著這種情調。

這位詩人如此對科學充滿好感，並沉浸於科學觀念之中，卻對科學概念基礎的次性理論不屑一顧。對於雪萊來說，自然仍然保留了它的美麗和色彩。雪萊的自然在本質上是一個機體構成的自然，並以我們知覺經驗的全部內容來運行。我們已經習慣了忽視正統科學理論的含意，以至不易察覺其中暗含對於正統科學理論的批判。如果有人曾認眞嚴肅的對待這個事情，那就是雪萊。

此外，對於自然中呈現混合（the interfusing of the Presence in nature）的看法，雪萊和華

茲華斯的見解是一樣的。他在他的詩歌《白朗峰》（*Mont Blanc*）中一開始提到：

萬物永無窮盡的宇宙，
從心靈流過，翻捲著瞬息千里的波浪，
時而陰暗，時而閃光，時而朦朧，
時而輝煌，而人類的思想源頭也從隱秘的深泉帶來水的貢品，
帶來只有一半是它的聲音，
就像清淺的小溪可能會有的那一種，
當它從曠野的林莽、荒涼的山巒之間穿過，
周圍有瀑布奔騰不歇，
有風和樹的爭吵，
有寬闊的大江沖過礁石無休無止地洶湧咆哮。

雪萊寫的這幾行詩，清晰地涉及了某種形式的唯心論，康德派的或者巴克萊派的，又或者是柏拉圖派的。但不管如何解讀，他在這裡證明了一個攝入統一體，它組成了自然本身。

巴克萊、華茲華斯、雪萊，是從直覺上堅決拒絕科學中抽象唯物論的代表。

華茲華斯和雪萊之間，在對待自然上，有一些有趣的差別，而這正好帶出了我們要思考的問題。雪萊把自然看作變化的、分解的、變形的，就像它在童話中一樣。他描寫落葉在西風前飛舞，有如「幽靈逃避巫師」。

在他的詩歌《雲》（*The Cloud*）當中，正是水的變化激發了他的想像。詩的主題是無休無止的、永恆不滅的、不可捉摸的事物變換：

我變而不死。

這是自然的一個方面，不可捉摸的變化：這個變化不僅表現爲位置的移動，也表現爲內部屬性的變化。雪萊的重點就在於那些不死之物的變化上。

華茲華斯出生於丘陵之中；丘陵很少有樹，因此很少展現出季節的變化。他被那自然巨大的恆常所縈纏。對於他來說，變化是持久（endurance）背景中偶爾出現的事件：

在遙遠的赫布利底（Hebrides）群島，
打破過大海的寂寥。

每一個分析自然的方案，都需面對兩個事實：變化和持久。還有第三個事實，我稱之爲永恆。山是連綿持久的，但隨著時間推移，它會消磨，也會消失。如果一座山復生，那也是一座新的山。但顏色是永恆的，它像精靈般糾纏著時間，忽來忽去。不管到了哪裡，都是同樣的顏色。既不能生存，也不能存活下來。當需要時它就出現了。但是山和時間以及空間的關係則與顏色不同。在先前的章節中，主要考慮永恆事物的時空關係。這是討論持久事物之前的必經步驟。

我們必須回憶這一步驟的基礎。我認爲哲學是對抽象的批判。它的作用是雙重的：首先是使各種抽象概念獲得相對應的地位，求得彼此的和諧；其次是透過直接與宇宙中更爲具體的直覺對比，以求得完成它們，因此也促進更多完整思想方案的形成。偉大詩人的證言就是在這種對照上，具有了重要性。這些詩句能流傳至今，就證明它們表達了人類深層次的直覺，並深入到具體事實的普遍性質中。哲學不在具有極少抽象方案的知識之中，以不斷地工作以求得改進和完美。哲學旨在審視各門知識，以求得它們相互和諧和完整的特殊目標。爲了這個任務，它不僅運用各種獨立知識的證據，還訴諸具體經驗。它以具體事實直面知識。

十九世紀的文學，尤其是英國的詩歌，是人類的審美直覺和科學機械論之間，不協調的見證者。雪萊生動地在我們面前，描繪了感官的永恆客體（eternal objects）的變幻莫測，當它們縈繞在背後機體變化之上的時候。華茲華斯是自然的詩人，他將自然作爲持續不變的領地，並認爲其中蘊含著巨大的意義。對他而言，永恆客體也在那裡：

海洋與陸地，
此光未曾見。

雪萊和華茲華斯都有力地證明，自然不可能與審美價值分開，而且在某種意義上，這些價值是整體對各部分的培養累積起來的。因此我們可以從詩人那兒，得知這樣一個說法，自然哲學必須考慮至少六個觀念：變化、價值、永恆客體、持久、機體和交融（interfusion）。

我們看見十九世紀初文學上的浪漫主義運動，正如一百年前巴克萊哲學唯心論的運動一樣，都拒絕被侷限在正統科學理論的唯物論概念之中。在這系列演講進行到二十世紀的時候，我們將發現科學本身在其自身內部發展的驅使之下，也發生了概念重組運動。

然而，在我們進行到那一步之前，我們必須確定這種觀念重組，是建立在客觀主義還是主觀主義的基礎之上。所謂的主觀主義基礎，是指這一種信念，相信我們直接經驗的本質，是經驗主體的知覺特質所產生的結果。換言之，這種理論認爲，被知覺的事物不是一般獨立於認知行動的事物部份所見的複合，而是認識行動個別獨特的表達。因此，認知行動多樣性所共同擁有的，就是與它們相關的推論。雖然有一個共同的思想世界，與我們的感覺—知覺相聯繫，但是卻沒有一個共同的世界可思考。我們所思考的是共同的概念世界，可以無差別地運用於我們個人嚴格的個體經驗上。這樣的一個概念世界，最終會在應用數學的方程式中，找到完整的表述。這是極端的主觀主義立場。期間當然也有一些折衷的觀點，那些人相信知覺經驗確實告訴我們，有一個共同的客觀世界。但是被感知的事物，僅僅是這個世界的產物，其本身並不是共同世界的元素。

客觀主義的立場則認爲，被我們感官知覺的眞實元素本身，是共同世界的元素。這個世界是事物的複合體，確實包括了我們的認知行動，但是又要超越這些行動。根據這種觀點，被經驗到的事物，不同於我們對它的知識。只要認知依賴於事物，事物就爲認知鋪平了道路，而不是相反。然而重點在於被經驗的眞實事物，進入一個儘管包含了知識，但是超越於知識之上的共同世界之中。折衷的主觀主義者認爲，被經驗的事物只是由於依賴認知主體，才間接進入共同世界之中。客觀主義者則認爲，被經驗的事物和認知主體，以平等地位進入共同世界。在這個系列演講中，我將給出適用於科學要求，和人類具體經驗的客觀主義哲學的大綱。除去詳細批判任何形式主觀主義所引起的困難，大致說來，我反對的理由有三：第一個理由是直接探詢我們知覺經驗而引起的。從這個探詢中可見，我們處在一個顏色、聲音和其他感覺客體所組成的世界裡，這些感覺客體在空間和時間裡與持久客體（enduring objects），諸如石頭、樹和人體等相關聯。我們自身看來，也和其他被知覺的事物一樣，是這個世界的元素。然而主觀主義者，即便是最溫和的折衷主觀主義者，也認爲上面所說的這種世界，以一種直接超越於素樸經驗（naive experience）之上的方式，依賴著我們。我認爲最終的訴求是求之於素樸經驗，這也是我爲何要如此強調以詩爲證。我的觀點是，在我們的感覺經驗中，我們所知道的東西遠離並超越了我們自身的人格；而主觀主義者則認爲在這種經驗中，我們只知道自身人格所發生的事。折衷的主觀主義者，將我們的人格放置於所知的世界，和他所承認的共同世界之間。在他看來，我們所知道的這個世界，是我們人格在其後的共同世界施壓下，所產生的內在緊張感（internal strain）。

我不相信主觀主義的第二個理由，是根據經驗的某些特殊內容。我們的歷史知識告訴我們，就我們所能看到過去的很多世紀，地球上都沒有生物存在。也告訴我們，無數的恆星系統的詳細歷史，仍在我們的視野之外。就說月亮和地球，在地球內部正發生什麼事情呢？在月亮的背面，正在發生什麼事情呢？我們的知覺引領我們去推論，有事情正發生在星球上，有事情正發生在地球內部，有事情正發生在月亮的背面。它們也告訴我們，在遠古的世紀中，也曾有事情在發生。但是所有這些看起來確定發生的事情，要不是不知道具體細節，就是要透過推論證明才重現出來的。面對這種個人經驗內容，很難相信被經驗的世界，是我們自己人格的一個屬性。我的第三個理由是根據行動的本能。就像感官知覺似乎給我們個體之外事物的知識，同樣的，行動似乎看起來，也可以導致自我超越（self-transcendence）的本能。活動超越自我，進入到已知的超越世界。只有到這裡，最終目的才顯得重要。因爲這不是從後面推動的活動（activity），那進入到折衷主義者的帷幕之中；它是直接針對已知世界確定目的的活動，同時也是超越自我、自身處於已知世界之內的活動。因此，已知世界超越了認知它的主體。

有人試圖給最近出現的物理科學相對論一個哲學的解釋，主觀主義者的視角，在這些人中間非常流行。感覺世界依賴於個人知覺，看上去是一個解釋途徑的好方式。當然，所有人都需要回溯到某種客觀主義的論點，除了那些認爲自己在虛無之中，能構成整個宇宙的人之外。我不理解在沒有感覺的共同世界，思想的共同世界又是如何得以建立的。這一點我不會細談。但是如果沒有思想的超越和感覺世界的超越，很難看出主觀主義者如何能避免其孤獨的狀態。折衷的主觀主義者，也似乎無法從未知世界的背景裡，得到任何幫助。

唯實論和唯心論與客觀主義和主觀主義，並不相應。唯實論和唯心論都能從客觀主義的觀點出發。它們可能都認可感官知覺所認識的世界，是一個超越個體感受者的共同世界。但是當客觀唯心論者開始分析涉及世界的實在性時，會發現認知的精神作用，以某種方式密不可分地關切到每一個細節。因此，這兩類客觀主義者，在涉及形上學的終極問題之前，決然不會分道揚鑣。兩者之間有許多共同點，這就是我爲什麼在上一章中說，我採取了一種暫時唯實論的原因。

過去，客觀主義者的立場受到扭曲，因爲被認爲必須接受古典科學唯物論，及其簡單定位的說法。這種說法使得初性和次性的理論，成為必要。因此，次性的處理，比如感覺客體，須基於主觀原理。這種不誠心的觀點，很容易被主觀主義者的批判所俘獲。

我們如果將次性包含進共同世界中，對我們基本概念徹底的重新組合，就成為必要。這是一個顯著的經驗事實，即我們對外在世界的理解，絕對依靠人體內在的發生。透過對人體施加適當技巧，便能使得他感知或不感知任何事物。一些人表現自己，好像身體、頭腦和神經，是完全虛幻世界中唯一眞實的事物。換言之，他們用客觀主義理論來對待身體，而用主觀主義理論來對待世界的其他事物。這是說不通的；尤其是，我們現在引為證據的，是實驗者對他人身體的知覺。

但是我們必須承認：人體是一個機體，其狀態調節著我們對世界的認知。知覺領域的統一體，必然是身體經驗的統一體。當認識到身體經驗時，我們必須因此認識到整個時空世界反映在人體生活中的各個方面。

這就是我對上一章中提出問題的解答。如果不是為了提醒你們，我的理論要完全放棄「簡單定位」是事物在時空中的基本形式這觀念，我就不會再重複這一問題。在某種意義上說，每一事物都是無所不在、無時不在的。因為每一個定位都在其他定位中有一個自身的面向。因此，每一個時空的觀點，都映射了整個世界。

傳統的時空觀點，都預設了簡單定位。如果你想以這種觀點來了解我的理論，就一定會發現巨大的弔詭之處。但是若由素樸經驗出發，這便是一種明顯事實的記述。你的感知發生在你所在的地方，並且完全依賴你身體的作用方式。但在某地發生的身體機能，卻爲你的認知展示出遙遠環境中的一個面向，逐漸消逝成一般知識，知道在身體之外有東西存在。如果這種認知傳達了一個超越世界的知識，那麼一定是因爲事件，即軀體生命將宇宙中所有面向，統一進入自身之中了。

這種說法與想像力豐富的作家，如華茲華斯、雪萊等人自然詩中個人經驗的生動表達，完全一致。事物徘徊不去的、直接的呈現，是華茲華斯所執著的。這個理論所要做的，是擺脫認知心態，使其不再成爲經驗統一體的必要基礎。現在經驗統一體存在於事件統一體之中，伴隨著這種統一體，也可能不產生認知。

在這一點，我們回到一個大問題上，它是我們在檢查華茲華斯和雪萊詩人的洞察力所提供的證據時發現的。這個問題已經擴展成爲一組問題了。什麼是與永恆客體區別的持久事物（enduring things）？比如顏色和形狀？它們如何能存在？它們在宇宙中的地位和意義是什麼？說到這兒，自然秩序中持續穩定的狀態，究竟是什麼？有一種概括答案，它將自然與背後更大的實在聯繫起來。這個實在在思想史中有多個名字，如絕對者、梵天、天道、上帝等。描繪最終形上學的眞理，不在本章的範圍之內。我的觀點是，任何概要的結論，從堅信上述自然秩序的存在，跳到另一個簡單的假設，這種假設認爲有一個終極的實在。爲了消除困惑，可以在某種無法解釋的方式下，求助於這一實在。那麼這個結論就成了對於理性（rationality）的主要拒斥，以便主張它自己的權利。我們必須探究：自然本身是否表明，它可以爲自己作解釋。我的意思是，單單說明事物是什麼，可能就包含了解釋事物爲何如此的元素。這些元素被認爲其涉及的深度，要超過我們能夠清晰理解的任何事物。在某種意義上，所有的解釋都是以最終無端（the ultimate arbitrariness）作爲結束的。我的要求是，我們模糊地發現一個超出我們清晰認知能力之外的區域，而作爲我們出發點事實的終極無端，應當能夠顯出這個區域實在的相同普遍原理。自然展示出其本身服從決定條件的「機體演化」哲學。這類條件的例子有空間維度、自然法則、決定的持久實有，比如展現自然法則的原子和電子。但是這些實有的性質，它們的空間性和時間性，都應當表現出這些作爲自然之外、更廣演化結果條件的無端性，自然在這一演化中，只是一個有限的模態。

一個普遍的事實是，眞實之物的固有特質，是事物的轉化，從一物到另一物的過程。這個過程，不僅是零散實有的直線演進。不論我們如何確定一個決定了的實有，在我們第一次選擇時，總是預設了某種更狹小的決定條件。還有總是有一個更廣的決定條件，在第一個選擇經轉化、超越其自身後出現。自然的一般面向是演化擴張的面向。那些我稱爲「事件」的統一體，是某些實現性的突現（emergence）。像這樣突現的事物，又當如何描述呢？如此統一體被冠以「事件」的名字，將吸引大家的關注，其內在轉化與實際統一體的結合。但是這個抽象字眼，並不足以刻畫事件本身實在性的情況。稍作思考，就會發現沒有一個觀念是充分的。因為在每個事件中，有一定意義的觀念，都必須代表在其實現過程起作用的某物。因此，沒有任何一個字眼能充分說明它。然而，反之，沒有任何事物可被遺漏。想想詩人筆下我們的具體經驗，馬上就會了解價值、成為價值、具有價值、自為目的，以及為其自身的元素，這些元素對於最具體的實現事件來說，沒有任何理由可以省略。「價值」一詞，是用來表示事件的內在實在性（intrinsic reality）的。價值是一種充斥在詩人自然觀中的元素。我們只需把人生歷程中隨處可見的價值，轉移到實現過程本身的脈絡中就行了。這就是華茲華斯崇拜自然的秘密。因此，實現過程本身，就是價值的達成。但是並沒有單純的價值。價值是限制的產物。因此，確定有限的實有，就是型塑成就的選定模態。除了形成個別事實之外，沒有其他的成就。僅僅是混合所有，只會形成不確定的非實有。實在的救贖是其固執的、不能化約的、事實的實有。這種實有只限於它們自身。科學、藝術、創造性行動，都不能脫離固執的、不能化約的、限制性的事實。事物的持久性，在它自己保持住為其自身確定達成的意義。持久的事物都是有限制的、阻礙的、不容異己的，用本身的面向影響其環境。但是它並不是自足的。所有事物的面向，都進入到它的本性之中。只有當它將找到其自身的那個更大的整體，整合進它自己的限制之中，它才找到自身。反過來說，它只有在找到其自身的環境中，提供其側面，才是其自身。演化問題是價值持久形態的持久和諧的發展，其融入到超越自身的事物、較高成就之中。審美成就與實現過程的脈絡，交織在一起。實有的持久，代表著一個有限審美成就的達成，儘管如果我們其看到超越它自身的外部效果時，可能代表著一種審美的失敗。即便從它內部來看，它也許也代表著低層次的成功，和高層次的失敗之間的衝突。這個矛盾就是瓦解的預兆。

若要繼續探討持久客體的本質和它們的所需條件，將會涉及十九世紀後半葉占據主導地位的演化理論。本章我想努力澄清的觀點是，浪漫主義復甦時期的自然詩作，是代表自然機體觀而發出的抗議，同時也是反對將價值排除到事實之外的做法。從這方面來看，浪漫主義運動可以被視爲一百年前巴克萊抗議的復甦。浪漫主義反動浪潮，是爲價值而發出的一種抗議。

註文

【1】指一六六〇年查理二世（Charles II）回到倫敦，斯圖亞特王朝（The Houses of Stuart）復辟。

【2】譯者注：此處翻譯參照了李提摩太、任延旭合譯的《天倫詩》。

第六章　十九世紀

上一章的主要內容，在於比較英國浪漫運動的自然詩，和十八世紀流傳下來的唯物主義科學哲學。我指出了這兩種思潮完全不相合的地方。本章將會繼續概述客觀主義哲學，它能在科學和人類基本直覺（fundamental intuition）之間搭建，一個聯繫的橋樑。人類基本直覺表現在詩歌中，以及在日常生活中的實際展現。隨著十九世紀的推進，浪漫主義運動開始偃旗息鼓。它並未消解，但是失去了清晰的潮流統一體，並且分散在許多河口，與人類其他利益結合起來了。這一世紀的信念有三個來源：第一來源是浪漫主義運動，其表現在宗教復興、藝術和政治抱負；第二個來源是爲思想開拓新路的科學躍進；第三個來源是徹底改變人類生活條件的科學進展。

這些信念的每一個來源，都在先前階段有其起源。法國大革命本身就是浪漫主義受到盧梭影響後的第一個產兒。詹姆斯・瓦特（James Watt）在一七六九年取得了蒸汽機的專利權。這整個世紀，科學進展都是法國及法國影響的榮耀。

即便在這個時期早期，各種思潮互相作用，有合有分。但是直到十九世紀，這三大主流才得到充分發展，並形成滑鐵盧戰役之後六十年間，特殊的平衡特質。

讓這個世紀區別於以往的特殊和新穎之處，就是技術。這不僅是引入了幾個偉大的、孤立的發明，其中還涉及更多的東西。比如，文字是比蒸汽機更爲重要的發明，但是如果追溯文字發展的連續歷史，我們就會發現它與蒸汽機的極大不同。當然我們必須將一些細枝末節和零星的預期放置一邊，把注意力集中在它們蓬勃發展的時期。因爲時間的跨度實在是太大了。對蒸汽機而言，發展的時間大概一百年左右；對文字而言，則有一千多年。同時，當文字最終普及了以後，並不能預測整個世界在技術上的發展。改變的過程是緩慢的、不知不覺的、預想不到的。

進入十九世紀以後，這個過程開始變得迅速、十足有意的和可預測的。這個世紀的前半期，對待開始建立和歡迎改變的新態度。這是一個充滿希望的特殊時期，在這個意義上，六、七十年後，我們現在能看出一種理想破滅的基調，至少是焦慮的基調。

十九世紀最偉大的發明，就是發明方法的發明。一種新的方法進到人類生活中。爲了理解我們這個時代，我們能忽略所有的改變細節，比如鐵路、電報、無線電、紡織機、合成染料等。我們必須聚焦於方法本身。這才是破壞舊文明基礎的新東西。法蘭西斯・培根的語言已經實現，他說人有時夢想自己的地位略低於天使，現在已認爲自己既是自然的僕人，也是自然的主人。但一個演員能否扮演兩個角色，還有待觀察。

這個整體的變化肇始於新的科學資訊。科學，顯然是個讓人使用觀念的倉庫，因爲它更多地被認爲是它的結果，而不是它的原理。然而，如果我們要理解這個世紀發生了什麼，那麼將之喻爲礦藏，要比喻爲倉庫更爲合適。還有，認爲科學觀念本身，就是需要的發明，因此只要拿起來使用即可，那這就大錯特錯了。其實在科學觀念與實際發明之間，還存在一個構思設計的階段。這種新方法的一個元素，便是發現如何在科學觀念和最終產品之間，架設一個溝通的橋梁。這是一個有紀律地攻克一個又一個難關的過程。

現代技術的可能性，首先在英國由興旺的中產階級努力現實。因此，工業革命從這起步。但是德國人明顯找到尋找科學礦藏更深礦脈的方法。他們拋棄了雜亂無序的治學方法。他們的技術學校和大學，並不依靠天才的偶然閃光，或是幸運思想的偶然迸發來取得進步。在十九世紀，他們的治學成績受到全世界的羨慕。這種知識訓練能超越技術，應用到純科學中去，還能超越科學，應用到一般的治學中。它代表著從業餘愛好者到專業工作者的轉變。

總有一些人將畢生精力投入特定的思想領域中。尤其是律師和基督教教會的神職人員，是這方面專業化的典型例子。但是直到十九世紀，人們才自覺地認識到知識在所有部門中專業化的力量，知識對於技術進步的重要性，抽象知識與技術連結的方法，以及技術進步的無限可能。這一切直到十九世紀才首次辦到了，而且主要是在德國。

過去，人們生活在牛車上，將來，我們將生活在飛機上，速度的變化達到了質的不同。知識界的這種轉變所造成的結果，並不都是有利的。至少，儘管效率的提高是無可辯駁的，然而其中也暗含了很多危險。我將在最後一章討論新形勢對社會生活的各種影響。現在只是說明，這種有次序進展的新形勢，是這個世紀思想發展的背景。

這一時期有四個偉大的新觀念，被引到理論科學中。當然，有很多理由可將名單上的數目增加到超過四個。但是我所堅持的觀念，從最廣泛的意義上講，對於物理科學基礎的重建，是意義非凡的。

其中兩個觀念是對反的，我會把它們合起來考慮。我們將忽略細節，只關心它們對於思想的最終影響。第一個觀念是：物理活動充斥著所有空間，即便那裡顯然是眞空，也是如此。這理念被很多人以很多形式思及。記得中世紀有一句格言：自然憎惡眞空。並且，笛卡兒的「漩渦」（vortices）曾經在十七世紀，似乎已在科學假設中得到確立。牛頓認爲引力是由介質中所發生的某種變化引起的。然而，總體來說，十八世紀並未運用這些觀念。光線的傳播，使用牛頓的方式解釋，認爲是小的微粒在飛行，這當然就爲眞空留了餘地。數學物理學家都忙於推演萬有引力理論的結論，而不去費心關注它的原因。即使他們思考了這個問題，也不知道如何去尋找這些原因。也有一些思索，但是意義都不大。因此，當十九世紀開始時，物理發生充斥著整個空間的看法，在科學中並未獲得有效的地位。這一看法的復興，得益於兩大源泉。其一是湯瑪斯・楊格（Thomas Young）和菲涅耳（Fresnel）光的波動說之成功。這一學說認爲，空間中充滿了能夠產生波動的東西。因此，乙太作爲充滿空間的精微質料的說法，被提了出來。其次，電磁學理論最終在克拉克・麥克斯韋手中，假設了一種形式，即要求空間中充滿了電磁的發生。麥克斯韋的完整理論，直到十八世紀才成形。但是之前已經有很多偉大人物爲其做了前期工作，比如安培（Ampère）、奧斯特（Oersted）、法拉第（Faraday）等。根據當時流行的唯物論的觀點，這些電磁發生，也需要一個質料作爲基礎才能產生。因此乙太就再次被需求了。接著，作爲他的理論中直接、最初的果實，麥克斯韋論證了光波僅僅是電磁發生中的一種波。因此，電磁理論吞併了光的理論。這是一種極大的簡化，沒人懷疑其中的眞理。但是就唯物論而言，卻有一個不幸的結果。因爲，就光本身而言，只需要一種有彈性的簡單乙太就足夠了，而電磁乙太卻必具產生電磁發生的性質。事實上，對於這些假定是發生基礎的質料而言，只是一個虛名。如果你不是剛好主張某種形上理論，而非得要假定這種乙太的存在，便可拋棄它。因爲它沒有獨立的生命力。

因之，在上世紀七十年代，幾種主要的物理科學，都建立在假定「連續性」（continuity）的觀念之上。但是另外，原子的觀念已經由約翰・道爾頓（John Dalton）引入了，以便完成拉瓦錫在化學基礎上的工作。這是第二個重要的理念。一般物質被認爲是原子構成的，電磁效應被認爲是在一個連續的場域中產生的。

這兩大理念之間並沒有衝突。首先，它們是對稱的，但除非特殊情況，它們之間在邏輯上是沒有矛盾的。其次，它們應用到不同的科學領域，一個是化學，另一個是電磁學。並且迄今爲止，這兩種觀念合併的跡象，還不明顯。

物質的原子觀具有悠久的歷史。它馬上就能讓我們聯想到德謨克利特（Democritus）和盧克萊修（Lucretius）。若說這些概念是新的，我也僅指它們相對而言是新的，這裡談及的是十八世紀，這些概念已被確立下來形成科學有力基礎的這個階段。考慮到思想史時，必須將決定時代的眞正思潮，與偶然出現無作用的思想，區別開來。在十八世紀，每一個受過良好教育的人，都讀盧克萊修的書，而且也擁抱原子的觀念。但是約翰・道爾頓讓這些觀念在科學思潮中發揮作用，且在這效用的功能中，原子性成爲一種新觀念。

原子的影響不僅僅侷限在化學裡。活細胞之於生物學，正如電子和質子之於物理學。除了細胞和細胞群之外，就沒有生物現象。細胞理論與道爾頓的原子理論，同時被介紹到生物學中，但是兩者相互獨立。這兩種理論各自獨立地展現了原子論的相同觀念。生物細胞理論逐漸發展，只要僅列出一些日期和名字就可說明生物科學，作爲一個有效的思想方案，僅僅只有一百年的歷史。一八〇一年，比夏（Bichat）詳細闡述了組織理論。約翰內斯・繆勒（Johannes Müller）於一八三五年描述了細胞，並說明其本質和相互聯繫的事實。施萊登（Schleiden）於一八三八年，施旺（Schwann）於一八三九年，最終確立了細胞的基本特質。因此，直到一八四〇年，生物學和化學都建立在原子的基礎上。原子論的最終勝利，則要等到這個世紀末電子說的出現。思想背景的重要性也在這樣一個事實中得到闡釋：在道爾頓完成他工作的半個世紀後，另一個化學家路易士・巴斯德（Louis Pasteur），借用了同樣的原子觀念，進一步應用於生物學的領域。細胞理論與巴斯德的工作，在某些方面，比道爾頓的工作更具有革命性，因爲他們將機體的觀念引入微生物的世界裡。有一種傾向將原子作爲僅具外部關係（external nelation）的最終實有。這種想法在門捷列夫（Mendeleef）的元素週期律的影響下，被打破了。但是巴斯德指出了機體觀念在無窮小[1]上的決定性意義。天文學家向我們展示了宇宙有多大，化學家和生物學家向我們展示了宇宙有多小。在現代科學實踐中，有一著名的長度標準。它相當小，要取得這個長度，必須將釐米分成一億等分，然後取其中之一。巴斯德的機體比這個長度大多了。在原子方面，我們現在知道，這個長度對於某些機體而言，還是太大。

這一時期的另一對新觀念，都與轉化或變化的理念有關。一個是能量轉換理論（doctrine of the conversion of energy），另一個是演化理論（doctrine of evolution）。能量理論說明了變化之下量的守恆觀念。演化理論說明了變化造成新機體的出現。能量理論屬於物理學領域，演化理論屬於生物學領域，儘管之前康德和拉普拉斯在討論太陽和行星的形成時，也曾觸及這個觀念。

四大觀念綜合起來產生的效果，對科學進步形成一股新動力，使得這個世紀的中期，成爲科學成就的頂峰。看得清晰的人，同時也是有明顯錯誤的那些人，這時宣稱：物理宇宙的祕密終於被揭穿了。只要你將不切實際的事物撇開，你的解釋能力就是無限的。另外，思維混沌的人，則將自己陷入最無法辯護的論點裡。吊書袋的獨斷論，加上對於重大事實的無知，遭遇到宣導新方法科學家的沉重打擊。因此，除了技術革命所產生的興奮之外，又加上了科學理論所揭示出令人興奮的景象。社會生活的物質和精神基礎，都在變化之中。到這個世紀最後二十五年，其靈感的三個源泉：浪漫主義、技術和科學都發揮了作用。

接著，幾乎一度停滯。在最後的二十年，這個世紀以自從第一次十字軍東征以來，思想舞臺上最無趣的場面之一告終。這是十八世紀的回聲，但是卻缺少伏爾泰（Voltaire）和法國貴族們縱情瀟灑的風度。這個時期是有效率的、無趣的、三心二意的，它僅祝賀專家們的成就。

然而，回顧這一停滯時期，我們現在能分辨出改變的跡象。首先，在現代系統研究的況狀下，不容許出現絕對停滯。科學每一門分支，都有非常實際的進步，確實是非常迅速的進步，儘管它僅限於各門科學已被接受的觀念範圍。這是一個正統科學勝利的時期，沒有被許多超越成規的作法所干擾。

其次，我們現在可以看出，作爲思想方案被用於科學中的科學唯物論，是不夠完備的。能量守恆（the conservation of energy），提供了一種新型的量的恆存觀點。能量被解釋爲附屬於物質是不錯的。但是無論如何，質量的觀念正在失去其獨有的優勢，不再是唯一終極恆存的量了。稍後，我們發現質量和能量的關係反轉了，以至於質量成爲與某種能量的動態效能相關之物的名稱。這一系列思想認爲能量是基本的，取代了質量的地位。但是，能量僅僅是事件結構的「量」面向的名稱，簡而言之，它必須依靠機體作用的理念。問題是，我們能在不涉及簡單定位中的物質這一概念前提下，定義機體嗎？稍後，我們還會更爲詳細的討論這一點。

在電磁場方面，也同樣把物質推到幕後去了。現代理論預先假定在這種場域中發生的某些事情，不直接依靠物質。通常是以乙太作爲基礎。然而，乙太並沒有眞正進到理論中。因此，質料的觀念又一次失去它的基礎地位。同時，原子正將其自身轉化爲機體，而演化理論最終也成爲對於各種機體形成、與生存條件的分析。確實，在這後期有一個最重要的事實，那就是生物科學的進展。這些科學實質上都是有關機體的科學。在當時及現今，「較爲完善的科學形式」這一美譽，屬於物理科學。因此，生物學便模仿物理學的樣子。正統的觀點認爲，生物學只是複雜情況下的物理機械論而已。

這個觀點目前的困難，在於物理科學基本概念上的含混。與之相對的活力論同樣不能倖免。因爲在活力論中，機械論的事實是被接受的，我指的是以唯物論爲基礎的機械論，再加上一種活力控制，來解釋生物體的活動。我們可以相當清晰地理解，各種似乎能應用到原子行爲中的物理定理，在目前已公式化的情況來看，並不能做到相互支持。站在生物學源起的立場援引機械論，就是援引在表達所有自然現象的基礎時，確鑿且自爲一致的物理學概念。但是目前還沒有這種概念體系。

科學正形成一種既不是純物理的，也不是純生物的新面向。它變成機體的研究。生物學研究較大的機體，而物理學研究較小的機體。這兩大科學之間，還有一種區別，生物學的機體將較小的物理學機體涵蓋進來，作爲組成部分，但是目前還沒有證據證明，較小的物理機體能被分析成組合機體。也許如此，但是無論如何，我們都會面臨一個問題，是否有一種不能進一步分析的原初機體存在呢？很難相信自然可以無限制的分析下去。因此，一個拋棄了唯物論的科學理論，必須回答關於什麼是原初實有性質的問題。在這基礎上的答案只能有一個。我們必須從事件出發，把事件當成自然發生的終極單位。事件與一切存在都有關，尤其與其他事件有關。事件的這種混合性，被那些永恆客體的面向所影響，比如顏色、聲音、香氣、幾何特徵等。這些永恆客體是自然所需，但不是從自然而生。如此一個永恆客體將成為某一事件的成分，而這一事件，將以限制另一事件的外觀或面向出現。各面向之間存在相關性，也存在模式。每一個事件對應於兩個這種模式：即將其他事件的面向，攝入到其自身統一體的模式，以及其他事件各自分別將該事件的面向，攝入到其自身統一體中的模式。因此，非唯物論的自然哲學，將把原初機體看成某些特殊模式的突現，那被攝入到眞實事件的統一體中。如此的模式也會包含該事件被攝入其他事件的面向，因而使其他事件受到修正或局部的決定。因此，一個事件有內在和外在的實在性，即在其自身攝入的事件，和被其他事件攝入的事件。因此，機體的概念包括了機體之間相互作用的概念。相對說來，一般科學中關於傳輸和連續的觀念，在空間和時間中經驗觀察到的這些模式特徵時，所見到的細節。我在此所持的立場是，就其自身而言，一個事件的關係是內在的，那就是說，它們是事件本身的構成。

在上一章中，我們得出一個觀點：實現事件是為了其自身的成就，令不同的實有在一模式中眞正地結合，從而被攝入一個價值之中，並且排除其他實有的過程。這不僅僅是不同的東西在邏輯上的結合。在這種情況下，我們可以修正培根的一句話：「所有永恆客體都會彼此相似」。這種實在意味著每一個內在本質，也就是每一個永恆客體就其自身，都關涉某一有限價值，這一價值以事件的樣貌出現。但是價值的重要性各不相同，因此，儘管每個事件對於事件群組而言都是必不可少的，但是其貢獻的份量，是由其本身的內在所決定。我們現在必須討論這些性質是什麼。經驗觀察顯示，這個性質我們可以淡然地稱之爲保留（retention）、持久或重複（reiteration）。這種性質就是價值在短暫的實在中，恢復原初永恆客體的自我同一性（self-ideutity）。當事件作爲一個整體，重複一系列組成部份所表現的某種形狀時，價值的特殊形狀（或構造）持續展現在其每個部份。因此，無論你如何根據組成部份在時間過程中的流變，來分析事件，都是同一個爲其自身的事物，站在你面前。也因此，事件在其自身的內在實在中，反映了實現在其整體之內相同模式價值的面向，那衍生自它的各部分。因此它以一個持久個體實有的外貌，實現了自己，並在本身之中包含著自己的生命歷史。進而這個事件反映在其他事件中的外在實在性上，也具有同一持久的個體性；只有在這種情形下，個體性深入成爲它自身在組成環境的外界事件中，重複出現的面向。

這種事件的整個時間延續，具有一種持久的模式，構成了它的特殊現前（specious present）。在這特殊現前中，事件作爲一個整體實現其自身，同時，它也實現其自身各時段的許多面向的結合。同一種模式在整個事件中得到實現，展示在不同部分，透過每個被攝入整個事件中各部份的面向。同樣，同一模式的早期生命歷史，也是透過它在整體事件中的面向展示出來。因此在這事件中，有著其本身占據優勢地位模式的早期生命歷史的記憶，這種早期生命歷史，在先前的環境中，形成了一種價值元素。這個持久事實生命歷史內部的具體攝入，可以分析爲兩個抽象作用：一方面是持久實有作爲眞實事實而出現，被其他事物所影響；另一方面是實現過程背後能量個體化的具體表現。

對於事件的整個流變的考量，使我們深入背後永恆能量的分析，其本質是一種對所有永恆客體之域的觀照（envisagement）。這種觀照是個體化思想（individualized thoughts）的基礎，那些個體化思想作爲思想面向，被攝入更精微、更複雜的持久模式的生命歷史中。在永恆活動的本質中，有著對所有價值的觀照，這些價值透過永恆客體的眞實聚合（a real togetherness）獲得，好似在理想情境（ideal situations）中觀照到的一樣。這些脫離任何實在的理想情境，完全沒有內在價值，但是作爲意圖的元素，還是有價值。個別事件對於這些理想情境的個體化攝入所採取的形式，就是具有內在價值（intrinsic value）的個體化思維。這種價值的產生，是因爲思想中的理想面向，和發生過程中的實現面向，皆有一種眞正的聚合。因此，沒有價值可歸因於這些背後的活動，如果它們脫離了眞實世界的事實事件。

最後，總結這一系列思想，這背後活動，如果擺脫實現過程的事實，具有三種觀照。首先是永恆客體的觀照，其次是關於永恆客體綜合時，所具有可能價值的觀照；最後是對必然進到總體狀態中，在未來可能達成的實際事實的觀照。但是如果永恆活動的抽象作用脫離了實現性，那麼它也就失去了價值。因爲實現性（actuality）就是價值。從持久客體上產生的個體知覺，將根據模式支配其自身路徑，而有個體深度和廣度上的不同。它可能代表著最微弱的波瀾，用以區別一般的基質能量（substrate energy）。或者，走向另一個極端，它提升到意識思想，那包括放在自覺判斷面前，各種理想聚合情境之內，價值的抽象可能性。這兩種極端中間的例子，則圍繞著個體知覺，不自覺地觀照某一直接取得的可能性，那從可攝入的實際面向來看，代表著最近似於它本身最近的過去。物理定理代表著從這種獨特決定原理中，產生的發展上的協調。因此，動力學爲最小作用量原理（principle of least action）所主導，其中的詳細特質，需要從觀察中獲知。

物理科學中所討論的原子性質料實有，就是這些個別持久實有，它們被認爲是從其他事件中抽象出來的，只涉及決定彼此生命歷史的過程中的交互作用。這些實有部分地是透過繼承它們過去的面向而形成的。另外，部分地是由它們環境其他事件的面向形成的。物理學定律就是宣稱這些實有之間，是如何作用的定律。物理學中這些定律是任意的，因爲這門科學已經抽象地脫離了實有本身的情況。我們已經看到實有本身的事實，有受到環境修正的傾向。因此，若一種環境與這類物理定律能適用的環境有很大差別，而我們又認爲同類定律在該環境下不必修正，那麼我們的看法便有欠妥當。就這些定律而言，物理實有可能以非常重要的方式作修正。它們甚至有可能發展成更爲基本的個體類型，並具有更寬廣的觀照。這種觀照可能達到作出超出物理定律之外的選擇，以平衡不同的價値，那只能以意圖來表達。除了這些遙遠的可能性之外，還有一個直接的推論，即那些自身生命歷史的個別實有，是更大、更深、更完整模式的生命歷史中的一部分，更易於受到這較大模式面向的支配，並更易於經歷較大模式的修正，這種修正反映在這些個別實有自身上，就是它們本身受到的改變。這就是機體機械論理論（theory of organic mechanism）。

根據這一理論，自然律的演化與持久模式的演化是同步的。因爲宇宙現存的一般狀態，部分決定一些實有的本質，而這些實有功能的模態，正表現爲那些律則。一般原理是在新的環境裏，舊的實有會演化成新的實有。

對於自然機體論整體快速的勾勒，讓我們能夠理解演化論的主要要求。十九世紀末停滯時期所進行的主要工作，就是將這種理論吸收爲指導科學所有分支的方法論。當時許多宗教的思想家盲目反對這種新的理論，這也可以說是對急躁、膚淺思想的一種懲罰。儘管事實上，徹底的演化論與唯物論並不相容。原始材質，或者唯物論哲學起點的質料，是不可能能演化的。這種質料本身就是終極實體。在唯物論看來，「演化」被還原爲另外一個詞，用以描述物質各部分間外在關係的變化。這樣一來，沒有什麼是可以演化的，因爲一套外在關係和另一套外在關係之間，區分不出優劣。可能僅僅只有無目的、無進步的變化。但是現代理論的整個觀點，在於說明先前較簡單的機體狀態向複雜機體的演化過程。因此，這個理論迫切需要一個機體概念作爲自然的基礎。它也要求一個背後活動，也就是實體的活動（substantial activity），表現在個別具體狀態中，也在機體的成就中進行演化。機體是突現價值的單位（a unit of emergent value），是爲自身而突現、永恆客體特質的眞正融合（a real fusion）。

因此，在分析自然本身特性的過程中，就會發現機體的突現，依存於一種近似意圖的選擇活動。這個觀點是，持久的機體在現在就是演化的產物，並且在這些機體之外，並不存在能持久的東西。在唯物論看來，質料——如物質或者電力——是持久的。在機體論看來，唯一持久的事物是活動的結構，且這種結構是演化的。

因此，持久的事物便是時間歷程的產物，而永恆事物則是這種歷程所需的元素。我們能以下列方式爲「持久」下一個明確的定義：假設事件A充滿了持久結構的模式，那麼A能完全被劃分爲在時間上連續的事件。假設B爲A的一部分，即爲劃分A而成的一系列事件中的一個，那麼持久模式是A統一體攝入完整模式面向的模式，同時也是A的任何一個時間片段，比如B，所攝入的完整模式之一。比如，分子是一分鐘產生的事件所展現的模式，同時也是這一分鐘任意一秒鐘所產生事件而展現的模式。顯然，這種持久模式的重要性可大可小。它可能表達一些個體化背後活動的某些細微事實。或者表現某些非常緊密的聯繫。如果持久模式僅僅從外在環境的直接面向中導引出來，反映在不同部分的觀點之上，那麼這種持久是一個不重要的外在事實。但如果持久模式完全從該事件的各種時間片段、直接面向上導引出來，那麼這種持久性便是一個重要的內在事實。它表現某種特質上的統一，統一了背後的個體化活動。那麼就有一個持久客體，對它自己和自然的其他部分，都具有某種統一性。讓我們用「自然持久」（natural endurance）性來描述這種類型的持久性。因此，「自然持久」就是一個連續不斷、承繼事件歷史路徑所傳遞下來的某種特質的同一性。這種特質屬於整個歷程，以及歷程中的每一事件。這恰好是質料的性質。如果它存在了十分鐘，那麼那性質便存在於這十分鐘的每一分鐘，還存在於每一分鐘裡的每一秒鐘。只要你把質料看成是基本的，持久的性質就是自然秩序基礎上的一個任意事實；但是你如果將機體看作是基本的，那麼這種性質就是演化的結果。

第一眼看上去，好像一個自然客體有了自身的歷程，就獨立於環境之外。但這個結論缺乏根據。假設B和C在這種客體的生命歷史中，是兩個連續的片段，並且C承接著B。那麼C的持久模式是從B那承接過來的，而且也是從其他類似生命中的早期時段承接下來的。這種客體通過B而傳遞到C。但是傳遞到C的，卻是從B事件中引導出來的面向的完整模式。這些完整模式，包括了環境對於B的影響，也包括了環境對這個客體生命歷史中、其他早期部分的影響。因此，早期生命歷史中的完整面向，作爲在生命歷史各個階段一直持久的部分模式，而被承接下來。因而，有利的環境對於自然客體的維持，十分重要。

自然，正如我們所知道的，包含著巨大的持久性。普通物質有恆常性（permanence）。地質學家所知的最古老的岩石中，分子可能已經毫無變化的存在了超過了十億年，不僅是它們本身沒有變，而且它們之間的相對位置也沒有變。在這個時間的長度中，以黃色鈉原子光線的分子振動頻率來計算其振動次數，次數大約為$16.3 \times 10^{22} = 163000 \times (10^6)^3$。直到最近，原子看來還是不可毀的。現在我們比原來知道得更多了。但不可毀的原子，已經被明顯不可毀的電子和質子所替代了。

另一個需解釋的事實是，這些事實上不可毀的客體，為何如此相似。所有電子都極其相似。我們無需超出證據範圍，說它們是完全相同的。但是就我們的觀察能力而言，並不能察覺任何的差異。與此類似，所有氫原子核都是相似的。我們也看到了大量類似的客體。這種現象非常普遍。看上去有一定程度的相似性，是持久的有利條件。常識也得出這種結論。如果機體想要存活，就必須協調合作才行。

因此，演化機制的關鍵，是必須有良好的演化環境，加上極其穩定的持續機制中特殊類型的演化。任何自然客體以其自身影響力而破壞了自己的環境，就是自殺。

如果要進化出有利環境，以適應個別機體的發展，最簡單的方式之一：每一個機體對環境的影響，都有利於同類型其他機體的持久。更進一步地，如果機體有利於同類型其他機體的發展，你就取得一種演化機制，適於產生上述被觀察到的、有高度持久力的大量同類實有的狀態。因爲環境自然地與物種同步發展，物種也與環境相適應。

首先提出的問題是，是否有直接的證據，證明有一種機制適合這種持久機體。在探究自然時，我們必須記住，它不僅有以永恆客體面向爲成分的基本機體，還有由機體組成的機體。目前，爲了簡便起見，在不提任何證據的情形下假設，電子和氫原子核是這種基本機體。那麼原子與分子便是較高類型的機體，它們也代表一種緊密確定的機體統一體。但是當我們觀察更大的物質集合時，有機統一體就退居到幕後去了。它看起來是微弱而基本的。它確實在那兒；但它的模式是含糊而不明確的。它僅是作用的集合。當我們觀察生物時，模式的確定性又恢復了，機體特質也再次凸顯出來。因此，無機物質的特色律則，主要是從混合的集合上，得到統計的平均值。它們遠不能解釋事物的終極性質，反而模糊且抹去了個體機體的個別特質。如果我們要對有關機體的事實進行解釋，就必須研究個別分子和電子，或者個別生物。在兩者之間，情況相當混亂。如今研究個別分子的困難在於，我們對它的生命歷史所知甚少。我們無法將個體置於連續的觀察之下。一般來說，我們所研究的只是分子的大集合。至於個別分子，有時偉大的實驗者頂著重重困難，匆匆瞥了一眼，這樣也只是看到了剎那作用的一種形態。因此，個別分子或者電子發生作用的過程，大都是無法觀察到的。

可是在生物方面，我們能追溯個別群體的生命歷史。我們現在恰好找到這裡所需要的那種機制。首先，這裡存在著從同一物種的個體，繁殖物種的事。同時對於各家族、各種族或者果實裏的種子的持續，都提供了周到的有利環境。

不過顯然，我將演化機制的解說太過簡化了。我們發現與生物相連的物種，互相提供有利條件。因此，正如同一種個體之間，互相有利於對方一樣，相連物種之間，同樣互相有利於對方。我們也發現在電子和氫原子核上，有著共存的初步事實。那種成對共存的單純性，以及與其他敵對物種相比缺乏競爭性，說明了我們在氫原子核和電子間，看到的巨大的持久性。

因此，自然發展的機制中，包含了兩個方面。一方面，存在一種既定的環境，機體必須加以適應。那個時期的科學唯物論，就強調這個方面。用這種觀點來看，有一定數量的質料，且只有極其有限的機體能利用它。環境的固定性支配了一切。因此，科學的結論便是生存競爭和自然選擇。達爾文（Darwin）的著作在拒絕超越直接證據，和仔細保留每一個可能的假說方面，給所有時代都樹立了一個楷模。但是這些優點在他的繼任者中並不明顯，對於他的那些追隨者而言，就更不明顯了。歐洲社會學家和政治評論家的想像力，都被只關注利益衝突方面所玷汙了。那個時代流行的觀念是，在決定商業和國家利益的行爲時，拋棄倫理考量，被視爲是極其堅定的現實主義作風。

演化機制的另一面，也是被忽視的一面，可用「創生」（creativeness）一詞表達。機體可以創生它自己的環境。有鑒於此，單個機體幾乎是孤立無助的。足夠力量的產生，必須要有機體合作的社群。在這種合作下，並且也與付出的努力大小相適應，環境將會產生一種可變性，這種可變性就將改變演化的整個倫理方面。

在即刻的過去和現在，心靈一直處於混沌的狀態。科學技術的進步，使得人類環境的可變性日益增強，但人們卻用一種只在固定環境論中，才能找到根據的思想習慣，來解釋這種可變性。

宇宙之謎並不如此簡單。存在一種恆常的層面，其中某種達成的類型，永無止境地爲了其自身的緣故，而不斷重復出現。同時還有變爲其他事物的轉變層面——其價值可能較高，也可能較低，又有鬥爭和友好幫助的層面。但是浪漫的無情與浪漫的自我克制一樣，都和實際政治相隔太遠。

註文

【1】譯者注：原文爲infinitestimal，應爲infinitesimal。

第七章　相對論

在先前幾講中，我們討論了導致科學運動的先行條件，並且把思想的進程從十七世紀追溯到十九世紀。在十九世紀，就圍繞著科學而言，思想史可劃分爲三個部分：首先是浪漫主義運動與科學的接觸；其次是技術與物理學在十九世紀早期的發展，最後是演化論加上生物科學的一般進展。

這三個世紀占據主導地位的是，唯物主義學說爲科學概念提供一個完備的基礎。這方面實際上沒有受到質疑。當需要波動的概念時，作爲波動質料的乙太，就被提了出來。爲了展示這種說法的全部假定，我概括了另一種替代說法，即自然機體論（organic theroy of nature）。上一講中，我已經指出生物學的進展、演化論學說，能量學說和分子學說等，都迅速破壞了正統唯物論的完備性。但是直到該世紀末，還沒有人得出這個結論，唯物論仍然占據最高地位。

現在這個時代的情況是，關於質料、空間、時間和能量的說法十分複雜，而舊的正統假設的簡單穩定性，已經蕩然無存。顯然，它們不會保持牛頓遺留下來的那種形式，也不會保持麥克斯韋遺留下來的那種形式。它們必須被重新組織。今日思想上出現的新形勢，是因爲科學理論超越了常識而引起的。十八世紀所繼承的，是有組織常識的勝利。[1]它已經拋棄了中世紀的幻想和笛卡兒的漩渦說。其結果是發展出從宗教改革時期，歷史叛逆中所產生的反理性主義潮流。這種看法的基礎，就在一般人肉眼可見，或者低倍顯微鏡所能看到的東西上。它將需要測量的明顯事物加以測量，將需要概括的明顯事物加以概括。舉例來說，它概括重量和體積的一般觀念。十八世紀開始的沉穩信心，認爲無據胡說已被排除了。今天，我們卻走到了思想的另一個極端。天曉得今天看起來還是無意義的事，明天會不會被證明是正確的。我們其實是在重複十九世紀早期的某些情況，只不過是想像力的水準更高而已。

我們的想像力水準更高，並不是因爲我們有著精巧的構想，而是因爲我們擁有更好的儀器。在科學上，過去四十年發生最爲重要的事情，便是儀器設計的進展。這種進步有一部分應歸因於少數的天才，如邁克生（Michelson）和德國的光學專家。同時也應歸因於製造業，尤其是冶金領域技術過程的進步。設計者現在可以掌握大量不同物理特性的材料。因此，他能靠著他所取得的材料，並將這些材料在容許極限內，打磨成他所希望的形狀。這些儀器已經將思想帶入一個新的高度。一種新的儀器就如同一次國外旅行；它顯出事物的新奇組合。收穫不僅是添加了一些東西，而是引起一種轉變。實驗方面精巧設計的進展，也許歸因於更大部分的國家能力，流向了科學事務。不管原因如何，精緻而巧妙的實驗，在上一代人中層出不窮。結果在自然領域中，累積了大量的資訊，這些自然領域遠離人類日常經驗。

有兩個著名的實驗，一個是伽利略在科學運動開始時做的，另一個則是邁克生利用他著名的干涉儀，在一八八一年首次做，接著在一八八七年和一九〇五年兩度重複做的。這兩個實驗都說明了我的主張。伽利略從比薩斜塔的頂部丟下兩個重物，證明了不同重量的物體，只要被同時丟下，將會同時著地。就實驗的技術和儀器的精密程度而言，這個實驗可在先前五千年的任何時間做。這個只包含了重量和落下的速度，這在日常生活中非常熟悉。這一整套想法，也許對於克里特國王米諾斯（King Minos of Crete）王室來說，非常熟悉，當他們從海岸邊高高的城垛裡，將小圓石扔向大海時，就可能知道這一套想法了。科學是從組織日常經驗開始的，這一點非常值得注意。只有這樣，它才會欣然地與歷史性反動的反理性主義偏見結合起來。它不追求終極的意義，只是將其自身限制在探討那些明顯發生規律的關聯上。

邁克生的實驗就不可能在更早的時期做出來。它需要技術上的普通進步，和邁克生本身在實驗上的天才。它考慮的是地球在乙太中運動的決定性，以及假設光是由波組成的，這種振動的波在乙太中，以一種固定的速度向四面八方傳播。當然，地球也在乙太中運動，邁克生的儀器則隨著地球而運動。在儀器的中心有一道光被分開了，以至於其中的一半沿著儀器的方向，走了一段給定的距離後，再由儀器上的鏡子反射回中心。另一半則與前一半成直角地穿過儀器，走了同樣一段距離後，也被反射回中心。然後，這些重新組合的光線，被反射到儀器的螢幕上。如果事先採取了措施，那麼你就會看到干涉帶，也就是黑色的線。這是由於兩道半條光電射到螢幕上某一部分時，路徑的長度發生了小小的差別，因此一道光的波峰塡充了另一道光的波谷。這種路徑上的差別，將會受到地球運動的影響。因爲最後是乙太中路徑的長度作數，因此，既然儀器是隨著地球運動，一般光線的路徑將會被地球運動所影響，而受到干擾，這與另外一半光線不同。設想自己在火車車廂裡行走，先沿著火車、接著穿越火車，各走一截，並且在鐵軌上將你的路徑記錄下來，在這個比喻中，鐵軌就相當於乙太。現在地球的運動對於光來說，太過於遲緩。因此，在這個比喻中，必須設想火車幾乎停滯下來了，但是你卻移動得非常迅速。

在實驗中，地球運動的效應會影響到干涉帶在螢幕上的位置。如果你把儀器轉動一個直角，地球運動在這條兩道半光的效應，將會交換，干涉帶的位置也會移動。我們可以計算出這個由於地球圍繞太陽公轉而產生的微小移動。也由於這個效應，我們必須加上太陽通過乙太運動所產生的效應。儀器的精密可以被測量，而且也可以證明這些移動的效應，大到透過這些儀器可以觀察出來。現在的問題是，事實上什麼也觀察不到，如果你將儀器轉過來，那麼就不會產生任何移動了。

最後得出的結論是，不是地球在乙太中靜止，就是這個實驗解釋所賴以存在的基本原則出錯了。顯然在實驗中，我們與米諾斯國王的孩子們的想法和遊戲，距離得很遠。乙太、乙太波、干涉、地球通過乙太的運動、邁克生的干涉儀等理念，與我們一般的經驗相去甚遠。儘管它們距離遙遠，但是比起廣爲接受的、對這個實驗無用結果的解釋，還是要簡單和顯著得多。

這個解釋的根據在於，科學中所運用的空間和時間的理念，太過於簡單化了，必須加以修正。這種結論是對常識的直接挑戰，因爲早期的科學，只是在一般人的一般想法上，加以精煉而已。除非能得到其他許多觀察的支援，這些在此我們不需要細談，如此一個激進觀念的重組，將不會被人接受。某種形式的相對論看上去，是解釋許多事實的最簡單方式，否則這些事實的每一個，都需要一些特別的解釋。因此，相對論並不僅僅有賴於其本身起源的實驗。

這些解釋的中心思想是，每一個儀器（例如實驗中所運用的邁克生的儀器），必然地會記錄光速相對於儀器具有同一特定的數值。我的意思是，彗星上的干涉儀和地球上的干涉儀，都會記錄出結果，說明光速相對於這兩種儀器來說，具有同一個數值。這顯然是充滿矛盾的，因為光會以一個特定的速度穿越乙太。因此，兩個物體（例如地球和彗星），以不同的速度通過乙太，那麼可能可以預計它們相對於光來說，也具有不同的速度。舉個例子，假定兩輛汽車在路上行駛，分別以每小時十英里和二十英里的速度前行。同時另一輛車以每小時五十英里的速度從它們身旁駛過。那麼這輛最快的車，將以每小時四十英里的相對速度駛過其中一輛，以每小時三十英里的相對速度駛過其中另外一輛。這種情形運用到光上就是，如果我們用一束光替換那輛最快的車，那麼這束光沿著道路的速度，就會和它相對於其超越另外兩輛車的速度相同。光速極快，每秒鐘大約三十萬公里。我們必須對空間和時間具有某些觀念，以使得速度具有某些這種特殊的性質。由此，我們對於先對速度的所有觀念，必須改變。但這些觀念是關於空間和時間的習慣觀念的直接產物，所以還是回到原先的那個論點上，在當前對於空間和時間的說明中，我們忽略了某些東西。

現在我們習慣的基本假設是，空間和時間都具有一種獨特的意義。以至於對於地球上的儀器而言，空間關係被賦予了什麼意義，那麼對於彗星上和在乙太中靜止的儀器而言，也必須賦予同樣的意義。在相對論中，這一點被否定了。就空間而言，如果你想一想相對運動的明顯事實，就不難同意這一說法。但是基本如此，意義的變化也比常識所認定的程度深刻得多。同樣的要求也對時間提出了。因此，計算事件的相對排名和事件間的時間間隔時，將會隨著地球上的儀器，彗星上的儀器與乙太中靜止的儀器的差異，而有所不同。這對於我們容易輕信的頭腦而言，是一個更大的壓力。我們不必繼續深究，只需得出結論就好：對於地球和彗星而言，由於它們呈現出的條件不同，所以空間性和時間性對於它們來說，就有了不同的意義；因此，速度對於兩者來說，也具有不同的意義。因而，現代科學的假定是，如果一個事物因參照一個空間和時間的意義，而具有光速，那麼對於其他空間與時間的意義而言，也有相同的速度。

這對於古典科學唯物論而言，是一個沉重的打擊，即預設了一個確定的現前刹那，其中一切物質同時都是眞實的。在現代理論中，並沒有這樣一個獨特的現前刹那。你能在整個自然為現前刹那的這一觀念找到意義，但是對於不同的時間性觀念來說，就有不同的意義。

有一種趨勢，喜歡將這種新理論賦予極端主觀主義的解釋，認爲空間和時間的相對性被解讀爲有賴於觀察者的選擇。其實如果有助於解釋，那麼引進觀察者便是完全正當的。但是我們所需要的是觀察者的身體，而不是他的心靈。甚至他的身體，也只是被用來作爲一個非常常見的儀器。整體來說，我們最好將注意力集中於邁克生的干涉儀上，而不考慮邁克生的身體和心靈。問題是，爲什麼干涉儀會在螢幕上有黑帶，又是爲什麼當儀器轉動時，這些黑帶並不輕微移動。新相對論將空間和時間密切地連接起來了；其預設空間和時間在具體事實上的分割，可以透過不同抽象的形態來達成，同時也得出不同的意義。但是每一種抽象的形態，都是將注意力引導向自然中的某種東西，將其分離出來，以便於思考。與實驗有關的事實，正是與干涉儀有關的，許多在自然實有之間的一種時空關係系統。

我們現在要求哲學對於空間和時間在自然中的地位，給我們一個解釋，以便保留各種不同意義的可能性。本講演並不適合詳述細節；但是仍然不難指出到哪去找空間和時間區分的起源。我預設的是自然機體論，之前我已將其概述爲徹底客觀主義的基礎。

事件就是將面向模式攝入的統一體。一個事件在其本身之外的有效性，在於它的面向參與形成其他事件的攝入統一體。如果被反映的模式，只是附屬於作爲一個整體的事件，那麼除了幾何形狀的系統層面之外，這種有效性是微不足道的。如果模式在連續事件的各部分維持下來，並且在整體中顯示出自己，以至於事件成爲模式的生命史，那麼，事件便由於這持久模式，獲得了外在的有效性。因爲其本身的有效性，被連續部分的相似面向強化了。事件組成一種模式化的價值，具有本身各部分內在的持久性。正是由於這種內在的持久性，該事件對於環境的修正才顯得重要。

正是這種模式的持久性，使得時間與空間區別開來。這種模式在空間上表現爲現在，並且這種時間上的決定，構成了它對各部分事件的關係。因爲它在自身生命過程的空間部分的時間連續上，被再造出來。我的意思是：時間次序的這種特殊規則，允許模式在其歷史的每一個時間片段再造出來。也就是說，每一個持久客體在自然中發現，並要求自然給予一個原則，將空間和時間區分開來。除開持久模式的事實，這個原則也許存在，但是卻是潛在而又微不足道的。因此，空間對於時間的重要性，以及時間相對於空間的重要性，在持久機體的發展中得到了發展。持久客體就空間與時間在事件成分的模式上分化，反過來說，空間在事件成分模式上與時間的分化，表達了事件對持久客體的「群體容受性」（the patience of community）。群體沒有某些客體可以存在，但是沒有對它們具有特殊耐性的群體，持久客體就不可能存在。

這一點絕對不能被誤解。持久意味著，一個模式若呈現在一個事件的攝入中，那麼也會展現在該事件依規則區分的各部分的攝入中。整個事件的任一部分，將和整體一樣，產生出同樣的模式，這肯定不是眞的。舉個例子，不妨考慮人體在一分鐘的生命過程中，所表現出的整個身體模式。一大拇指在這分鐘內，必然是整個身體事件的一部分。但是這個部分的模式，僅僅是大拇指的模式，而不是整個身體的模式。因此，持久性要求一個確切的規則，來取得各部分。在上述例子中，我們能立即看出這個規則是什麼。在這一分鐘的任一部分，比如一秒鐘或者十分之一秒，都必須從整個身體的生命上著眼。換言之，持久的意義在於預設了時空連續中一段時間的意義。

現在一個問題產生了，是否所有持久客體將空間區分於時間時，都依有同一個原則？或者說，是否一個客體在其生命史中的不同階段，在時空區分時，可能存在不同？直到幾年前，人們還毫不猶豫的以爲，能被找到的，只有一個這樣的原則。因此，從時間相對於某一客體的持久性來看，就將與相對於另一客體的持久性，具有同一意義。緊接著，空間關係就會只具有一種意義。但是現在看上去：客體能被觀察到的有效性，只能這樣解釋，這種解釋假定，相對運動狀態中的客體，在其持久性上所運用的空間和時間的意義，是隨著客體而不同的。每一個持久客體都被認爲停留在其自身專屬的空間之中，它在運動中所通過的任何空間，都不是其特殊持久性所固有的。如果兩個客體相互之間是靜止關係，那麼爲了表達其持久性，它們使用的空間和時間是同一個意義；如果是在相對運動中，則空間和時間即不相同。因此，如果我們能看到一個物體，在其生命史的某一個階段，相對於其生命史的另一個階段運動時，那麼這個物體在兩個階段使用了空間的不同意義，相應地也使用了時間的不同意義。

在機體論的自然哲學中，沒法在時間區分獨特性的舊假說，和時間區分多樣性的新假說之間，作出決定。這純粹是從觀察中取得證據的問題。[2]

在前面一章中，我提到一個事件，有著與它同時發生的其他事件。這是一個有趣的問題：在這種新的假說下，是否可以不限定某一特定時空系統，而繼續這麼說呢？在某一時間系統或者兩個事件同時發生的情形下，這是可能的。在另一時間系統中，儘管同時發生的事件可能部分重合，但卻不是同時的。類似的，如果在每一時間系統下，某一事件處於另一事件之前，那麼它就可以無條件地處在前面。顯而易見的是，如果我們從一個給定的事件A開始，其他事件一般情況下，就將分成兩類：一類無條件的與A同時，另一類不是在A之前，就是在A之後。但是此外還有一類，就是將這兩類連接起來的事件。這裡我們有一個臨界的案例。你們還記得我們有一個臨界速度，必須要說明，即光在眞空中的理論速度。[3]你們也會記得不同時空系統的運用，意味著客體的相對運動。當我們分析了某一套事件，對於任何給定事件A的臨界關係時，就找到了我們所需要臨界速度的解釋。且不詳言細節。顯然精確的陳述需要加入點、線和刹那才行。幾何學的起源需要討論；例如，長度的測量、線條的垂直、平面的平坦，以及垂直度等。這些已經在我先前關於廣延抽象理論的著作中論及了；但是在當前它們太過於技術了。

如果距離的幾何關係，沒一個有確定的意義，顯然萬有引力定律需要重新說明。因爲表達這一定律的公式是，兩個微粒之間的引力，等於其質量的乘積乘以其距離平方的倒數。這一說法其實默默地假設了當引力被考察的那一刹那，具有確定的意義，其距離也具有確定的意義。但是距離只是一個純粹的空間觀念，以至於在新的學說中，將根據所採取的時空系統，而有各種不同的意義。如果兩個微粒是相對靜止的，那麼我們可以滿足兩者都使用的時空系統。不幸的是，當它們並不是彼此靜止的時候，這個說法就沒有給出應採取什麼步驟。因此，這一定律有必要重新制定，以便使得它不預設任何特殊的時空系統。愛因斯坦做到了這一點。自然這結果也變得更爲複雜。他將純數學中的某些方法，引入數學物理之中，使得公式可以獨立於任何特殊測量系統。新的公式引入了很多牛頓定律所沒有的各種小效應。但是從主要的效應上看，牛頓定律和愛因斯坦定律是一致的。如今愛因斯坦定律被用於解釋水星軌道的不規則，而這是牛頓定律所不能解釋的。這是對新理論強有力的確認。奇怪的是，根據多種時空系統的理論，存在不止一個既能包含牛頓定律，又能解釋水星運動特質的公式。在它們之間進行選擇的唯一方法，必須等到各公式發生差異的那些效應，得到實驗證據之後，才能決定。自然可能完全漠不關心數學家的審美偏好。

仍需說明的一點是，愛因斯坦可能會拒絕剛剛我所詳細介紹的多種時空系統。爲了解說他的公式，他使用了時空扭曲（contortions of space-time），改變度量性質不變的理論，以及每一歷史路徑都有專屬時間的說法。他的敘述方式更具有數學簡潔性，並且只允許一種引力定律，排除了其他選擇。但是，就我而言，我仍無法將其與同時性的經驗事實，及其空間排列相協調。此外，還有其他更爲抽象特性的困難。

我們現在知道事件之間關係的理論，首先建立在一種學說之上，這種學說認爲事件的關聯性（relatedness），完全是內在關係（internal relations），儘管在其他關聯者（relata）不必然如此。舉個例子，其中牽涉的永恆客體，便只和事件具有外在關聯（external relatedness）。爲何一個事件只能在其本身所在的地方找到，並且出現它本身所出現的情況，內在關係性給出了理由。也就是說，它處於一套確切的關係之中。因爲每一個關係，都進入到事件的本質裡，以至於離開了這個關係，事件將不能成爲其本身。內在關係的理念，正是這種意思。通常普遍認爲，時空關係是外在的。這種學說在此遭到了否定。

內在關係性的概念，包含了將一個事件分成兩個因素的分析。一個是個體化的背後實體活動，另一個是面向的複合體——也就是說，進入到給定事件本質中的關係性複合體——這個面向的複合體，透過個體化活動進行了統一。換言之，內在關係的概念要求將實體的概念，作爲綜合關係進入其突現特質中的活動。事件之所以是事件，因爲它把各種關係綜合到本身中去了。這些相互關係的一般系統，是一個抽象作用，其預設每一個事件爲一個獨立的實有，但事實上並非如此，然後再問這些構成關係，還有哪些剩餘的部分，假借著外在關係，存留了下來。這種全面表現的關係架構，變成了事件複合體的架構，這其中有些是整體與部分的關係，有些是部分在一個整體中連接起來的關係。即使如此，內在關係還是迫使其自身停留在我們的注意力中，因爲部分顯然是全體的組成要素。同時，一個孤立的事件，一旦在事件複合體中失去了它的位置，就等於被事件的本質所排斥掉了。因此整體對於各部分，具有組成的作用。也因關係的內在特性，確實透過抽象外在關係的全面架構展現了出來。

但是，廣延而又可分的實際宇宙的展示，拋開了空間和時間之間的區別。事實上也拋開了實現的過程，那是各種事件藉以成爲綜合活動的調整。因此，這個調整便是背後活動實體的調整，這些實體由於這種調整而展現出個體化，或者展現出斯賓諾莎唯一實體的模態。這個調整同時也引入了時間歷程。

因此，在某種意義上，「時間」在綜合實現歷程的調整特性上，是超越了自然的時空連續範圍的。[4]在這個意義上，時間歷程並不必然是由一條直線式的連續歷程所構成。因此，爲了滿足當前科學假說的需要，我們將引入一個形上學的假說，說明時間不是這麼構成的。我們根據直接觀察假定，實現的時間歷程可以被分析爲一群線性連續的歷程，每一個這種線性連續的歷程，都是一個時空系統。爲了支持這種確定連續歷程的假定，我們訴諸：(1)在我們之外且與我們同時存在的廣袤宇宙，透過感覺的直接呈現；(2)感性認知領域之外有對於立即直接發生的理智理解；(3)涉及突現客體持久性的分析。客體持久性涉及了現前實現模式的展示。這種展示是事件固有模式的展示，同時也是將自然的時間片段，借爲永恆客體面向的展現。或者相當於說，是永恆客體使事件獲得面向。這種模式一進入事件的本質之中，就成就了事件在整個時間延續中空間化了。這事件是時間持久延續的一部分，即本身固有面向所展現出來其中的一部分。反過來說，持久是與事件同時發生的整個自然，這裡的同時是在上述意義下的同時。因此，一個事件在實現其自身時，展現出一個模式，這個模式要求一個確切的持久，而這一持久又是由有確定意義的同時性所決定的。這種同時性的每一種意義，都將如此表現的模式和一確定的時空系統關聯起來。時空系統的實現性是由模式的實現構成的；但是它固有地存在於事件的一般系統中，構成它對實現時間歷程的受容性。

值得注意的是，模式要求持久，涉及一個確定長度的時間，而不僅僅是一個瞬間。這種瞬間是更爲抽象的，因爲它只指示具體事件之間的某種連接關係。因此，持久就空間化了；「空間化」意味著持久是被實現的模式、構成事件特性的場域。一個持久作爲其本身所包含的某一事件實現時，所實際化的模式之場域，便是一個時期（epoch），也就是停滯（an arrest）。持久則是模式在一系列事件中的重現。因此，持久要求前繼後續的延續，每一個持久各自展現其模式。由於這緣故，「時間」就從「廣延」和「可分性」中分離出來了，其中可分性產生於廣延的時空特質。因此，我們定不能可將時間看成廣延性的另一種形式。時間是純粹時期持久（epochal durations）的連續。但是由此而來前繼後續的實有，則是持久。持久就是給定事件中，模式得以實現所需要的。因此，可分性和廣延性都存在於某一給定的持久中。時期性持久不是透過連續的、可分的各部分實現，而是已給予了各部分的。在這種方式下，芝諾（Zeno）可能會對康德的《純粹理性批判》（*Critique of Pure Reason*）中的兩段文字連起來的有效性所提出的反對，以拋棄前一段來解決。我談到的這兩段文字，都來自「直觀的公理」（of the Axioms of Intuition）這節中，前面一段來自「廣延的量」（Extensive Quantity），後一段來自「強度的量」（Intensive Quantity）。後一小節總結了有關廣延的和強度的量的考慮，第一段的原文如下：

我把各個部分的表象在其中、使整體的表象成爲可能（因而必然先行於整體的表象）的那種量，稱爲一種廣延的量。一條線，無論它怎樣短，如果不在思想中劃出它，也就是說，不從一個點產生出所有的部分，並由此記錄下這一直觀，我就不能表象它。任何時間，哪怕是極爲短促，也都同樣是這種情況。在其中，我的思維只是從一個瞬間到另一個瞬間的相繼進展，由此通過所有的時間部分增加到最終，產生出一個確定的時間量。

第二段是：

就量而言，沒有任何部分是最小可能的部分（沒有一個部分是不可分的），這種屬性就叫做量的連續性。空間和時間是量的連續，因爲不將它們的部分包圍在界限（點和瞬間）之間，它們的任何部分都不能被給予，即它本身又是一個空間或者時間。因此，空間只能由眾多空間構成，時間只能由眾多時間構成。點和瞬間只是界限，也就是說，只是位置的限制的；而位置在任何時候，總是預設了它們應當受限制或決定的那些直觀，只是位置或部份，即在空間或者時間之前，就可能被給予的，永不能合成空間或時間。[5]

如果「時間和空間」是廣延性的連續，我就完全同意第二段引文，但這種與康德先前的說法不一致。因爲芝諾或反對說這樣，涉及了一個無止境的循環論證。每一部分的時間包含著其更小的部分，如此不斷循環往復下去。這一系列的往復，最終將會追溯到無；因爲開始的時刻（moment），是沒有持久的，且只標記著與更早時間的連接關係。因此，時間是不可能的，如果兩段文字都被接受的話。我接受第二段，拋棄第一段。實現就是時間在廣延領域內的生成。廣延是事件的複合，作爲它們的潛能而存在。在實現過程中，潛能變成了現實。但是潛在的模式需要持久，且持久必須透過模式以實現，展現爲一個時期的總合。因此，時間就是可分的和連接的元素其自身的前繼後續。持久暫時性生成變化時，就引起某種持久客體的實現。時間化就是實現。時間化並不是另一種連續歷程。它是一種原子性的前繼後續。因此，時間是原子性的（即時期的），儘管時間化了的是可分的。這學說是從事件的學說和持久客體的本質而來。在下一章中，我們將探討它與科學界最新出現量子理論的關係。

值得注意的是，時間的時期性特質，並不依賴於現代相對論學說。如果拋開相對論學說，它同樣成立，甚至還更爲簡潔。它眞正依賴的是事件內在特質的分析，此時時間被看作是最具體的有限實有。

回顧這段論述，首先值得注意的是作爲其依據的康德的第二段引文，並不依靠任何康德的特別學說。第二段引文是與柏拉圖相符合，而反對亞里斯多德的。[6]其次，這段論述假定了芝諾了解自己的論證。他應該反對現在關於時間的流行觀念，而不是反對運動，那涉及時間和空間之間的關係。因爲，一切生成的都有持久性。但是沒有延久能生成，直到其本身部分的更小的持久，已經先行存在（根據康德的前一種說法）。同樣的論證也能應用於這些更小的持久之中，如此下去。同時，這些持久的無限往復的歷程，歸集於無——甚至符合亞里斯多德的觀點，認爲第一瞬間並不存在（there is no first moment）。因此，時間將成爲非理性的理念了。第三，時期說解決了芝諾的困難，其將時間化看作完整機體的實現。這機體的本質就是在整個時空連續體（space-time continuum）的時空關係（自身之內和自身之外）的事件。

註文

【1】譯者注：原文爲「a triumph of organised common sense」。

【2】參見拙作：《自然知識原理》，第52:3節。

【3】不是光在重力場或者在分子和電子的介質中的速度。

【4】參看拙作：《自然的概念》(*Concept of Nature*)，第三章。

【5】引文參見《純粹理性批判》，李秋零譯，中國人民大學出版社，二〇〇四年：p.179, p.184。

【6】參看T.L.希斯（Heath）著《希臘人中的歐幾里德》（*Euclid in Greek*）一書中關於「點」的注解，劍橋版。

第八章　量子論

「相對論」引起人們的極大關注。它雖十分重要，但卻不是近來主要引起物理學界興趣的論題。這個地位無疑地被「量子論」占據了。這個理論有趣的地方在於，根據這種說法，某些可以漸增漸減的效應，實際上都是以一些明確的跳躍方式增減的。這好像是說，你能每小時走三英里或四英里，但卻不能走三英里半。

上述效應牽涉到分子受到碰撞時，被激發的發光現象。光是由電磁場中的振動波組成的。當一個完整的波經過既定的一點時，那一點上的一切東西便又恢復了原狀，準備接受隨之而來的下一波。你設想一下大海裡的波，數一數一個接著一個的波峰。在一秒鐘之內通過既定一點的波的數量，就是這一波動系統的頻率。具有確定頻率的光波系統，就相當於光譜中的一定顏色。當一個分子被激發時，便以幾種確定的頻率振動。換句話說，分子振動有一套確定的方式，而每一個方式都有一個確定的頻率。每一種振動方式，都能在電磁場中，激起與它本身頻率相同的波。這些波帶走了振動的能量；所以，當這些波形成之後，分子也就失去了激發的能量，隨著波就停止了。因此，分子可以輻射出具有一些確定顏色的光，也就是說，可以輻射出具有確定頻率的光。

你們也許會認爲，每種振動方式都可以被激發到任何強度；因之，這種頻率的光便可以帶走任何量的能量。但事實並非如此。似乎有一種最小的能量，是不能被再分的。這情形好比下列情形：一個美國人用美金付款時，無法把一分錢再分成更小的單位，來支付他所獲得最小分量的貨物。一分錢就相當於最小量的光能，獲得的貨物就相當於激發原因的能量。

這種激發原因，若不是強到能得到一分錢能量的發射，就是根本得不到任何能量的發射。在任何情況下，分子都只能發射整個一分錢的能量。我們可以用一個英國人來解釋一個更深層級的特徵。這個英國人用英國貨幣來付款，他使用的最小單位是便士，便士的價值與一分錢是不同的。非常粗略地估計，一便士相當於半分錢左右。在分子中，不同的振動方式具有不同的頻率。我們不妨把每一種方式都比作一個國家。將一種方式比作美國，將另一種比作英國。有一種方式只能輻射整個一分錢的能量，故而一分錢的能量，便是它所能付出的最小量；另一種方式只能輻射整便士的能量，故而一便士的能量，便是它所能付出的最小量。此外，我們也可以找出一個法則，來計算一種方式中的一分錢的能量，與另一種方式中的一便士的能量的相對價值。這一法則簡單得連小孩都能明白：每個最小錢幣的能量所具有的價值，與該方式的頻率嚴格地成比例。根據這一法則來比較便士與一分錢，一個美國人的頻率約將為一個英國人之頻率的兩倍。換句話說，一個美國人在一秒鐘之內所做的工作，約為一個英國人的兩倍。這是否與兩國人的美好性格對應，就留給大家來判斷了。我還要提出一點，太陽光譜的兩端，都被認為有一定作用。有時人們需要紅光，有時則需要紫光。

我希望量子論關於分子的敘述，是不難理解的。迷亂的情形是把這個理論，硬套到科學上、關於原子與分子內部情形的一般描述所引起的。

唯物論的基礎是：自然中所發生的，應當用物質的地移（locomotion）來解釋。根據這一原理，光波要用物質性的乙太地移來解釋，而分子的內部情況，則必須用分離物質所組成部分的地移來解釋。關於光波方面，物質性的乙太已經退到一個不確定的背景地位了，並極少被談及。但這一原理被應用到原子上時，從未被懷疑過。例如，一個中性的氫原子被認爲至少是由兩團物質組成的；一團是由正電的物質所組成的原子核，另一團是一個單個的電子，它是負電。有跡象表明：原子核的結構是複雜的，可以再分爲更小的物質團——有些是正電物質團，有些是電子物質團。這個假設的意思是：原子中不論發生什麼振動，都應歸結到可以從某一小片物質振動式的地移。根據這種假說，量子論的困難就在於：我們必須把原子描繪成具有有限數目確定性的凹槽，這些凹槽是振動發生的唯一軌道；然而，古典科學的描述卻沒有這些凹槽。量子論所要求的是路線有限的有軌電車，而科學的描述卻只能提供在原野裡奔馳的馬。其結果是物理學上的原子理論，很像哥白尼以前的天文學中的附隨圓（epicircles）。

根據自然的機體論，有兩種完全不同的振動。一種是振動式的地移，一種是振動式的機體變形（organic deformation）；這兩種變化的條件在性質上是不同的。換句話說，一種是整個模式振動式的地移，另一種是振動式的模式變化。

機體論中的完整機體，對應於唯物論中的質點。存在一種原始的種屬（primary genus），它包含若干種機體。每個屬於原始種屬中的類（species）所包含的原始機體，都不可分解爲次級的機體。我將這原始種的機體稱爲原生者（primate）。可能存在許多不同種的原生者。

我們必須記住現在談論的是物理學的抽象概念。所以不會思及源自於具體面向攝入模式的原生者是什麼；也不會思考就它被攝入的具體面向而言，它與被攝入之環境的關係是什麼。我們正在思考這些不同的面向，僅僅就它們對模式和地移的影響，能夠用時─空關係來表達的部分。因此，用物理學的語言來說，一個原生者的面向，只是它對電磁場的貢獻。實際上，這正是我們所知道關於電子與質子的一切。對我們說來，一個電子僅是其環境中面向的模式，那些面向與電磁場相關。

現在討論相對論的時候，我們可以看出，兩個原生者的相對運動，僅意味著它們的機體模式正在利用不同的時─空系統。假如兩個原生者不繼續處於相對靜止中，或不繼續作相對的同一運動，那麼它們當中至少有一個，正在改變其內在的時─空系統。運動定律所說明的是影響這些時─空系統的條件。振動式地移的條件，便是以這種普遍的運動定律爲基礎的。

但是，有幾類的原生者在導致時─空系統改變的條件下，常常發生分裂。這些「類」將僅僅經歷長期的持久性，如果它們成功地形成了不同「類」原生者間的有利結合，以至於在這種聯合中分裂的趨勢裡，被聯結的環境所中和。我們可以設想，原子核是由大量不同「類」的原生者組成的，其中有些原生者屬於同一「類」，整個結合便有利於穩定。帶正電的原子核和帶負電的電子組成中性的原子，便是這種結合的例子。中性的原子像這樣就隔絕了電場。在其他情形下，電場會引起原子時—空系統的變化。

物理學的要求，提供了一個與機體哲學非常合拍的觀念。這裡我提問說：持久性的機體論，是不是受到唯物論的污染？只要它毫無疑問地認為，持久性必然意味著有關生命史中，始終無別的相同性呢？也許你會注意到：前一章中把「重複」（reitieration）當成「持久性」（eudurance）的同義語使用。顯然，這兩個字的含義並不完全相同；現在我要指出，重現與持久性發生區別的地方，正是重複更接近機體論所要求的地方。這種差別正好相當於伽利略派人物和亞里斯多德派人物之間的區別：亞里斯多德說「靜止」的地方，伽利略正好加上「或者是直線等速運動」。因此在機體論中，模式不一定要在時間過程中，維持無別的相同性。模式可能在本質上是一個審美的對照，需要一段時間來展示自己。音調就是這樣一種模式。因此，模式的持久，便意味著對照的連續重複。這顯然是機體論中最普通的持續理念，「重複」也可能是最直接地表達它的詞。但是，當我們把這個理念轉化為物理學的抽象理念時，它立刻就變成了關於「振動」的專門理念。這種振動不是振動式的地移：它是振動式的機體形變。近代物理學指示，我們需要振動實有，來解釋以物理界域為基礎的微粒機體的作用。這種微粒，就是從原子核中被排斥出來時，所看到的那種微粒，排出後就化為光波。我們也許會猜想，這樣一個微粒單獨存在時，它的持久性是不穩定的。因此，一個不利的環境，使它固有的時—空系統，發生了迅速的變化，換句話說，這種環境把它衝擊得具有猛烈的加速度，使它分裂並化為相同振動週期的光波。

一個質子（或許一個電子），都可能是這種原生者互相疊加的組合。當這種原生者被衝擊得具有地移的加速度時，其頻率與空間維度就能提高有機複合體的穩定。穩定的條件將使質子可能具有週期性的結合。對原生者的排斥來自一個衝擊力，這個衝擊力使得質子不是變成其他種組合，就是在其所獲得能量的幫助下，產生一種新的原生者。

一個原生者的振動式機體形變，必然具有確定的頻率，故而在分裂時，就能分解爲相同頻率的光波。然後，這些光波將其平均能量全部攜走。作爲一個特殊假說，不難想像出具有確定頻率電磁場的駐波振動。這種駐波圍繞著一個中心往復輻射。根據公認的電磁定律，這個中心是由滿足某一套條件的振動球狀核，和滿足另一套條件的振動外在場域所構成。這就是機體振動形變的例子。根據這一特殊假說，進一步來說，有兩種決定輔助條件的方式，可以滿足數理物理學的一般要求。根據其中的一種方式，全部的能量便可以滿足量子條件；因此，它便包含著整數的單位或一分錢，而原生者的每一分錢的能量，則與其頻率呈正比。我還沒有把穩定性或穩定結合的條件描述出來。我提到這個特殊假說時，只是舉例說明，自然機體論使我們有可能重新考慮基本的物理定律，而與此相反的唯物論則不能如此。

在這種振動原生者的特殊假說中，麥克斯韋方程式應該適用於所有空間，包括一個質子的內部。這些方程式表達出在振動方式下，產生和吸收能量的定律。每個原生者所經過的全部過程，都產生某種本身所特有的、與其品質成比例的平均能量。事實上，能量就是質量。原生者的內外都有振動的輻射能量流。原生者之內，電的密度作振動式的分布。根據唯物論，這種密度就標誌著物質的存在。但根據機體振動論，這種密度則標誌著能量在振動的方式下產生。這種產生方式，只限於原生者的內部。

所有的科學都必須對其所研究的事實，做最後的分析，並將關於這種最後分析的假定，作爲出發點。這些假定由於符合我們直接看到的各種形式的發生，因而被部分地證明；也由於它能不用特殊假設，而用一定程度的普遍性，來表示被觀察到的事物，而被部分地證明。上述原生者振動的一般理論，只是作爲機體理論開放給自然科學何種可能的一個例子。關鍵是，除了增加單純的地移可能之外，這一理論還增加了機體形變的可能。光波就是機體形變的重要例證。

任何世紀的科學假說，當它們表現出附隨圓狀態的症候時，都將站不住腳，天文學在十六世紀時，因此被解救出來。現在，物理學正表示出這樣的症候。爲了重新考慮其基礎，就必須回到關於眞實事物性質的更具體觀點上，必須把它的基本理念，看作從這立即直覺中得出的抽象概念。物理學正是以這種方式，來探討修正的一般可能性。

量子論所提出的不連續性，要求修改物理概念，以便配合這些不連續性。尤其是，我們需要一種解釋不連續性的理論。我們所要求於這樣一個理論的是：一個電子的軌道，可以被看作一系列分離的位置，而不是一條連續的線。

上述的原生者或振動模式的理論，加上前一章所說的時間性（temporality）與廣延性（extensiveness）之區別，剛好得到這個結論。大家將會記得：事件複合體的連續性，來自廣延性的關係；然而，時間性則來自一個模式在主體事件（sabject-event）中的實現。這個模式的展現，需要將整個持久歷程，以事件中面向所賦予的方式空間化（即停滯）。因此，實現便是以一系列時期性的持久來進行；而持久的轉變（即機體形變）則已在持久內實現了。振動式的機體形變，實際上就是模式的重複。一整段的時間，就是完整模式所需要的持久。因此，原生者便是原子式地在一連串持久中實現的，每一個持久即從一個端到另一端的度量。因此，當原生者被作爲一個完整的持久實有來看時，便將連續地分配在這些持久上。如果把它當作一個東西，它的軌道便完全由一系列分離的小點展現出來。因此，原生者的地移，在時間與空間中是不連續的。如果深入到時間量子（即一系列原生者的振動週期）之下，我們就會發現一系列振動的電磁場，每一個電磁場在其本身延續的時—空之內，都是穩定的。每一個這樣的場（field）都表現出一個單獨的、完整的電磁振動週期，這種振動構成了一個原生者。這種振動不能被認爲是實在的實現；它只能被認爲是一個不連續的實現狀態中的原生者。同樣，相繼的各個持久——原生者在其中得以實現——是連接的；因此，原生者的生命史，可以表現爲發生在電磁場中的連續發展。但這種發生是占據一定時期的、整個原子聚合的實現。

沒有必要在這種意義上——所有的模式都必須在相同系列的持久中實現，理解時間的原子性。首先，縱使有兩個原生者的週期相同，實現的持久可能還是不同。換句話說，兩個原生者可能被淘汰（out of phase）。如果週期不同，那麼一個原生者的任何一個持久週期中的原子，就必然會被另一原生者的持久週期邊緣瞬間（boundary moments）所再分。

原生者的地移定律說明了在什麼條件下，原生者將改變其時—空系統。

我們不必繼續深究這個概念了。振動存在的概念的證明，必須是純粹實驗式的。這個例子說明了下面這一點：這兒所採取的宇宙觀與物理學方面所提出不連續性的要求，是完全符合的。如果我們認爲時間化是一系列時期性持久的實現，那麼芝諾的難題也就可以避免了。我們在這兒賦予這個概念的特殊形式，純粹是爲了說明問題的；在適用於實驗物理學的結果之前，必須加以重鑄。

第九章　科學與哲學

在這一章中，我想談談科學對現代幾個世紀中，哲學思潮的反應。這幾個世紀，正是我們討論的主題。我並不打算在一章中，將現代哲學的歷史壓縮地講完。我要著重的，只是科學與哲學在本書所討論的思想體系中的接觸。因此，我們將撇開整個德國唯心論思潮不談。因為就相互修正對方的概念而言，這種思潮與同一時期的科學間，並沒有有效的接觸。這個思潮起源於康德。康德的思想中充滿了牛頓的物理學，也充滿了偉大的法國物理學家如克萊羅（Clairaut）[1]等人——這些人發展了牛頓的物理學——的理論。然而，那些發展了康德學派思想，或者把康德學派思想變成黑格爾主義的哲學家們，不是缺乏康德的科學知識背景，就是缺乏康德那種成為偉大物理學家的潛力（如果哲學沒有占據康德的主要精力，他可能會成為一個偉大的物理學家）。

現代哲學的起源與科學的起源相似，而且它們是同時的。其發展的總趨勢是在十七世紀確定的，部分就是在那些建立科學原理的人手中確定的。從十五世紀開始的過渡時期剛過去起，目標就確定了。那時存在一種歐洲精神的總思潮，這種思潮中伴隨著宗教、科學和哲學思潮。簡單地說，這就是承繼中世紀思想的那些人，直接回復到希臘靈感的源泉。但這並不是希臘精神的復活。時代不是從死的東西中復活。使希臘文明獲得生命力的美學原理和理性原理，都披上了現代思想的新衣。在兩者之間還有其他宗教、法律系統、無政府狀態、種族傳統等，這些把活的和死的隔開了。

哲學對以上的不同，特別敏感。因爲你可以製作出一個古代雕像的複製品，但絕不可能製作出古代思想的複製品。思想與思想的複製品之間的關係，很像化妝舞會與實際生活之間的關係。人們對古代可能有所理解，但是古代和現代對於同一刺激的反應，卻是不同的。

就哲學這種特例而言，其色調的區別停留在表面上。現代哲學帶有主觀主義的色彩，以反對古人的客觀主義態度。在宗教上也可以看到同樣的變化。在基督教教會的早期歷史中，神學的興趣，主要集中在討論上帝的性質、道成肉身的意義，以及啓示錄對世界最後命運的預言。在宗教改革時期，教會由於信徒「赦免」（justification）問題的個人經驗，而發生了分裂。個別的經驗主體，代替了現實的全貌。路德問：「我如何被赦免？」現代的哲學家問：「我如何獲得知識？」這兩個問題的重點，都是經驗的主體。這種觀點上的轉變，是由基督教指導信徒團契的工作所造成的。因爲幾個世紀以來，它都堅持個人靈魂的無限價值。於是，除了人類物質欲望本能的自私觀念，它還爲理智見解上的自私觀念，附加了一種正當的本能感覺。每個人都是他自身價值的天然衛士。毋庸置疑，現代重視的方向，強調最高價值的眞理。例如，在實際生活領域中，它廢除了奴隸制，並在一般人思想中留下了基本人權的觀念。

笛卡兒在他的《方法論》（*Discourse on Method*）和《第一哲學沉思集》中，以最清晰的方式，揭示了日後影響現代哲學的一般概念。一個接受經驗的主體：在《方法論》中，這個主體總是以第一人稱的方式被提及——換句話說，就是笛卡兒自己。笛卡兒從自己爲精神開始，以其意識到自身所固有的感官與思想的表象，故而意識到了自身作爲一個統一的實有。接下來的哲學史，便圍繞著有關笛卡兒的主要論據發展。古代世界的立足點是整個宇宙戲劇，現代世界的立足點則是靈魂的內在戲劇。在《第一哲學沉思集》中，笛卡兒明確地把這種內在戲劇的存在，建築在錯誤的可能性之上。它可能與客觀事實沒有對應的關係，因此必然存在一個活動的靈魂，它的實在性只能從其自身導出。例如，他在《第一哲學沉思集》第二篇中說：「但是有人將對我說：這些呈象（presentations）是假的，我在做夢。就算是這樣吧！至少我看見了光，我聽見了聲音，感覺到了熱，這總是千眞萬確的吧！眞正來說，這就是在我心裡所謂知覺（perceiving, sentire）的東西，在正確的意義上，這就是在思維。從這裡我就開始比以前稍微更清楚明白地認識，我是什麼。」[2]他又在《第一哲學沉思集》第三篇中說：「就像我剛才說過的那樣，即使我所知覺和想像的事物，也許不是在我之外、而是在它們自己以內的，然而我確實知道，我稱之爲知覺和想像的，就其之爲意識的形態而言，一定存在於我心中。」[3]

中世紀和古代世界的客觀主義，傳入了科學。在那裡，自然被認爲是爲其自身的，有其自身的交互作用（mutual reactions）。最近在相對論的影響下，出現了走向主觀主義的趨勢。但是，除開近來的這種例外情況，在科學思想中，自然在制定其自身的規律時，毫不依賴個別的觀察者。然而，對待科學的新舊兩種態度，還是有這種不同。現代人的反理性主義，否定了所有將終極的科學概念，和從更具體觀察到全部實在中得到的概念，調和起來的任何嘗試。物質、空間、時間以及各種關於物質變形的規律，都被當成最後的冷酷的事實，無須再研究。

這種反對哲學的態度，對於科學和哲學兩者，都是十分不利的。在本章中，我們談的是哲學。哲學家是理性主義者。他們都試圖深入到固執且不可化約的事實的背後：他們希望用普遍原理，來解釋進入到變遷事物各種細節間的相互關涉。他們尋求這樣的原理以消除純粹的武斷，如此在假定或給定任何一部分事實之後，其他事實的存在，就會符合理性的某種要求。他們要求探討意義。用亨利・西格維克（Henry Sidgwick）的話來說：「哲學的主要目的，就是把理性思維的所有部分，完全地結合，並且清晰地聯繫起來。任何哲學只要對構成倫理課題的重要判斷與推理置之不問，就無法實現這一目的。」[4]於是，物理科學與社會科學對歷史懷有偏見，並拒絕在某種終極思想機制之下，合理地推理，就將哲學推出了現代生活的實效潮流。哲學喪失了其經常批判片面說法的作用。由於被科學排斥出了物質的客觀領域，哲學退回到了心靈的主觀領域。因此，十七世紀的思想發展過程，才與來自中世紀的、加強內涵的個人人格意識，結合起來。我們看到笛卡兒以他的哲學向他保證的終極心靈爲立足點，並追問終極心靈與他的科學所假定的終極物質（在《第一哲學沉思集》第二篇中所舉的例子是身體和一塊蠟）之間，有何關係。現在，既有亞倫的杖（Aaron's rod），又有術士的蛇；唯一的哲學問題就是：誰吞沒了誰；或者兩者快樂地生活在一起（正如笛卡兒所想的那樣）。屬於這一思潮的學者，有洛克、巴克萊、休謨和康德。而斯賓諾莎和萊布尼茲這兩個偉大的思想家，則在這一思潮之外。但是，這兩個人的哲學對科學都沒有什麼影響；斯賓諾莎以保留較老想法，萊布尼茲借其單子論的新奇，他們都走向了極端，越出了哲學的安全界限。

哲學史和科學史出奇地類似。對兩者來說，十七世紀都爲其後繼者搭建了舞臺。但在二十世紀，一種新的活動出現了。若是將思想潮流中的一般轉變，歸因爲某一篇文章或某一個作者，那便是誇大其詞了。不容置疑，笛卡兒只是以一種肯定確切的方式，表達出他那個時代已有的事。同理，若是認爲威廉・詹姆士（William James）是哲學新階段的開創者，我們就忽視了他那個時代其他有影響力的人。然而即便如此，比較他的論文《意識是否存在》（*Does Consciousness Exist*, 1904）和笛卡兒的著作《方法論》（1637），還是有一定的好處的。詹姆士清除了使用舊行頭的舞臺，或者說完全改變了舞臺的燈光。我們不妨從他的論文中引用兩句話爲例：「直截了當地否認『意識』的存在，從表面上看來是如此荒唐，以至於我擔心一些讀者將不願意看下去了。無可否認，『思想』誠然存在。因此，我極需解釋一下，我只是否認這個詞代表著一種實體，但我堅決強調這個詞代表著一種功能。」科學唯物論和笛卡兒的自我，同時遭到了挑戰；一個遭到了科學的挑戰，另一個遭到了以詹姆士及其心理學上的前輩爲代表的哲學挑戰。這雙重挑戰，標誌著延續了大約二百五十年這段時期的結束。當然，「物質」與「意識」，都代表了日常經驗中非常明顯的事實，任何哲學都必須提供一些能適應兩者意義的東西。但問題是：十七世紀就這兩個問題的解決方法所假設的前提，現在遭到了挑戰。詹姆士否認意識是一種實有，但承認意識是一種功能。因此，要理解詹姆士對舊思維所作的挑戰，實有與功能之間的差異，是至關重要的。在上述文章中，詹姆士充分討論了他賦予意識的特質。但是，他並沒有解釋清楚，他是在何種意義上使用「實有」一詞的，這種意義是他拒絕賦予「意識」的。在上述引文後面，緊接著就有這樣一段話：「我的意思是：原始質料或存有性質，和構成物質客體的，以及我們思維的東西相比，並不存在；但是在思維動作的經驗中，有一種功能，且爲了產生這種功能，引發了存有的性質。這種功能就是認知（knowing）。事物不但存在，且當其被反映到心靈中時，還會被感知。爲了解釋這一事實，『意識』便是不可或缺的。」這樣，詹姆士就否認了意識是一種「質料」。

無論是「實有」這個詞，還是「質料」這個詞，都不能充分表明其本身的含義。「實有」是一個十分廣泛的概念，可以意指所有能被想到的東西。你不可能一點兒東西都沒有想到，而你所想到的東西，就可以被稱爲一個「實有」。在這種意義上，一種功能就是一種實有。顯然，這並不是詹姆士所想到的實有。

在這本書中，我一直在試探性地提出自然機體論。爲了符合這一理論，也爲了我自己的目的，我將把詹姆士的學說解釋成剛好否定了笛卡兒在《方法論》和《第一哲學沉思集》中所說的東西。笛卡兒區分了兩種實體，即物質和靈魂。物質的本質是空間的廣延；靈魂的本質則是它的思維。這兒的思維，是在笛卡兒所賦予充分意義下的思維。例如，在《哲學原理》第一部分的第53節中，他說：「每一個實體都有一個主要的屬性，如思想就是人心的屬性，廣袤就是物體的屬性。」在第51節中，他說：「所謂實體，我們是指除了自己存在之外，並不需要別的事物而存在的東西。」[5]接著，笛卡兒又說：「比方說，任何實體不能持久，就不能存在，除開在思維中，持久和實體是不能分離的……」因此，我們可以得出這樣的結論：對於笛卡兒說來，心靈和物體的存在，除了本身以外，不需要任何其他的東西（上帝是唯一的例外，因爲祂是萬物的基礎）；心靈和物體都是持久的，因爲沒有持久性，它們將不再存在；物質的本質屬性是廣延；心靈的本質屬性是認知。

在《哲學原理》章節中所討論的這些問題，笛卡兒展現了他那無可估量的天才。這既配得上他那個時代，也配得上法國人明晰的才智。笛卡兒區分了時間與持久，將時間建築在運動之上，將物質與廣延緊密結合起來。通過這些，笛卡兒預先提出了——在他那個時代可能的範圍內——一些由相對論原理提出的、或柏格森事物發生說（doctrine of the generation of things）的某些層面提出的現代理念。但是，他的基本原理，事先假定了獨立存在的實體，這種實體在時間持久的群體中，具有簡單的定位。在物體的情況下，則是在空間廣延的群體中，具有簡單定位。這些原理直接引導出被思維的心智所考察的唯物的、機械的自然論。十七世紀之後，科學掌控了物體的自然，而哲學則掌控了思維的心智。一些哲學派別承認一種終極的二元論；各種唯心主義學派則主張自然僅是認知心靈的主要例證。但是所有哲學派別，都承認笛卡兒對自然的終極元素的分析。說到現代哲學的主要思潮來源於笛卡兒時，我就將斯賓諾莎和萊布尼茲排除在外了；雖然這兩個人受了他的影響，也影響了其他的哲學家。我現在主要思考的是，科學與哲學之間的有效接觸。

科學與哲學兩個領域的劃分，不是一件簡單的事情；事實上，這說明了以這種劃分爲基礎的死板前提，具有的整個弱點。我們所感知的自然，是物體、色、聲、臭、味、觸覺以及其他身體感覺，在空間中展現交互作用，被介於它們之間的體積與個別形狀分開，而取得的模式。同時，這個整體是一種流變，隨著時間的推移而變化。這樣系統化的整體，是展示在我們面前事物的一個複合體，但十七世紀的二元論直接越過了這一點。當時科學上的客觀世界，僅限於單純的、有廣延的物質，這種物質在時間與空間中，具有簡單定位的特質，並且在地移上，受到特定規律的支配。哲學上的主觀世界，則把色覺、聲覺、嗅覺、味覺、觸覺、其他身體感覺結合在一起，構成個體心靈思維的主觀內容。這兩個世界都分享著總的流變，但是笛卡兒把被測量的時間，看成是觀察者心靈的思維作用。顯然，這一架構有個致命的弱點。通過把實有（例如顏色）作爲默思的終點，放在心靈之前，心靈的思維展示了其自身。但在這理論中，這些顏色終究只是心靈的裝飾品。於是，心靈似乎被侷限於自己私有的思維世界中了。經驗中主客體的完全符合，作爲心靈自有的一種激情，存在於心靈之中。從笛卡兒的論據中所得出的結論，成了巴克萊、休謨、康德他們各自學說體系的起源。在他們之前，洛克也專注到這至關重要的問題。因此，如何獲得有關科學之客觀世界中的眞知識，就成爲了首要的問題。笛卡兒說客觀物體爲理智（intellect）所知覺。他在《第一哲學沉思集》第二篇中說：

所以，我必須承認，我甚至連用想像都不能領會這塊蠟是什麼，只有我的理智才能夠領會它。我是說這塊個別的蠟，因爲至於一般的蠟，那就更明顯了。那麼只有理智或精神才能領會的這塊蠟是什麼呢……要注意的是對它知覺，或者我們用以知覺它行動，不是看，也不是摸，也不是想像，從來不是，雖然它從前好像是這樣，而僅僅是用心靈去察看（inspectio）……。[6]

必須注意的是：在古典用法中，拉丁文「觀察」與理論的概念，是相聯繫的，但與實踐卻是對立的。

現在，現代哲學的兩大任務，清楚地擺在我們面前。關於心靈的研究分成了心理學（或者稱爲關於心理功能及其相互間之關係的研究）和認識論（或者稱爲關於共同客觀世界的認識論）。換句話說，一種研究把思維當成了心靈的激情，另一種研究把思維當成了對客觀世界直覺（intuition, inspection）的前導。這是一種很不妥當的分法，曾經引起不少的困惑。在十七世紀以後的幾個世紀裡，充滿了對此問題的研討。

只要人們用「物理」理念來思考「客觀」世界，用「心靈」理念來思考「主觀」世界，笛卡兒所提的問題，就可作爲出發點。但是，生理學的興起，破壞這兩者之間的平衡。十七世紀，人們從物理學研究走向了哲學研究。十九世紀末期，人們從生理學研究走向了心理學研究，在德國尤其如此。這種研究基調的轉變是決定性的。當然在早期，身體的介入受到了充分的考量，例如，笛卡兒《方法論》第五部分就是如此。但生理學的本能，還沒發展出來。在思考身體時，笛卡兒是以物理學家的方法來思考；但現代的生理學家則具有醫學生理學家的精神。威廉・詹姆士的事業，就是有關這種觀點轉變的例子。他也有清晰而敏銳的天才，讓他能很快地指出議題的重點。

我爲什麼要把笛卡兒和詹姆士並列起來，現在原因就顯而易見了。他們兩人都沒有提出問題的最終解決方案，來終結那個時代。他們的偉大功績，屬於與此相反的另一種類型。他倆每個人都以清晰的用語說法，各自開創了一個時代；就當時特定的知識水準，一個開創了十七世紀，另一個開創了二十世紀。在這方面，他們可以比之於聖・湯瑪斯・阿奎那。阿奎那代表著亞里斯多德經院哲學的鼎盛時期。

在很多方面說來，笛卡兒和詹姆士都不是他們各自時代最典型的哲學家。我應該將此地位，分別賦予洛克和柏格森，至少就他們與他們那時代的科學關係來說，應該如此。洛克發展了使哲學不斷前進的思想進路；例如，他強調訴諸於心理學。他開啓了研究有限範圍內迫切問題的時代。毫無疑問，他這樣做，使得哲學沾染了某些科學反理性主義（antirationalism）。

然而，富有成效的方法論的基礎，應當從那些清晰的定理出發，那在有關問題的範圍內，必須被認爲是終極的。因此，對於這種方法論上定理的批判，就留待其他時機進行。洛克發現笛卡兒遺留下來的哲學狀況，涉及認識論和心理學方面的問題。

柏格森將生理科學的機體概念，引入了哲學。他完全地脫離了十七世紀靜止的唯物主義。他對「空間化」（spatialsation）的抗議，就是抗議不把牛頓的自然觀看成一種高度的抽象。必須從這個角度來理解他的所謂的反理智主義（anti-intellectualism）。在某些方面，他回溯到了笛卡兒；但他的這種回溯，伴隨著對現代生物學的本能把握。

將洛克與柏格森聯繫起來，還有另一個理由。在洛克的思想中，可以找到自然機體論的種子。吉布森（Gibson）教授—最近解釋洛克思想的人說：洛克認爲自我意識的同一性（the identity of self-consciosness）：「如生命機體涉及眞正超越了體現在組合理論（composition theory）中的自然和心靈的機械觀」[7]。但需要注意的是：首先，洛克對這一論點的立場是搖擺不定的；其次，更爲重要的是，他只把這一觀念應用到自我意識上。生理學觀點尚未建立起來。生理學的影響使得思想退回了自然。神經學家首先沿著身體上的神經追溯刺激的效應，接著便追溯神經中樞的整合作用，最後追溯投射到體外的反應，使恢復興奮的神經產生一種運動的效果。在生物化學中，身體各部分爲保存整個機體，而精微調整的化學構成被發現了。因此，心理的認識被看作是整體的內省經驗，將這個整體作爲一個事件的統一體時，所具有的一切報告給這個整體。這個統一體是其局部發生的事件的整合，不是這些局部事件的數字般地集合。作爲一個事件，它具有其本身的統一體。作爲一個自爲的實有，這個總的統一體，就是把整個事件模式化的面向，攝入到統一體中的過程。它具有關於其自身的知識，來自於它本身攝入到面向的事物之間的相關性。它將世界看作是一個互相關聯的系統，故而將其自身看作在其他事物之中的反映。更爲特別的是，這些其他事物，包括它自己身體的不同部分。

將持久的身體模式、充滿持久模式的身體事件、身體事件的各部分區分開，非常重要。身體事件的各部分本身，就被它們自己的持久模式所充滿。這種持久模式構成了整個身體模式中的元素。身體的各部分，確實是整個身體事件環境中的某些部分，但它們聯繫得如此緊密，以至於它們相互在對方中存在的面向，對於修正對方的模式特別有效。這源於整體與部分之間關係的密切性。因此，身體既是環境的一部分，同時這部分也是身體的環境之一。只是彼此對於對方的修正，都十分敏感。這種敏感性存在的方式是：部分調整自身，以保存身體模式的穩定。這便是有利的環境，可以保護機體的一個特殊例證。部分與整體關係的特殊相互性（reciprocdlity），是件隨機體的理念而來的，其中部分是爲了整體；但這一關係統治了整個的自然，並非以高級機體爲特例開始。

進一步說，如果將這個問題看作一個化學問題，那麼就不用透過它與完整生物機體模式的特殊關係，來解釋生命體中的每個分子的行動。誠然，每個分子都受到了這種模式面向的影響，因爲這種模式面向，反映在每個分子中，所以把分子放在其他地方，就將與現況不同。同理，在某些環境下，一個電子可能呈球形，而在其他環境下，電子則可能呈橢圓形。就科學而言，探討這個問題的方式只問：分子在生命體中，是否展現了一些在無機環境中，不被觀察到的性質？同理，軟鐵在磁場中所展現的磁性，在其他任何地方都展現不出來。生命體有靈敏的自衛功能；當我們的意志做出某種決定之後，我們的身體也會有某些物理行動。這都說明身體中的分子，因爲整體模式而改變了。看來可能存在一種物理定律，它說明當終極基本機體以足夠緊密的模式，構成高級機體的部分時，發生了怎樣的改變。然而，如果身體整體與其部分之間面向受到的直接影響，是微不足道的，那麼這種改變就可能與經驗觀察到的環境行動（observed actions of environment），完全呼應。我們應該期待影響的傳播。在這種方式下，整個模式的改變，會通過一系列下降部分的一系列改變，傳播開來。最後，細胞的改變就會改變它在分子中的面向，於是引起分子（或更細微的實有）中相應的改變。因此生理學的問題，便是具有不同性質細胞中分子的物理學問題。

　　現在，我們可以看清心理學與生理學以及和物理學的關係了。個人的心理場域（psychological field），只是從它本身的觀點出發所看到的事件。這個場域的統一體，就是事件的統一體。但這僅是作爲單個實有的事件，而不是作爲各部分總合的事件。各部分間的關係（包括部分之間以及部分與整體之間的關係），是彼此在對方之中存在的面向。從一個外在的觀察者的角度看，身體既是身體整體面向、也是各部分總合面向的集合。在外在觀察者看來，形狀的面向和感覺對象是主要的，至少對於認識說來是如此。但我們還得容許有可能在自己身上看到高級機體精神的直接面向。有些人說，對於他人精神的認知，只能從形狀的面向和感覺對象間接地推論出來，就機體哲學看來，這種說法是完全沒有根據的。基本原則是：任何進入實現性的東西，都將在每個個別事件中，建立自己的面向。

進一步來說，甚至就自我認識而言，我們身體諸部分的面向，也部分地採取了形狀的面向與感覺對象的形式。但是，與認知精神相聯繫的那一部分身體事件本身，就是統一的心理場域。它的構成部分不涉及事件本身；它們是這事件之外事物的面向。因此，身體事件所固有的自我認識，是把自身當作一個複合統一體的認識，其成分包括所有存在於本身之外，但受其本身面向模式範圍限制的所有實在。所以，我們自身就是將我們之外的多種事物統一起來的一種功能——這就是我們對自己的認識。認識顯示出事件是一種活動，這種活動將不同的事物眞正組織起來。然而，這個心理場域並不依賴它的認識；所以仍然是脫離其自我認識的一個統一事件。

於是，意識會是一種認知的功能。但所知的已成爲這一個眞實宇宙面向的一個攝入。這些面向就是其他諸事件互相修正的面向。在面向的模式方面，它們處於互相聯繫的模式之中。

組成模式本身的原始資料（aboriginal data），是形狀、感覺對象和其他諸永恆客體的面向。這種永恆客體的自我同一，並不依賴事物的流變。不管這些客體在何地契入（ingression into）一般流變，它們都以一個解釋另一個的方式，詮釋事物。在這裡，它們存在於感覺者身上；但是，當它們被感覺者感覺時，就把感覺者之外整個流變中的某些東西，傳達給感覺者。主客關係就是從這些永恆客體的雙重作用中產生的。它們是對主體的修正，但只是當它們傳遞宇宙共體中其他諸主體的面向時，才具有這種性質。因此，任何主體都不具有獨立的實在性，因爲任何主體，都是本身之外諸主體有限面向的一種攝入。

「主—客」（subject-object）這一專業術語，對於在經驗中顯示出現的基本狀態說來，是一個很糟糕的術語。其實這僅是亞里斯多德「主詞—謂詞」（subject-predicate）的遺物。它已經事先預設不同主詞受到自身謂詞限制的形上學說。這就是經驗的私密世界的主體理論。如果承認這一點，我們就無法逃脫唯我主義（solipison）。問題在於：「主—客」一詞，顯示了客體之下的一種基本實有。因此，如此理解的「客體」，只是亞里斯多德謂詞的幽靈。在認知經驗中顯示出來的基本情形是，「客體中的我—客關係」（ego-object amid objects）。我的意思是：基本事實是超越於「現時—此處」（here-now）——標誌著「我—客」（ego-object）——和「現時」（now）——同時實現化的空間世界（spatial world simultaneous reevlization）——之上，不偏不倚的世界。這一世界同樣包括過去的實現、未來的有限潛能、抽象潛能的整個領域和永恆客體的領域。永恆客體的領域，超越了實際實現的過程，同時實現於實際實現過程之中，並且與實際實現過程互相對證。作爲「現時—此處」的意識，「我—客」能夠意識到自己的經驗本質。這種經驗本質是由「我—客」和實存世界（world of realities），以及觀念世界間的內在關聯性所組成的。但是如此組成的「我—客」，存在於實存世界之中。它將自身展現爲一種機體，這種機體在實在中的地位，需要有觀念契入。這一有關意識的問題，必須留待其他時候再討論。

目前所要提出的論點是：機體的自然哲學必須以唯物哲學所要求東西的反面爲起點。唯物論的出發點是獨立存在的實有——物質與心靈。物質受到地移的外在關係之修正，而心靈則受到默思對象的修正。在這種唯物論中，存在兩種獨立的實體，這兩種實體都受到與各自相應被動性的限制。機體論的出發點，就是分析事物處在互相關聯共同體中的實現過程。在這裡，事件才是實現了的事物單元。突現持久模式（the emergent enduring pattern）是實現成功的穩定化，在歷程中，成爲保持自我同一的一個事實。應當注意的是：持久性並不是其自身以外的、持久的基本性質，而是其自身之內的持久基本性質。我的意思是：持續性是在整個事件的各時限部分中，所找到其重複產生模式的性質。正是在這種意義上來說，整個事件具有一個持久的模式。整體和前後相連的諸部分，都具有同一種內在價值。認知是進入某種個體化的實在性、在平衡它面前的可能性、實現性與意圖之下，普通基底活動的突現。

如果不像上面一樣，從心理學與生理學出發，而是從現代物理學的基本概念出發，我們同樣可以得出這種機體概念。事實上，我自己對數學和數理物理學的研究，就使得我相信這一點。數理物理學首先假定一個活動的電磁場，充滿在時間與空間中。控制這個「場」的規律，就是世界流變的一般活動所遵循的條件，那不過就是它在諸事件中，個體化其自身。物理學中，有一種抽象作用。這門科學忽視事物本身如何。只根據外在的實在，來考慮這些科學實有；也就是說，只考察它們在其他事物中的面向。但這種抽象作用甚至還不止於此；因爲只有其他事物中的、改變其他事物生命史的時—空條件的面向，才在研究之列。如此，觀察者的內在實在就有了地位：我意爲觀察者自身感到興趣之所在。例如，他將看到紅色或者藍色的這個事實，進入科學敘述之中的這個事實。但觀察者所看到的紅色，實際上並沒有進入科學之中。與此相關的事實僅是：觀察者看到紅色的經驗，與他所有其他經驗不同。因此，觀察者內在特質，唯有在確定物理實有的自我同一性上，才有意義。這些實有，僅僅被認爲是擁有在固定時間和空間路徑中的、持續實有生命史的行動者。

「物理學」這詞源自於十七世紀的唯物主義觀。但我們發現，即使在極端抽象的情況下，事先預設的，還是上文闡述的面向機體論。首先，我們考慮眞空中的事件，「眞空」意指完全沒電子、質子或任何形式的電荷。這種事件在物理學中有三個角色。首先，這是能量進入的實際場所，它是能量的棲息地，或者是特殊能量流之所在。不論怎樣，在這種情形下，能量的角色總是存在的，要不是在思及的時間內位於空間，就是流過這個空間。

就其第二個角色，這個事件是傳遞模式的必要環節，借之每一事件的特質，都從其他某些事件的特質上，獲得一些修正。

第三個角色，這個事件是可能性的儲存所，也就是說，如果它剛巧在那兒，就會發生在一個電荷上，要不是透過變形，就是透過地移。

如果修正一下我們的說法，想想一個包含一個電荷生命史一部分的事件，那麼關於以上三種角色的分析，仍然是能成立的。只是第三種角色中所包含的可能性，現在轉變爲了實現性。實現性代替可能性之後，我們就看到了空虛（empty）和實有事件之間的區別。

再回到空虛事件（empty event），我們注意到它缺乏內在內容的個體性。考慮到空虛事件的第一個角色——作爲能量的棲息地，我們發現不論靜止位置的能量，還是能量之流中一部分的能量，都沒有識別其個體的標誌。僅活動的數量決定，沒有活動在其自身中的個體化。在第二種和第三種角色中，缺乏個體化的情形就更加顯著了。空虛的事實是一個事實，但它未能實現內容的穩定個體性。就其內容而言，空虛事件是一個有組織活動的一般架構中的、一個已被實現了的元素。

當空虛事件是一確定系列反復波狀的傳遞場所時，我們就需要對這一說法做一些修正。現在，事件中將永遠有一個確定的模式。在這兒，我們才首先看到一些微弱的持續個體性的痕跡。但這種個體性沒有一點原始性：因爲這僅是一個事件處在一個較大模式架構中，所產生的恆常性。

現在，我們來看看一個被占有的事件（an occupied event），電子便有一種確定的個體性。我們可以透過許多不同的事件追溯它的生命史。一群電子與類似的、帶有正電的原子電荷，一起形成一個物體，如我們通常所感知到的那樣。最簡單的這類物體就是分子，一群分子構成了一個普通物體，例如椅子或者石頭。因此，作爲附加在事件其自身的個體性，一個電荷就是其內容個體性的標誌。這種內容的個體性，正是唯物論的強勁根據。

然而，根據機體論，同樣可以解釋這一點。當考察電荷的功能時，我們注意到它標誌著一個透過空間與時間、來傳遞模式起源的角色。這是某個特殊模式的基調。例如，任何事件中的力場，都可借由注意到電子與質子的活動，也就是能量之流和能量的分布來得到。此外。電波起源於這些電荷的振動。因此，我們便可以將被傳遞的模式，看成是原子電荷的模態通過時間與空間的流變。這種模態起源於原子電荷的生命史。電荷的個體化是由兩種特質結合產生的。第一個性質是其功能模式的連續同一性，這種功能是一個決定模式傳播的關鍵；第二個特質是它自身生命史的統一性與連續性（unity and continuity）。

因此，我們可以得出結論：機體論直接表達出了物理學所作的、關於終極實有假定。我們也注意到，如果把這些實有看作完全具體的個體，這些實有便是全然無用的。就物理學而言，這些實有全然專注於彼此互動，在這種功能之外，它們就沒有其他實在性了。特別是對物理學來講，根本就沒有內在的實在性。

顯然，將有機體的假說作爲哲學的基礎，必須上溯到萊布尼茲。[8]對他來說，他的單子（monads）就是終極的、實在的實有。然而，他仍然保留了笛卡兒的實體，以及它們特有的激情，在他看來，這也能說明實在事物的終極特質化。於是，在他看來，內在關係便沒有具體的實在性。因此，他創造了兩個與眾不同的看法。一個看法是：終極的、實在的實有是一種有組織的活動，這種活動把組成成分融爲一個統一體；因之，這個統一體便是實在性。另一看法是：終極的、實在的實有是負載性質的實體。第一個看法要承認內在關係結合了一切的實在；而第二個看法則和這種關係所結合的實在不相容。爲了結合這兩個看法，他的單子沒有窗戶；單子的被動（passions），則僅僅反映出預立和諧的宇宙。因此，這個體系預設了一群獨立實有的結合。他沒有區別以下三者：作爲經驗單元的事件、穩定後獲得意義的持久機體，與表達個體化增加完整性的認知有機體。他也不承認以各種不同的方式，將感覺資料（sense-data）與不同事件聯繫起來的多項關係（many-termed relation）。萊布尼茲承認這種多項關係事實上是種觀點，但他只在這種前提下——認爲這種多項關係只是有組織單子的性質，承認這一點。這種困難實際上源自於理所當然地接受以下兩種觀點：把簡單定位當作空間與時間的基本形態；把獨立的個別實體當作眞實實有之基本形態。這樣一來，萊布尼茲唯一能走的道路，便是巴克萊後來所選擇的道路（根據最流行的解釋）。也就是訴諸一個奇跡，以幫助他超脫形上學的困難。

笛卡兒曾創立了一種思想傳統，使日後的哲學與科學運動，保持了某種程度的接觸。萊布尼茲以同樣的方式，創立了另一種思想傳統，使實有——終極的、實在的事物——在某種意義上成了組織的程序。這一傳統爲德國哲學的偉大成就奠定了基礎。康德反映了這兩個傳統——在一個基礎之上反映另一個。康德是一個科學家，但源自於康德的學派對科學思想的影響則很小。本世紀哲學學派的任務應該是：將上述兩個傳統結合成爲一個關於源自科學的世界圖像，以結束科學與我們審美與倫理經驗所肯定的分離狀態。

註文

【1】關於康德的科學讀物的有趣證據，參見康德：《純粹理性批判》（*Critique of Pure Reason*）中「先驗分析」（Transcendental Analytic）的「第二類推」（Second Analogy of Experience）。在這一節，康德提到了毛細血管的作用。這是完全不必要的繁雜說明；拿桌上的一本書作例證就足夠了。但是，這個主題被克萊羅（Clairaut）在其《地球的形狀》（*Figure of the Earth*）的附錄中，第一次充分地討論了。康德顯然讀了這個附錄，而且他的思想充滿了這一主題。

【2】譯者注：引自維奇（Veitch）的譯本。此處直接使用了龐景仁先生的譯文。請見笛卡兒：《第一哲學沉思集》，龐景仁譯，北京：商務印書館，一九八六：二十八頁。

【3】譯者注：此處直接使用了龐景仁先生的譯文。請見笛卡兒：《第一哲學沉思集》，龐景仁譯，北京：商務印書館，一九八六：三十三頁。

【4】亨利・西季威克：《回憶錄》，附錄一。

【5】譯者注：此處直接使用了關文運先生的譯文。請見笛卡兒：《哲學原理》，關文運譯，北京：商務印書館，一九五八：二十頁。

【6】譯者注：此處引文使用了龐景仁先生的譯文。請見笛卡兒：《第一哲學沉思集》，龐景仁譯，北京：商務印書館，一九八六：三十～三十一頁。

【7】Cf.吉布森的著作，《洛克的認識論及其歷史關係》（*Locke's Theory of Knowledge and Its Historical Relations*），劍橋大學出版社，一九一七。

【8】關於這一思想體系，參見伯特蘭・羅素（Bertrand Russell），《萊布尼茲哲學》（*The Philosophy of Leibniz*）。

第十章　抽象

在前幾章中，我分析了科學思潮對近代思想家所致力研究更深刻問題的反應。任何個人、任何有限的社會、任何一個時代，都不能同時思考一切問題。於是，爲了說明科學對於思想的各種影響，我們便從歷史的角度分析了這個主題。在這種歷史的追述中，我始終謹記：整個故事的結局，是統治這三個世紀的科學唯物論，那令人舒適的架構，顯然解體了。因此，我強調了幾派對盛行觀點的批評意見；同時我自己也致力於提出另一種宇宙論學說。這一學說內容十分寬廣，以至於能包括科學與科學批判，這兩者的基本論點。在這一架構中，處於基礎地位的物質理念，被有機綜合（organic synthesis）的理念所代替了。但是，這種方法總是從科學思想的實際複雜情形，和它考量的特別困惑而來。

在本章和下一章中，我們不再討論近代科學的特別問題，而是在做對事物細節任何特殊調查之前，冷靜地思考事物的性質。這種看法稱爲「形上學的」觀點。因此，讀者如果覺得這兩章中的形上學很厭煩的話，那最好就跳至「宗教與科學」那一章。那一章將重新探討科學對現代思想的影響。

討論形上學的這兩章，完全是敘述性的。這種敘述的根據在：⑴我們關於構成直接經驗的現行機緣的直接知識；⑵它們成爲調和各種經驗的、系統化的說明基礎；⑶它們提供許多構成認識論的概念。關於第⑶點，我意爲我們已知事物的一般性質的說明，必能使我們知道知識如何可能作爲已知事物中的一個環節。

在任何認知的機緣中，被認知的都是經驗的一個現行機緣（actual occasion），經驗因所涉及實有的領域而各不相同[1]；這些實有超越了立即機緣（immediate occasion），在這一立即機緣中，這些實有與其他經驗的機緣，具有類似的或不同的聯繫。例如，在立即機緣中，某一色調的紅色，可能以某種確定的方式與某種球形相連。但這種紅色和這種球形，都表現出自己超越了這個機緣，因爲兩者都與其他的機緣具有其他的關係。同時，除了其他機緣中相同事物的實際發生之外，每一個現行機緣都處在另一種相互關聯的實有領域之中。這一領域是以那個機緣有意義陳述的所有非眞命題（the untrue propositions），顯現出來的。這是一個存在許多不同選項的領域，它在實現中的立足點，超越了任何一種現行機緣。非眞命題對於每一個現行機緣的眞正關係，是透過藝術、虛構敘述以及對理想的批判等，顯現出來的。這就是我所主張形上學論點的基礎，也就是說，對實現性的理解，必須聯繫到理想性上。從本質上來說，這兩個領域是整個形上處境（metaphysical situation）所固有的。這一眞理——關於一個現行機緣的某種命題是非眞的——表現了美學成就的顚撲不破眞理。它表明了「偉大的否定」（great refusal）——它的基本性質。一個事件與其非眞命題的重要性，成絕對正比例：它們與事件的相關性，不能以一種完成的方式，和事件在其自身分開。這些超越的實有被稱爲「共相」（universals）。爲了擺脫「共相」一詞在漫長的哲學史中所涉的預設，我更喜歡用「永恆客體」一詞。因此，永恆客體在本質上是抽象的。我所說的「抽象」是指：不涉及任何特殊的經驗機緣，就可以理解永恆客體本身——也就是它的本質。抽象就是超越實際所發生的特殊的、具體的機緣。但超越現行機緣並不意味著與它脫離關係。恰恰相反，我認爲每個永恆客體都與這種機緣保持著其固有的聯繫。我將這種聯繫稱爲「契入」（ingression into）機緣的模態。因此，要理解一種永恆客體，必須認識以下幾點：(1)它的特殊個性；(2)它實現在現行機緣中時，與其他永恆客體的一般關係；(3)說明它進入特殊現行機緣的一般原理。

這三點說明了兩個原理。第一個原理是：每個永恆客體都是一個個體，以自己的特殊形式，是其所是。這種特殊的個體性，是該客體的個別本質。它只能被說成是它本身。因此，個體本質只是從其獨特性來看的本質。同時，一個永恆客體的本質，也只是它對每個特殊機緣所做的獨特貢獻。各種契入機緣模態的客體都是它本身，所以這種獨特貢獻對於所有的機緣而言，都是相同的。然而，由於契入機緣的模態各不相同，所以這種獨特貢獻也隨著機緣的變化而變化。因此，一個永恆客體的形上地位，就是實現性的可能性的地位。每個現行機緣的性質，由這些可能性在該機緣中實現出來的方式確定。因此，實現化就是在可能性中作選擇。更準確地說，它是在那機緣實現中可能性等級的一種選擇。這一結論使我們得出第二個形上學原理：作爲一個抽象實有，每個永恆客體都不能脫離它與其他永恆客體的關係，也不能脫離它與一般實現性的關係，雖然它與進入特定現行機緣的實際模態（actual mode）無關。這一原理可以用這句話來表述：每個永恆客體都具有一種「關係的本質」（relational essence）。這種關係的本質決定了該客體契入現行機緣是如何可能的。

換句話說：如果A是一個永恆客體，那麼A的本質就包括A在宇宙中的地位，並且A不可能脫離這種地位。在A的本質中，關於A與其他永恆客體的關係，存在著一種確定性（determinatedness），而關於A與現行機緣的關係，則存在著一種不確定性（indeterminatedness）。既然A與其他永恆客體的關係，確定地存在於A的本質之中，那麼這種關係便是內在關係（internal relations）。我說這句話的意思是：這種關係是A的構成成分，因爲一個處在這種內在關係之中的實有，如果脫離了這些關係，就不能成爲一個實有。換句話說，它一旦具有內在關係，就永遠具有內在關係。A的內在關係聯合構成了它的意義（significance）。

一個實有不能存在於外在關係（external relations）之中，除非在它的本質中，有容納外在關係的不確定性。將「可能性」這個術語應用於A之上時，它的含義就是A的本質可以容納A與現行機緣的關係。簡單說來，A與現行機緣的諸關係就是：A和其他永恆客體的永恆關係，在該機緣中實現時，是如何分等級的。

因此，說明永恆客體「A」契入特殊現行機緣「a」的一般原理，就存在於「A」的本質中、關於「A」契入「a」的不定性，以及存在於「a」的本質中的、關於「A」契入「a」的確定性。所以，綜合攝入體（the synthetic prehension）——「a」，就是「A」的不確定性契入「a」確定性的解答。於是，「A」與「a」之間的關係，對於「A」說來是外在的，對於「a」來說則是內在的。每個現行機緣「a」，都是所有契入現行機緣範疇模態的解答：眞與假取替了可能性的地位。「A」完全契入「a」這一是由關於「A」與「a」的所有眞命題所表達的，同時它也可能由有關其他事物的眞命題來表達。

永恆客體「A」和其他永恆客體間的確定關聯，就是A如何系統地、本質上必然地與每個其他永恆客體發生關聯。這種關聯代表一種實現的可能性。然而，一種關係就是一個事實，這個事實關涉所有相關的關聯者（relata），並且如果它只關涉一個關聯者，就不能被孤立起來。因此，有一有系統的、互相的關聯（systematic mutual relatedness），內藏於可能性的特質中。將永恆客體的領域（realm）稱爲一個「領域」之所以是合適的，是因爲每個永恆客體在這一般的、系統的相互關聯的複合體中，都有自己的地位。

在「A」進入現行機緣「a」時，「A」與其他永恆客體的相互關係（在實現中分等排列出來的），需要涉及「A」和其他永恆客體在時—空關係中的地位，才能表現出來。同樣，爲了這一目的，如果不涉及「a」與其他現行機緣在同一時—空關係中的地位，這一地位也是無法表達的。因此，表達事件的實際過程的時—空關係，無非就是各永恆客體間的一般系統關係之中的一個選擇性限制。所謂「限制」（limitation）是，應用到時—空連續體上，我是指那些事實的確定，例如：空間的三維，時—空連續體（space-time continuum）的四維，這些都內藏於事件的實際經過，但對於一個較爲抽象的可能性來說，它們則是武斷的。在接下來的〈上帝〉這一章，我們將更加全面地討論以實際事物爲基礎的一般限制，即與每個現行機緣所特有的限制是不同的。

進一步來說，所有有關實現性的可能性的地位，必須參照這個時—空連續體。在對一個可能性做任何特殊的考慮時，我們都可能認爲這個連續體被超越了。但只要存在與實現性相關的確定關係，超越時—空連續體便需要確定的方式。因此，從根本上說來，時—空連續體是關係可能性的所在地，是從更普遍的系統關係的領域中選擇出來的。這種關係可能性的有限所在地，表現了實現歷程的一般系統所固有的一種可能性的限制。無論與該系統相關聯的一般可能性是什麼，這些可能性都屬於此限制之內。同樣，無論與事件的一般歷程相關聯的抽象可能性是什麼——不同於特殊機緣所引起的特殊限制，這些抽象可能性都充滿在時—空連續體的每一種可能的空間處境與所有可能的時間之中。

從根本上來說，如果所有可能性關聯的一般系統，受到其本身與一般實際事物聯繫的限制，那麼時—空連續體就是這種系統。可能性的本質，也規定它必須包括這種與實現性的聯繫。因爲可能性中，有從完成抽象出來的可完成性（achievability）。

一個現行機緣應該被認爲是一種限制，這一點已經強調過了；這種限制的歷程可以進一步說是一種區分等級（gradation）。一個現行機緣（如「a」）的特性需要進一步的說明：任何永恆客體（例如「A」）的本質中，都存在著一種不確定性。現行機緣「a」則將每個永恆客體，都綜合到它本身之中；這樣，它就包括了「A」與其他個別、或整套永恆客體全部的確定關聯。這種綜合是一種實現的、而不是內容的限制。每一種關係都保存著它固有的自我同一性。進入這種綜合的等級，是每一個現行機緣（如「a」）所固有的。這些等級只能通過價值的相關性（relavence of value）來表現。如果比較不同的機緣，這種價值相關性的等級是不同的。最高的等級是把「A」的個體本質，作爲某一等級的美感綜合體（aesthetic synthesis）的一個元素，最低的等級是把「A」的個體本質，作爲美感綜合的一個元素排斥掉。如果「A」處於最低的等級，那麼「A」的每一種確定關係，就只是一個機緣中的成分，有關這關係何以是一個未完足的選項，除了在未完足內容的系統化底基中作爲一個元素之外，它不能貢獻任何美感價值。如果「A」的每一種確定關係，處於一個較高的等級，那麼這種關係可能仍然沒有完足，但它還是具與美感相關的。

因此，如果只從「A」與其他永恆客體的關係來看「A」，那麼就是「A被認爲是未有（not-being）」；在這裡，「未有」意味了「從被包含在實際事件之內的、或被排斥在實際事件之外的、確定事實中抽象出來」。同樣，「『A』對於特定機緣『a』是未有」，意味著「A」在它的一切確定關係中，被排斥於「a」之外。同樣，「『A』對『a』是存在」，意味著「A」在它的一些確定關係中，被包含到「a」裡面去了。然而，沒有任何機緣可以把

「A」的一切確定關係，都包含在內；因為這些關係中有一些，是互相對立的。因此，從被排斥的關係來說，「A」對「a」就是不存在，而對於其他關係來說，「A」則已經在「a」中存在了。就這意義而言，每個機緣都是一種「有」與「未有」的綜合（a synthesis of being and not-being）。進一步說來，雖然某些永恆客體，僅是作為「未有」而被綜合在機緣「a」之中，但每個作為「有」而被綜合的永恆客體，同時也是作為「未有」而被綜合的。在這裡，「有」意味著「作為個體而言，在美感綜合（aesthetic synthesis）中是有效的」。同樣，「美感綜合」就是「經驗綜合」（experient synthesis），可視之為自我創生，基於它與其他現行機緣的內在限制。因此，根據上述，我們可以總結如下：所有被包含到每個機緣中的永恆客體綜合攝入的一般事實，都具有雙重性質，一種是每個永恆客體與一般機緣的不確定關係，另一是每個永恆客體與某個特殊機緣的確定關係。這一敘述總結了外在關係何以可能存在。但這一敘述必須將時—空連續體從它在現行機緣中的單純含義裡，解放出來（按照通常的解釋），並從它的起源——來自於抽象可能性的一般性質，對它加以說明，也就是說明它受到事件實際經過一般性質的限制。

有關內在關係方面的困難，在於解釋特殊眞理如何可能。既然有內在關係，那麼每件事就必須依存於其他一切事。但是，果眞如此，那麼我們就不能認識任何事物，除非我們同等地認識了其他的一切。因此，我們必須一口氣說出一切。這種設定的必要性顯然是不正確的。於是，我們就必須解釋，既然承認有限眞理，內在關係又如何可能。

既然現行機緣是從可能性的領域中選出來的，那麼要終極解釋現行機緣何以具有普遍特質，就必須分析可能性領域的一般特質。

永恆客體領域的分析特質，就是有關它的基本形上眞理。這種性質的意思就是：這個領域中的任何永恆客體「A」的地位，都可以分析成爲無數有限範圍的從屬關係。例如，如果「B」與「C」是另外兩個永恆客體，那麼就存在僅僅涉及「A」、「B」、「C」的某種完全特定的關係「R」，以它之爲關聯者，就無須提及其他特定的永恆客體了。當然，關係「R（A，B，C）」可能牽涉一些本身就是永恆客體的從屬關係，並且「R（A，B，C）」本身也是一個永恆客體。同時，還存在其他關係，這些關係在同一意義下，也僅僅涉及「A」、「B」、「C」。現在，我們要來看看：在永恆客體[2]的內在相關性（internal relatedness）中，這個有限關係「R（A，B，C）」是如何可能的。

永恆客體的領域中有著有限關係的理由是：這些永恆客體彼此之間的關係，是完全非選擇性的，且是系統上完整的。我們正在談論可能性：每一種可能的關係，必然存在於可能性的領域之中。每個永恆客體的這種關係，都建立在該客體作爲一個關聯者的完全特定的地位之上，即處於關係的普遍架構中。這種特定地位就是所謂客體的「關係本質」（relational essence）。只需要參照該客體，就可以決定該關係本質，除那些涉及其個別本質（individual essence），當該本質是一種複合體時，否則就無須參照任何其他客體。所謂複合體的問題，在下面就會解釋。「任何」（any）、「某些」（some）這兩個詞的意思，從這個原理引申出來——也就是說，邏輯中的「變數」（variables）的意思。整個原理是：某些特定的永恆客體「A」與n（特定有限數）個其他永恆客體之間，有著某些特定關係；在不涉及對其他n個永恆客體（X_1, X_2, ...X_n）任何確定的情形下，我們可以對這種特定關係是「怎樣的」（how），做出一個特殊的決定，除非其他n個永恆客體中的每一個，都具有適當地位，在那多種關係（multiple reiationship）中發揮了自己的作用。這一原理有賴於一個永恆客體的關係本質，對該客體而言，並非獨特的這一事實。既然每個客體內在地包含所有可能的關係，那麼只靠每個永恆客體的關係本質，就可以決定全部關係本質的整個架構。因此，可能性領域便爲有限套組的永恆客體，提供了整個關係架構；所有永恆客體只要自身的地位允許，便處在這種關係之中。

因此，可能性領域中的關係，並不涉及永恆客體的個別本質；它們所涉及的任何永恆客體都是關聯者，其條件是這些關聯者具有應有的關係本質（這一條件自動地從事物的本性出發，限制了「任何永恆客體」中的「任何」一詞）。這一原理就是在可能性領域中，永恆客體的孤立（Isolation of Eternal Objects）原理。永恆客體是孤立的，因爲作爲可能性而言，它們的關係可以不涉及它們的個別本質，就能表達出來。與可能性領域相反，永恆客體被包含在一個現行機緣中，意味著對於它們某些可能關係來說，其個別本質的結合（togetherness）是存在的。這樣實現出來的結合，是一個突現價值（emergent value）的界定或形塑，借著特定永恆相關性所達成的實際結合（real togetherness）。因此，永恆相關性是一種形式（the *εδος*），突現的現行機緣是受形塑價值（informed value）的「超體」（superject）。抽離了任何特殊的超體，價值，就是抽象質料（*υλη*），即是所有現行機緣所共有的；將無價值的可能性攝入到超體受形塑價值（superjicient informat value）的綜合活動中，就是實質的活動（substantial activity）。這種實體活動在分析形上處境中靜止因素時，被忽略了。這種處境中被分析的元素是實體活動的屬性。

因此，永恆客體間的有限內在關係概念所固有的困難，便透過以下兩個形上原理得到解決：(1)任何永恆客體「A」的關係——如果被認爲是「A」的組成成分，只將其他永恆客體作爲單純關聯者包含在內，而不涉及它們的個別本質；(2)因此，「A」的一般關係可以分成多個「A」的有限關係，便存在於該永恆客體的本質之中。顯然，第二個原理要以第一個原理爲基礎。理解「A」就是理解關係的一般架構「如何產生」（how）。理解這種關係架構，並不需要其他關聯者的個別獨特性（individual uniqueness）。這個架構也將自身分析爲許多有限關係，這些有限關係都具有自己的個體性，但同時又預設了可能性領域內的總體關係。對於實現性說來，首先存在的是關係的一般限制，即將一般的、無限制的架構化爲四維的時—空架構。可以說，這種時—空架構，是所有永恆客體固有的各種關係架構（受實現性限制時）最大的共同尺度。這句話的意思是，永恆客體「A」的某些關係，在現行機緣中是如何實現的，總是可以透過以下兩種方式解釋：(1)說明「A」相對於這個時—空架構的地位；(2)說明該現行機緣在這一架構中與其他現行機緣的關係。一種特定有限關係——關聯到一個有限永恆客體套組中某一特定的永恆客體——本身就是一個永恆客體。這就是處在那個關係中的那些永恆客體。我將這種永恆客體稱爲「複合體」（complex），作爲關聯者而處在「複合體」中。其他永恆客體將被稱爲該永恆客體（複合體）的「構成成分」（components）。如果這種關聯者中的任何一個，本身是複合體，那麼它們的構成成分，就將被稱爲原複合體的「衍生構成成分」（derivative components）。同樣，衍生構成成分的構成部分，也將被稱爲原客體的衍生構成成分。因此，永恆客體的複雜性，就說明它可以分析成作爲構成成分的永恆客體之間的關係。對永恆客體的普遍相關性架構的分析，意味著它表現爲許多複合的永恆客體。一個構成成分關係不能再被分析的永恆客體（如特定深淺的綠色），將被稱爲「簡單的」（simple）永恆客體。

現在，我們就能解釋永恆客體領域的分析性，何以能使該領域分析成爲若干等級的。個別本質簡單的那些客體，將被歸爲最低等級的永恆客體。這一等級的複雜性爲零。接下來，我們看看任意一組這樣的客體，其數目是有限的或者是無限的。例如，這組客體——

「A、B、C」這三個永恆客體都不是複合體。我們不妨以「R（A，B，C）」來表示「A、B、C」之間、某種可能的特定關聯。舉個簡單的例子，假定「A、B、C」是一定深度的三種顏色，彼此間的時－空關聯，在任何時候和任何地點，處於正四方體的三個面上。那麼，「R（A，B，C）」便是最低等級的另一永恆客體。同理，一系列往上等級的永恆客體也是存在的。對任一永恆客體「S（$D_1, D_2, ...D_n$）」來說，永恆客體「$D_1, D_2, ...D_n$」——它們的個別本質構成了「S（$D_1, D_2, ...D_n$）」的個別本質——就被稱爲「S（$D_1, D_2, ...D_n$）」的構成成分。顯然，「S（$D_1, D_2, ...D_n$）」的複雜等級，應是比構成其成分中最高等級的成員，還高一級。

因此，有一種分析把可能性領域分析成簡單的永恆客體，還有一種分析則把可能性領域分析成各種等級的複合永恆客體。一個複合永恆客體是一種抽象的處境。這抽象作用（即非數學的抽象），具有雙重意義。一種是實現性的抽象，一種是可能性的抽象。例如，A和「R（A，B，C）」便都是可能性領域的抽象作用。應當注意的是：「A」指的是「A」的一切可能關係，包括「R（A，B，C）」在內。同樣，「R（A，B，C）」也是指「R（A，B，C）」的一切關係。但「R（A，B，C）」的這種意義，排斥了「A」所能契入的其他關係。因此，「R（A，B，C）」中的「A」便比「A」要絕對地更加抽象。所以，我們從簡單永恆客體，進到愈來愈高級的複雜性時，我們便愈來愈沈溺於可能性領域中，更高級的抽象作用。

現在我們可以說，當我們經過一系列的階段，向可能性領域中所得出的一定抽象模態前進時，我們在思想上，便要經過一系列愈益提高的複雜性等級。我將把這種前進路徑（route of progress）稱爲「抽象的層級」（abstrative hierarchy）。一個抽象層級——不論是有限的、還是無限的——都是以一群特定簡單永恆客體爲基礎的。這一群永恆客體就被稱爲層級的「基地」（base）。因此，抽象層級的基地，便是一組複雜性爲零的客體。抽象層級的正式定義如下：「以 g（g是一組簡單永恆客體）爲基地的抽象層級」（abstractive hierarchy based upon g”）是滿足下列條件的一組永恆客體：

(1) g 的成員屬於該層級，且是該層級中唯一的簡單永恆客體；

(2) 該層級中的任何複雜永恆客體的構成成分，也是該層級中的成員；

(3) 該層級中的任何一套組永恆客體——不論等級相同還是不同，至少是層級中一個永恆客體的構成成分或衍生構成成分。

應當注意的是：一個永恆客體的構成成分的複雜性等級，必然低於它本身的複雜性等級。因此，這一層級（複雜性的第一級）的任何成員，只能以群體「g」的成員作爲構成成分；第二等級複雜性的部分，只能以第一級和群體「g」的成員作爲構成成分，以此類推。

抽象層級所要滿足的第三個條件，可以稱爲連通性條件（the condition of connexity）。因此，一個抽象層級便是從它的基地上產生出來的；它包括從這基地上產生出來的一系列等級，不論這等級是無限的，還是有最大限度的；它是被它的屬於較低等級成員的套組，在較高等級重現（reappearance），所連結（connected）起來的，基於一套組構成成分或衍生構成成分，至少是層級中一個成員的作用。

如果抽象層級在有限的複雜等級上停止，那麼這個抽象等級便稱作是「有限的」。如果抽象層級包括分別屬於一切複雜等級的成員，那麼這個抽象等級便稱作是「無限的」。

應當注意的是：一個抽象層級體系的基地，可以包括有限數目的成員，也可以包括無限數目的成員。進一步來說，基地成員數目的無限，並不影響層級的有限或無限。

根據定義，一個有限的抽象層級，具有一個最高的複雜性等級。這一等級的特性是：這一抽象等級的成員，不是這一層級中任何其他等級永恆客體的構成成分。同樣，最高的複雜性等級，顯然只能具有一個成員，否則連結性的條件（the condition of connexity）就無法達到。反過來說，任何複雜的永恆客體就是經過分析後，可以表現爲有限抽象層級的永恆客體。我們作爲出發點的這個複雜的永恆客體，可以稱爲抽象層級的「頂點」（vertex）：它是最高複雜等級中的唯一成員。在分析的第一階段，我們獲得了頂點的構成成分。這些構成成分的複雜性可能各有不同；但其中至少有一個構成成分的複雜性等級，比頂點的複雜性等級低一級。比某一既定的永恆客體的等級低一級的等級，可稱爲那個客體的「近似等級」（approximate grade）。接著，我們獲得了屬於頂點的近似等級的構成成分，在第二階段把它們再分析成它們的構成成分。在這些構成成分中，有一些構成成分屬於我們這次分析客體其次近似值（second approximation）的構成成分。另一些構成成分是頂點的構成成分中、屬於這一「其次近似值」的構成成分。它們構成了第三級，分析還是照從前一樣進行。這樣，我們找到了屬於頂點以下其三近似值的客體，並且加上前兩級分析遺留下這一級的構成成分。我們繼續以連續的等級分析方式前進，直到達到簡單客體的那一等級。這一級形成了層級的基地。

需要注意的是：在處理層級體系時，我們完全在可能性領域之中。因此，永恆客體便缺乏眞實的結合性（real togetherness），它們依然處於孤立（isolation）。

亞里士多德把實際事實分析成更加抽象的元素時，他所用的邏輯工具是種屬分類（classification into species and genus）。這種工具在準備階段，對科學發揮了極其重要的作用。但它在形上學敘述中的應用，則扭曲了形上處境的眞相。「共相」一詞，與亞里士多德的分析法結合得非常緊密：這詞的意義近來又擴大了；但它還是帶著分類分析法的色彩。由於這個原因，我就沒有使用它。

在任何現行機緣「a」中，都存在一群「g」簡單的永恆客體；這些簡單的永恆客體以最具體的模態，組成這個群「g」。在一個機緣中的完整成分——由於在個別突現機緣的形成中，與其他永恆客體產生了個別本質最完全的融合——顯然是自成一體的，是不能用其他東西來定義的。但它具有一種必然屬於它的特殊性質。這個性質就是：存在一個建立在「g」之上無限的抽象層級，其成員同樣地被完全包含在「a」之中。

這樣一個無限的抽象層級的存在，說明了通過概念來完成對一個現行機緣的描述，是不可能的。我將把這個與「a」相聯的無限抽象層級，叫做「a的聯結層級」（the associated hierarchy）。一個現行機緣中的連結性理念（notion of connectedness），指的就是這種情形。對於這個機緣的綜合統一體（synthetic unity）和可認識性（intelligibility）來說，這種連結性是必要的。這裡有適用於這機緣概念的連續層級，它包括了所有複雜等級的概念。同樣，在這個現行機緣中，這種複雜概念所牽涉永恆客體的個別本質，達成了美感綜合。這種綜合能產生一種機緣，即一種爲其自身的經驗。只要機緣是由所有進入其完全的實現所構成，那麼這種聯結層級便是該機緣的形塑者、模式或者形式。

就抽象性等級而言，出自可能性的抽象與出自實現性的抽象，是背道而馳的，這個事實引起了思想上的某種混亂。顯然，當我們透過描述一個現行機緣「a」的聯結層級中的某些成員來描述「a」時，我們更加接近全部具體的事實，因爲聯結層級的複雜性等級，比其成員的複雜性等級更高。這樣，我們對於「a」便做了更進一步的描述。因此，複雜性提高時，我們就能在接近「a」的完全具體性方面，獲得進展；複雜性降低時，我們則會後退。因此，簡單的永恆客體代表著出自現行機緣的極端抽象作用；但簡單的永恆客體卻代表著出自可能性領域最低限度的抽象。我認爲大家會發現：當談到一個高級的抽象作用時，人們指的就是可能性領域中所產生的抽象，也就是一個精煉的邏輯結構。

到目前爲止，我一直都只是在談論現行機緣完全具體的一面。現行機緣正是由於這一面才在自然中成爲一個事件。但在這種意義下，一個自然事件僅是一個完整的現行機緣的抽象。一個完整的機緣包括在認知經驗中，表現爲記憶、預測、想像和思維的一切。經驗機緣中的這些元素，也是複雜的永恆客體，是作爲突現價值中的元素，被包含在綜合攝入體中的模態。它們與完全納入的具體性（the full inclusion of concreteness）不同。在某種意義上來說，這種差別是無法解釋的；因爲每一種包含的模態，都是自成一體的，不能用其他的東西來解釋。然而，有一個共通的不同，能將這些納入的模態，與以前討論到的十足具體契入區別開來。這個「種差」（differentia）就是「驟然性」（abruptness）。我所謂的驟然性，就是被記憶、預測、想像或思想的，給一個有限的複雜概念窮盡了。在每種情況下，都有一個有限的永恆客體——作爲一個有限層級的頂點——被攝入在該機緣之中。這樣脫離了實際的不可限制性（illimitability），在任何機緣中，都把所謂心理的，與那心理功能屬於的物理事件，劃分開了。

一般說來，對有關的永恆客體的理會（apprehension），似乎缺乏鮮明性：例如，休謨就說過「模糊的摹本」（faint copies）。但把這種模糊作爲分等的根據，是很不可靠的。同一東西在思想中被理解的，往往比在實際經驗中未被注意的，更爲鮮明。但被理會爲心理的，則總是受到條件的限制，就是：當我們試圖在它們的關係中，找尋高一等級的複雜性時，我們總是無法進行。不論它是什麼，我們總是發現所想到的就是這些，再沒有別的了。這裡有一個限制，這個限制使有限的概念，脫離了更高等級的無可限複雜性（illimitable complexity）。

因此，一個現行機緣就是一個無限層級（即它的聯結層級），加上各種有限層級的攝入體。無限層級綜合到機緣中的根據，是該層級的特殊實現模態，而有限層級綜合到機緣中的根據，則是各不相同的、其他的、特殊的實現模態。有關一個經驗機緣的一般特質的這種述說，在理性上是融貫的，對於這一點，有一個形上原理是必不可少的。我稱這一原理爲「實現的明確性」（The Translucency of Realisation）。我意爲任何永恆客體——只是其自身不管涉及什麼樣的實現模態。不扭曲個別本質，就不會產生一個不同的永恆客體。每一個永恆客體的本質中都存在一種不確定性，那表明它能不分軒輊地容忍任何契入現行機緣的模態。因此，在認知經驗中，就可能發現同一個機緣中的同一個永恆客體的契入模態，暗含在一個以上的實現等級中。因此實現的明確性，加上契入同一機緣的模態（可能不止一個），形成了眞理符應說（the correspondence theory of truth）的基礎。

就現行機緣與永恆客體領域的聯結而言，說明了現行機緣之後，我們就回到了第二章所述的思想主軸，那我們討論的是數學的性質。畢達哥拉斯所創始的概念被擴大了，並被列爲形上學的第一章。接下來的一章，討論的是以下這種令人迷惑的事實：一種事件的實際經過，那在其自身就是一個有限的事實，從形而上的觀點而言，或可全然不同。然而，其他形而上的研究被忽視了；例如，認識論以及對可能性領域中無限寶藏的某些元素的分類。這最後一個論題，使形上學看見各種科學的專門課題。

註文

【1】主要是我的《自然知識原理》（*Principles of Natural Knowledge*）一書，第五章。

【2】譯者注：英文原文爲internal objects，疑爲作者筆誤，譯者按照eternal objects翻譯。

第十一章　上帝

亞里斯多德認爲要完成他的形上學，就必須引進一個「原動者」（Prime Mover）——上帝。在形上學史上，這是一個重要的事實，有兩個原因。第一，如果我們要將最偉大的形上學家的地位賦予一個人，那麼無論從擁有天才般的見解、淵博的知識，還是從形上學的淵源上來說，我們都必須選擇亞里斯多德。第二，在思考這個形上學問題時，亞里斯多德是完全冷靜的；並且在歐洲一流的形上學家當中，他是最後一個能被如此評價的人。亞里斯多德之後，倫理的和宗教的研究開始影響形上學的結論。猶太人散播了（開始是自願地，後來是被迫地）；猶太——亞歷山大學派（Judaic-Alexandrian School）開始興起。隨後，基督教出現了，伊斯蘭教緊隨其後。亞里斯多德周圍的希臘諸神，都成了次一等的形上實有，並且都在自然之內。相應地，在原動者這個問題上，除了沿著他的形上思想路線繼續前進之外，亞里斯多德沒有其他的動力。然而這並沒有讓他朝著符合宗教目的的上帝走多遠。如果不引入其他因素，任何眞正的一般形上學，是否能夠比亞里斯多德走得更遠，這是個疑問。但是，他的結論的確象徵著第一步；沒有這一步，以相對狹隘的經驗基礎作證明，不能形塑這概念。因爲在任何有限的經驗範圍內，沒有東西能基於所有實存事物，形成有關任何此類實有的觀念，除非事物的一般特質需要有這樣一個實有。

「原動者」這個詞提醒我們，亞里斯多德的思想已經陷入了混亂的物理學和宇宙論的細枝末節中了。在亞里斯多德的物理學中，物質事物的運動需要諸多「特殊原因」（special causes）來維持。如果普遍的宇宙運動能夠維持的話，這很容易被納入亞里斯多德的思想體系中。因爲對於普遍的運動系統來說，每個事物都可得到一個其眞實目的。因此，就需要一個原動者來維持天體的運動，而事物的調整則依賴於這些天體。今天我們否定了亞里斯多德的物理學和宇宙論，所以以上論證的精確形式顯然失敗了。但如果一般形上學（無論如何）都與前一章所勾勒的形上學類似的話，那麼一個與亞里斯多德的形上學類似的問題就會出現，且只能用以類似的方式解決。亞里斯多德將上帝作爲原動者；相應地，我們就需要將上帝作爲聚合原理（the Principle of Concretion）。只有經過討論現行機緣所經過的一般含義，也就是實現的歷程，這地位才能被充實。

我們認爲實現性與深不可測的可能性之間，有著本質上的關係。永恆客體將每種區別的被納入和被排除的層級模式，賦予現行機緣。這一眞理的另一觀點是：每一個現行機緣都是強加在可能性上的一種限制；由於這種限制，事物成形結合（shaped togetherness）的特別價值，才會突現。透過這種方式，我們表達了如何從可能性來理解單個現行機緣，以及如何從單個現行機緣來理解可能性。然而，從孤立機緣的意義上來說，單個機緣是不存在的。實現性就是孤立的永恆客體不斷地結合，以及和所有現行機緣的結合。我在本章的任務，就是描述現行機緣的統一性。上一章集中討論了抽象作用；本章主要是討論具體，也就是結合在一起的。

讓我們考慮一個「機緣 α」——我們必須說明，其他現行機緣與「機緣 A」的關係是

「機緣α」本質的構成部分，那麼它機緣是如何存在於「機緣α」之中的。從本質上來說，「機緣α」就是實現了的經驗單元；相應地，我們會問：其他機緣如何存在於「機緣α」的經驗中。同樣，目前我排除了認知經驗。這個問題的完整答案是：與抽象領域中的永恆客體之間的關係一樣，現行機緣間關係的種類是無窮無盡的。然而，這種關係存有一些基本類型，這些基本類型可以說明全部複雜的變化。

預先理解這些進入類型（type of entry）（一個機緣進入另一個機緣的本質）的第一步，是要注意它們涉及抽象層級的實現模式之中，在上一章已討論過了。包含涉及那些層級的時—空關係，諸如在「α」中實現的，都可以用「α」以及用進入「α」的其他機緣來定義。因此這些進入的機緣（entrant occasions），將它們的層面引入了層級之中，並因此將時—空模式轉變爲定言的決定（categorical determinations）；同時這種層級，將它們的形式引入機緣之中，並且因此限定進入的機緣，只能在哪些形式下成爲進入的機緣。因此，同樣的方式（正如在上一章所見），在實現性等級的限定之下，每一個機緣都是所有永恆客體的一個綜合。因此，在所有進入類型等級的限制下，每一個機緣都是所有機緣的綜合。在其自身模態的限制之下，每一個機緣都綜合了內容的總體（the totality of content）。

關於「α」與其他機緣之間內在關係的種類，這些其他機緣（組成「α」的其他機緣）可以他種方法加以分類。這些都與過去、現在和未來不同的定義有關。哲學上通常假定這些各種各樣的定義必定是對等的。物理學目前看法一致顯示，這種假定缺乏形而上的明證（metaphysical justification），任何這樣的識別，對於物理學來說，都可能不是必要的。這個問題已經在論述相對論的那一章討論過了。但是，相對論的物理學理論僅僅觸及形而上地站得住腳的各種理論的邊緣。堅持不受限的自由，對於我的論證非常重要。在這種不受限的自由裡面，實際事物是一種獨特的定言決定。

每一個現行機緣都將自身展現爲一個歷程：它是一個生成變化（a becomingness）。在如此展現自身的過程中，它將自身看作是許多其他機緣中的一員；沒有它們，它就不能成爲它自身。同樣，它將自身定義爲一種特殊的個體成就，並將永恆客體的不受限領域，集中在其有限的方式中。

任何一個「機緣 α」，都是從那些集體形成它過去的其他機緣中產生的。爲了其自身，它展現其他機緣集體地形成它的現在的。與它相連的層級，則展現它的立即現前，一個機緣找到了它自身的根源。這種展現正是它自身對實現性產出的貢獻。它可能被它所來自的過去所制約，甚至完全被其所決定。但在那些條件下，它在現在之中所展現的，正是直接從它的攝入活動中所實現的。「機緣A」還在它自身內部，以未來的形式抓住了一個不確定性，即它未來的形式在「α」中納入的，具有部分的決定性，同時與「α」、來源於「α」過去的現行機緣，以及趨向於「α」現在的現行機緣，有著確定的時—空相關性。

這個未來是將在永恆客體「α」之中作爲「未有」（not-being）的一種綜合，並要求「α」過渡到與「α」有著確定的時—空關係的個體化作用，在其中「未有」變成了「有」。

在「α」中，有我在上一章稱作有限永恆客體的「驟然」（abrupt）實現。這種驟然的實現或者需要「α」之外、確定機緣有限層級基本客體作參照（正如它們在過去、現在和未來的處境）、或者需要這些永恆客體在確定條件下的實體，不過是在免除含納於現行機緣之間時—空相連架構這面向之下。在每個機緣中，永恆客體的驟然綜合，都爲永恆領域分析特質實現性中所含納。這種含納具有實現性的有限等級，其以本質的有限性特質化了每一個機緣。正是這超越於現行機緣間互相關聯性（mutual relatedness）的永恆相關性的擴張，將全部永恆相關性攝入每一個機緣之中。我將這種驟然實現稱爲「分級觀照」（graded envisagement），每一個機緣都攝入它的綜合之中。這種分級觀點便是現行機緣把某種意義下的未有，當作積極因素，納入到它成就自身的過程中。它是錯誤、眞理、藝術、倫理和宗教的源泉。由於它，事實才有不同的可能。

這種普遍的概念——把事件當成一個歷程來看時，其產物就是經驗單元（a unit of experience）——將事件分析爲：⑴實體的活動；⑵可供綜合的條件潛能；⑶綜合達成的產出。所有現行機緣的統合，禁止了實體活動的分析至獨立的實有。每個個體化活動不外乎是一種模態，在其中一般性活動透過外加的條件被個體化。觀照進入那綜合，也是將綜合活動條件化的特質。從機緣或者永恆客體不是實有的意義上來說，一般性活動不是一個實有。對每個機緣而言，它都是特殊的模態，是一種在所有機緣背後的普通形上特質。沒有任何東西可以與它相比：它是斯賓諾莎的唯一無限實體，其屬性即其個體化特質進入多種模態，也是在這些模態中，與永恆客體的領域作了各種綜合。因此，永恆可能性以及模態分化為個體多元性（individual multiplicity），就是唯一實體的屬性。事實上，形上處境的每個普通元素，都是實體活動的一個屬性。

然而，這種考慮模態性的普通屬性是有限的，揭示了形上處境中的另一元素。這個元素必須被列為是實體活動的一個屬性。就其本質上來說，每個模態都是有限的，這一個模態不會成為其他的模態。但是，除了這些細節的限制，一般模態個體化受到以下兩種方式的限制：第一，它是一個事件的實際經過，就永恆可能性而言，這個實際經過可能不一樣，但它就「是」那個經過。這種限制有三種形式：(1)所有事件都必須遵循特殊的邏輯關係；(2)所有事件都遵循關係的選擇；(3)甚至在邏輯和因果的一般關係中，都影響實際經過的特殊性。因此，第一種限制是先行選擇的限制。就一般形上處境而言，除了邏輯的或者其他的限制，還可能有一種無分別的模態多元性（modal pluralism）。但是在這種情形下，這些模態可能就不存在了，因為每一個模態代表了實現性的一種綜合，這些實現性被限制遵循一種標準。第二，限制是價值的代價。如果沒有先行的價值標準來決定，是選擇還是拒絕在活動的觀照模態面前的東西，就不存在價值。因此，在價值中存在一種先行的限制，引入了矛盾、等級和對立。

根據這種論述，現行機緣是一個歷程，那機緣是受到限制的突現價值，這兩種事實事件的經過，應該在由條件、特殊化和價值標準組成的先行限制中發展。

因此，作爲形上模態中一個更深層次的元素，便需要一個限制原理（principle of limitation）。有些特殊的何以如此（how）是必要的，有些在事實中的特殊化也是必需的。如果不承認這一點，就是否定機緣的實在性（reality）。顯然它們的非理性限制必須被認爲是幻想的證據，且我們必須在外表之後尋找實在性。如果不承認外表之後還有實在性，我們就必須爲實體活動中屬性的限制，提供一個根據理由（ground）。這個屬性提供了毫無理由的限制：因爲所有的理由都來自於它。上帝是終極的限制（ultimate limitation），祂的存在是終極的非理性（the ultimate irrationality）。上帝本性之中恰有的，是沒有理由的限制。上帝不是具體的，但是它是具體實現性的根據。我們無法爲上帝的本質提供理由，因爲它的本性是理性的根據。

這種說法值得注意的是，形上地不確定的，仍然是全然確定的。我們這就達到了理性的限度。因爲有一個全然的限制，不來自任何形上理由。確定的原理也許有形上需要，但是對被確定的東西來說，不可能有任何形上理由。如果有這樣一個理由，那麼就不需要任何更深層次的原理：因爲形上學必然已經提供了這種確定。經驗論的一般原理有賴於這樣的理論：一個不是抽象理性所能發現的具體原理。關於上帝，我們所能知道更深層次的東西，必須在特殊經驗的宗教領域中去找尋，因此便需建立在經驗基礎之上。人類對這些經驗的解釋存在很大的分歧。祂很受世人尊重地被稱爲耶和華、眞主、梵天、天父、天道、第一因、最高存在、機遇（Chance）。每一個稱呼都與使用者的經驗中延伸出的一套思想體系相符合。

在急於確定上帝之宗教意義的中世紀和現代哲學家當中，有一種非常不好的習慣，非常盛行，即賦予上帝形而上的美譽。上帝被理解爲形上處境終極活動的基礎。如果堅持這種理解，我們就只能將上帝看作是一切善惡的根源。因此，上帝就是世間這齣戲劇的最高撰寫者，故而世間這齣戲劇的失敗與成功，都必須歸於上帝。但如果上帝被理解爲限制的最高根據，那麼祂的本性就能區分善惡，並在「她（指理性）超卓屬地之內」（within her dominions supreme）中確立理性。

第十二章　宗教與科學

探討宗教與科學的關係問題的困難在於：要將這個問題闡釋清楚，對於「宗教」意指什麼，「科學」意指什麼，我們心裡必得要有非常清晰的觀念。同樣，我希望盡可能地用最一般的方式探討這個問題，並且在特殊信條（科學的或者宗教的）對比的背景下，來探討這個問題。我們必須理解這兩個領域間的關聯型態，然後對目前這個世界所面對的情勢，作出一些確定的結論。

當思考這個問題的時候，我們會很自然地想到宗教與科學之間的衝突。在過去的半個世紀，科學成果與宗教教義似乎已經達到了公開決裂的地步，因此，不是拋棄明確的科學學說，就是拋棄明確的宗教教義，除此之外，別無選擇。雙方的論戰者都得出了這樣的結論。當然並不是所有的論戰者都這麼主張，不過每一次論戰，那些被引入公開論戰中激烈的知識分子，皆持有這個結論。

敏感的人對這個問題所感到的憂慮、追求眞理的熱誠、以及對這個問題重要性的認識，必然會引起我們最眞誠的同情。當我們思考「對人類來說，宗教是什麼，科學是什麼」這個問題的時候，可以毫不誇張地說，歷史未來的進程，是由我們這一代人對宗教與科學兩者關係的界定來決定的。我們這有兩種最強大的普遍力量（除了各種感官衝動之外）影響著人類，而它們似乎彼此對立。這兩種力量就是：宗教直覺，以及精確觀察和邏輯演證。

一個偉大的英國政治家曾經建議他的同胞，使用大比例尺的地圖，以防止恐慌、痛苦以及對國家之間眞正關係的普遍誤解。同樣，在討論人類本性中永恆元素之間的衝突時，我們最好用大比例尺繪製我們的歷史圖案，並使自己從目前所面臨的衝突中解放出來。如果做到這點，我們立刻就會發現兩個顯著的事實。第一，宗教與科學之間一直存在著衝突；第二，宗教與科學兩者都在不斷發展。在基督教早期，基督徒普遍具有這樣一個信念：人還活著的時候，就得面對世界末日的來臨。至於這個信念是多麼權威性地被公布，我們只能做間接的推測；但是，以下這一點是確定無疑的：這個信念被廣大信徒們所信仰，並且成爲普遍的宗教教義中最深入人心的一部分。後來，這個信念被證明是錯誤的，基督教教義調整自身，並適應了這個轉變。再者，在早期基督教教會中，個別神學家非常自信地從《聖經》的意見中，推論出關於物理宇宙的性質。西元五三五年，一個名叫科斯馬斯（Cosmas）的修道士[1]寫了一本名爲《基督教的地形學》（*Christian Topography*）的書。他是一個旅行者，曾經遊歷過印度和伊索匹亞（Ethiopia），最後在亞歷山大城——當時一個巨大的文化中心——的一個修道院住了下來。在這本書中，根據他自己用一種文學的方式，逐字逐句地推理出來經文的直接含義，他否定地球有對立的兩極，並聲稱世界是扁平的平行四邊形，其長度是寬度的兩倍。

十七世紀，地動說受到了天主教庭的譴責。一百年以前，地質科學所需遠古的時間，使得宗教人士（包括新教徒和天主教徒）非常苦惱。現今，演化論同樣是宗教的絆腳石。這些僅僅能說明一般事例中的少數幾個。

如果認爲這種反復產生的困惑，僅僅侷限於宗教與科學之間的衝突，並且在這種爭論中，宗教總是錯誤的，科學總是正確的，那我們的想法就錯了。這個問題的眞實情況要複雜得多，用簡單的幾句話是無法概括的。

源於本身固有觀念間的衝突，神學也展現了同樣不斷發展的特性。這個事實對神學家們來說，不過是老生常談，但在論戰之中卻經常被曲解。我並不想誇大其詞，所以我將談談羅馬天主教作家。十七世紀一位博學的耶穌會士彼特維阿斯（Petavius）神父證明，基督教頭三個世紀神學家們所使用的語言，在五世紀後就會被譴責爲宗教異端。紅衣主教紐曼（Newman）也寫了一篇論文，討論教義的發展。這篇文章是在他成爲偉大的羅馬天主教教父之前寫的；但是在他整個一生中，這篇論文從來沒有被收回，並且不斷被重印發行。

科學比神學更具有可變性。任何科學人士都不可能不加修正地認同伽利略的，或牛頓、或他自己十年前的科學信念。

在宗教與科學兩個思想領域中，一直都存在增補、分歧和修正。現在，即使我們將一千年或五百年前相同的論斷重新拿出來，它的意義也要被限制或擴充，即使在早幾個世紀是大家想不到的。邏輯學家告訴我們：一個命題不是爲眞就是爲假，不存在中間狀態。然而事實上，我們知道一個表達某個重要眞理的命題，也要受到目前還未被發現事物的限制或修正。我們的知識具有一個普遍的特點：我們一直都知道重要眞理的存在；然而，我們能夠做出關於這些眞理的唯一表達形式，就是預設概念可能被不斷修正的一般觀點。我將列舉兩個科學的事例來說明這個問題。伽利略說地球繞著太陽轉；宗教法庭（Inquisition）說太陽繞著地球轉；牛頓派天文學家則採用一種空間絕對論，認為太陽和地球都自轉。但是，現在我們說這三種論斷中的任何一個，都是同等正確的，只要你採用這些論斷所用的方式，來定義所謂「靜止」和「運動」的含義。在伽利略與宗教法庭論戰的年代，伽利略陳述事實的方式，對科學研究而言，毫無疑問，是極其有利的。然而就這個說法本身，並不比宗教法庭的說法更為正確。但在那個時代，任何人都沒有現代相對運動的概念；因此，這個說法便是在不知道有更加完整的眞理條件下所做出來的。地球和太陽運動的問題，呈現了宇宙中的一個眞實事實；上述三方面都掌握有關這個問題的重要眞理。只是以那些時代的知識來看，這些眞理好像相互矛盾。

我將舉另外一個現代物理學的事例。自從十七世紀牛頓和惠更斯的那個時代以來，關於光的物理性質，一直存在著兩種理論。牛頓的理論認為：光線由微粒之流構成的；當這些微粒撞擊我們的視網膜時，我們就產生光的感覺。惠更斯的理論認為：光是由一種無所不在的乙太所產生極細微的振動波所構成，這些波隨同光線一道傳播。這兩種理論是相互矛盾的。十八世紀，人們相信牛頓的理論；十九世紀，人們相信惠更斯的理論。現在，我們發現有一大群現象，只能用波動理論來解釋；同時另一大群現象，只能用微粒理論來解釋。科學家們不得不暫時保持現狀，等待未來的發展，希望獲得更加廣闊的視野，以調和這兩者。

關於科學與宗教間分歧的問題，我們應當採用同樣的說法。科學與宗教這兩個思想領域中的任何事情，如果沒有看到其被以批判研究（或者是我們自己的，或者是有博學權威的）爲基礎的有力證據所證明，我們就不會相信它。但如果我們已經誠實地採納了這個前提，那麼兩者在相互交錯細節上的衝突，就不會使得我們輕易地拋棄那些有力證據的學說。我們可能對其中的某一套學說，更加感到興趣。然而，如果我們具有視野和思想史之感，那麼我們將會等待，並且不會參與這兩者之間的互相攻訐。

我們應該等待，但是我們不應該被動或失望地等待。衝突是一個徵兆，它象徵著還存在更爲廣闊的眞理，和更爲美好的前景，在那裡可發現更爲深刻的宗教，與更爲精微的科學調和起來了。

因此，從某種意義上來說，科學與宗教之間的衝突，是一個無傷大雅的小事，但人們卻過分強調了。一個小小的邏輯矛盾，只要稍微調整一下就可以，可能是雙方某個特質上的小調整。我們必須記住，科學與宗教各自處理事件的層面，有很大不同。科學關切被觀察到的物理現象的一般條件；宗教則完全沉浸於對道德和審美價值的沉思。一方擁有的是引力定律，另一方則是擁有對神性之美的沉思。一方所見的，另外一方則看不見；反之亦然。

讓我們來看看約翰・衛斯理（John Wesley）和阿西西的聖・法蘭西斯（Saint Francis of Assisi）的生平。對自然科學而言，在他們的生命中，僅僅能發現生理化學原理和神經反應動力學原理作用的原理；對宗教而言，則是世界史上最具有深刻意義的生命。如果應用到這些特殊事例上的科學和宗教的原理，缺乏完美且完整的表達語句，那麼從這兩種不同的觀點來說明這些人的生命，就會有這麼大的歧義，這難道是值得驚奇的事嗎？如果情形不是這樣，它將是一個奇蹟。

然而，認為我們不必理會科學與宗教間衝突的想法，是不切實際的。在一個明智的年代，絕不會放棄對眞理和諧圖景的一切願望、這樣的主動關注。安於分歧，就是對率直精神和高尚道德的破壞。具有自尊心的知識分子，應該將思想上的每一種矛盾，都探索到徹底解決為止。如果壓制這種衝動，就不會從被喚醒的思維中獲得科學和宗教。至關重要的是，我們將以什麼精神來面對這個問題？在此，我們遇到了絕對重要的關鍵點。

理論的衝突不是災難——它是一個機會。我將列舉科學的事例來解釋這一點。氮的原子量是眾所周知的。同樣，在任何相當質量中，這原子的平均量是相等的，這是一個確定的科學理論。已故的瑞利勳爵（Lord Rayleigh）和已故的冉賽爵士（Sir William Ramsay）發現，如果用兩種不同的方法獲得氮——每一種方法都同等有效，他們總是會觀察到在這兩種情形下，原子的平均質量存在微小的差異。如果這兩個人對化學理論與科學觀察之間的衝突，感到失望，難道是理性的嗎？假設某個國家由於某種原因，高度認同這個化學理論，並將之作為自身社會秩序的基礎，那麼禁止揭露這一事實——科學實驗產生了與之相衝突的結果——的行為，是明智的嗎？是正直的嗎？是道德的嗎？或者換一種說法，難道瑞利勳爵和冉賽爵士應該宣布這個化學理論，已經是被拆穿的西洋鏡嗎？我們馬上就可以發現，用這兩種辦法對待問題都是不正確的。他們立即覺著自己找到了某種觀察的門徑，根據這條門徑可能發現某種以前沒有觀察出來精緻的化學理論。理論與觀察之間的分歧不是災難，而是擴展化學知識範圍的機會。你們都知道事情最終的結局：最後氬（argon）被發現了，這種新的化學元素因和氮混合在一起，不知不覺地藏在裡面。

但是這個事情還有下文，正是我所要舉的第二個例子。這個發現使得人們重視精確地觀察，透過不同方法取得化學物質間的細微差別。接著有人用最精密的方法進行了觀察。最終，另外一個名叫阿斯頓（F. W. Aston）的物理學家——在英國劍橋大學的卡文迪許實驗室（the Cavendish Laboratory）工作——發現，甚至同一元素也可能具有兩種或多種不同的形式，學名同位素（isotopes）。平均原子量不變的法則，在各組同位素中是適用的，但在各組同位素之間稍有不同。這一研究使得化學理論的力量大大增強，其青出於藍而勝於藍，其意義遠遠超過氬元素的發現。這兩個例子的教育意義是顯而易見的，你們不妨將之應用到宗教與科學的問題中。

在形式邏輯中，矛盾象徵著失敗；但在實際知識的發展過程中，卻是象徵走向勝利道路的第一步。這必須是最大限度地容忍不同意見的充分理由。這種容忍的責任已經被一勞永逸地總結在：「容這兩樣一起成長，等著收割。」這句話裡，基督教徒不能遵循這條具有至高無上權威的教義，眞是基督教史上的一件怪事。但是我們對追求眞理所需要的道德品質的討論，還不夠徹底。捷徑只能通往虛幻的成功。如果你願意拋棄自己一半的證據，那麼你就很容易找到一種邏輯和諧，並很好應用於事實領域的理論。每個時代都有邏輯清晰的智者，他們能理解某些人類經驗領域的意義，並形成或繼承了一種思想架構，即完全符合他們所感興趣的經驗。這種人常常堅決地把一切產生矛盾、因而使他們的思想架構發生混淆的證據，完全擱置一旁，或設法自圓其說。凡不能配合到他們的架構中的，都被認爲是胡說。唯有毫不猶豫地將全部證據都考慮在內，才是唯一的方法，能防範像流行見解一般，在兩種極端之間搖擺。這個建議看起來容易，實際上卻難以遵循。

難以遵循的原因之一是：我們不能先思考，然後再行動。自我們出生的那一刻開始，我們就沉浸在行動中，只能偶爾透過思考引導我們的行動。因此，在各種不同的經驗領域之中，我們不得不採用那些能夠在這些領域中發揮作用的觀念。即使知道在我們的視閾之外，還存在一些細微的差異，但還是要相信那些普遍適切的觀念。同樣，除了行動的必要性之外，全部的證據，除了以學說的形式掩飾其不完全的和諧，便無法長期存在於我們心中。我們無法透過無限繁雜的細節來構思；我們的證據唯有在一般觀念的指導下，才能具有一定的意義。我們繼承的這些觀念，形成了我們的文化傳統。這種傳統不是永遠靜止不變的。它們或者退化爲毫無意義的公式，或者被更加精緻的理解，賦予了新的意義，增加了新的生命力。在批判理性的推動下，在感性經驗栩栩如生的證據面前，在科學認知冷靜的確定性之中，它不斷地轉變。有一點確定的是，你不可能讓它們靜止不變。任何一代人都不僅僅是在重複他們先輩所做的事情。你可以在形式的流變中保持生命，或者在生命的低潮中保持形式。但是，你不可能永久地將同一個生命圈在同一個模式中。

歐洲各民族目前的宗教狀況，說明了我的講法。這裡的現象是複雜而混亂的。宗教的反動和復興是並存的。但總體上，許多世代以來，宗教對歐洲文化的影響正逐漸衰退。每一次復興都只能達到比前人低一等的高峰，而每一個鬆懈時期，則陷入一個比前人更低的深淵。平均的曲線說明宗教的聲勢是日益消沉的。某些國家對宗教的興趣比其他國家要濃。但是，即使在那些宗教興趣相對濃厚的國家，宗教興趣還是隨著世代的延續而衰退。宗教正下降為一種美化舒適生活的公式。一次規模巨大的歷史運動，是許多原因匯合在一起造成的。在本章討論的範圍內，我打算談論其中的兩個原因。

第一，近兩個多世紀以來，宗教都處於防守的狀態，並且是弱勢的防守狀態。這個時期是人類理智獲得前所未有的進步時期。在這種情形下，思想遇到一系列新的狀況。每次宗教思想家都沒準備好去面對。宗教中那些被認為至關重要的東西，經過掙扎、失落和詛咒之後，最終要麼被修正，要麼被重新解釋。於是，下一代宗教辯護者便恭賀宗教界獲得更深層次的洞見。

在許多世代，這種不體面的撤退不斷重複著，最終幾乎完全毀掉了宗教思想家的知識權威性。我們不妨對照一下：達爾文或愛因斯坦宣布的那些理論，修正了我們的思想，這便是科學的成功。我們不會因爲舊的科學理論被拋棄，而認爲科學又失敗了。我們知道科學的洞見，因此獲得了進一步的發展。

除非以與科學一樣的精神面對改變，否則宗教將永遠不會重獲它昔日的力量。宗教的原理可能是永恆的，但這些原理的表達方式需要不斷發展。宗教的演進，主要就是清除前一代人用幻想的世界圖景，來表達其適當觀念時，所產生的偶然潛入的理念。像這樣，將宗教從不完美的科學束縛中解放出來，是好的。它澄清了自己眞正的使命。必須牢記一點：通常說來，科學的每一次進步，都將說明各種宗教信念的表達方式，需要做出某種修正。這些表達方式可能要加以擴充、解釋，或者完全用另一種方式表達。如果宗教本是眞理的一種合理表達，這種修改就只是把重點更精確地表達出來。這個歷程就是一種收益。因此，迄今爲止，只要任何宗教與自然事物有任何接觸，那麼隨著科學知識的進步，有關這些事實的觀點，就必須不斷地修正。在這種方式下，這些事實對宗教思想的確切意義，就會愈來愈明確。於是，科學的進展就必然會不斷修正宗教思想，因而給宗教帶來莫大的好處。

十六、十七世紀宗教界的論戰，使神學家們陷於一個最糟糕的心靈狀態。他們一直不停地攻擊和防守。他們將自己描繪爲被敵對勢力所包圍的城堡衛士。所有這些說法都只是一種似是而非的眞理。這便是它們流行的原因。但是這些說法非常危險。這種特殊的描繪培養了一種好鬥的黨派精神，這種黨派精神是徹底缺乏信心的眞實表達。他們不敢加以修正，因爲他們企圖逃避責任，不願斬斷自己屬靈的使命，與某種特別想像之間的聯繫。

請允許我透過一個事例解釋我的說法。在中世紀早期，人們認爲天堂就是天上，地獄就是地下，而火山是地獄的峽口。我不是說這些信念已經成爲正式的學說，但它們卻成爲地獄與天堂普遍流行的教義。這些理念就是每個人以爲的未來國度的教義中所包含的。它成爲基督教信仰最有力解釋者的說法。例如，教皇格里高利[2]（Pope Gregory）的《對話錄》（*Dialogues*）中就出現過這種理念，他的地位崇高，唯有他自己對人類的服務可堪比擬。我不是在說關於未來國度，我們應該相信。然而，無論正確的教義應當是什麼，科學和宗教總是存在衝突。科學把地球降爲附屬於太陽的、不重要的一個次要行星，因此就把中世紀那些幻想驅除了。這樣一來，這一衝突對宗教的靈性便有許多好處了。

探討宗教思想演化問題的另一方式就是，要注意任何口頭陳述的方式，在世人面前揭露早有一段時間的含糊不清；而經常是這些含糊不清的地方，具有重要的意義。如果單從邏輯上去分析口頭陳述，那在不了解邏輯陷阱時作的，是無法確定一個教義在過去的有效含意。我們還必須考慮人性對思想架構的全部反應。這種反應的性質是複雜的，包括較低人性所衍生的感情元素。科學和哲學的客觀批判，在這一點上有助於宗教演化。有關這種推動發展力量的事例，舉不勝舉。例如，在帕勒吉烏斯（Pelagius）和奧古斯丁（Augustine）的時代——也就是在西元五世紀初期，利用宗教力量予人性以道德淨化的這種說法，在邏輯上的困境引起了基督教的分裂。那場爭論的餘音在神學中，一直繚繞不絕。

到目前爲止，我的觀點如下：宗教是某種對人類基礎經驗的表達；宗教思想不斷發展，或變得愈來愈精純，並不斷排除繁雜的想像；宗教與科學之間的互動，是推動這種發展的一個巨大因素。

第二，宗教興趣的衰退的第二個原因，牽涉了開頭那一句話中所說的一個終極的問題。也就是說，我們必須清楚自己所說的宗教是什麼。教會在回答這一問題時，不是在宗教的各方面提出適合過去時代之感情反應的說法，便是提出足以激起非宗教特質現代興趣的說法。我所說第一種情形是：宗教訴求一部分是激起人們對暴君發怒的本能恐懼（這是古代專制王國內苦難臣民心中最深刻的印象），特別是激起人們對不可知的自然力量背後，全能暴君發怒的恐懼。這出於赤裸裸恐懼本能的訴求，正逐漸失勢。因爲現代科學和現代生活條件告訴我們，遇到恐懼時要用分析的方法，來分析其原因和條件，所以這一方法便得不到直接的反應。宗教是人性尋求上帝的反應。把上帝描述爲一種強大力量，就會激起現代批判性的本能反應。這是一個致命的問題；因爲宗教的主要論點，如果不能立即贏得人們的擁護，它就要垮臺。在這一方面，古老的修辭有違於現代文明的心理學。心理學上的變化，在很大程度上要歸於科學，且是因科學進步，是削弱舊宗教表達的一種主要方式。建立現代社會良好組織的渴望，就是現代宗教思想中非宗教的動機。宗教被描述爲對有序生活而言，是有價值的。宗教成立的理由是由它裁定正當行爲的功能所決定。正當行爲的目的，又很快就退化爲愉悅社會關係的形式。在此，隨著其在激烈倫理直覺（ethical intuition）的影響下，正逐漸淨化，我們發現宗教思想發生了微妙的退化。行爲是宗教的副產品——一個無法避免的副產品，但不是主要方面。每個偉大的宗教宗師，都反對將宗教說成只是行爲準則的裁定。聖・保羅曾指斥法律，清教徒的神職人員則把正當說成是一些破爛髒布。堅持行爲準則，標誌著宗教熱忱的減退。最要緊的是：宗教生活並不是追求舒適的生活。現在，我要說，即使有些羞怯，我所認爲的宗教精神基本特質是什麼。

宗教是對某種處於一般常見事物之外、之後、之中的見識景象（vision）；這種東西是真實的，但還有待實現；它是一個遙遠的可能，但又是最偉大的當下事實；它賦予所有已發生的事情以意義，但又避開了人們的理解；它所擁有的是終極的善，但又可望而不可及；它是終極的理想，但又是毫無希望的探求。

人性對宗教景象的直接反應就是崇拜。宗教與野蠻最原始的想像力混合在一起，滲入了人類經驗之中。這種意象在歷史進程中逐漸地、緩慢地、穩定地重現，並且形式愈來愈高級，表達愈來愈清晰。當重新獲得力量的時候，它就以更豐富和更純潔的內容重現了。宗教景象及其不斷擴大的歷史過程，是我們抱持樂觀態度的根據。離開了宗教，人生便是在無窮痛苦與苦難之中曇花一現的快樂，或是短暫體驗中一種微不足道的瑣事。

宗教景象要求的只是崇拜；而崇拜就是在互愛力量的驅使下，接受同化。這一景象從不否決什麼。它總是存在，並充滿愛的力量。這種愛的力量代表一種目的，完成這種目的就是永恆的和諧。我們在自然中所發現的這種秩序，絕對不是力——它將自身展現爲一種對複雜細節的諧和調整。惡就是達到支離破碎目的的獸性驅動力，無視於永恆的景象。惡就是否決、阻礙和傷害。上帝的力量在於祂所激發出來的崇拜。一種宗教的思想形態和儀式，促使人們領會到高於一切的景象，那麼這種宗教便是強大的。對上帝的崇拜不是一種安全規則，而是一種精神的進取，是追求不可達到之目的的行動。高尚進取心的窒息，就是宗教滅亡的來臨。

註文

【1】參見勒啓（Lecky）：《歐洲理性主義的興起與影響》（*The Rise and Influence of Rationalism in Europe*）第三章。

【2】參見格黎哥羅維阿斯（Gregorovius）：《中世紀羅馬史》（*History of Rome in the Middle Ages*），第三卷，第三章，英譯本第二本。

第十三章　社會進步的必要條件

連續幾個世代以來，人類的活動都由本能觀念控制著，這幾章的目的在分析科學對形成這種觀念背景時的反應。關於事物的終局，在一切說完之後，這種背景會形成某種含糊的哲學形式。這三個世紀構成了現代科學的時代，它們圍繞著上帝、心靈、物質，以及表達簡單定位特質的時間和空間等觀念來發展。哲學總體來說，強調心靈，因此，在最近過去的兩個世紀中，與科學沒有接觸。然而，由於心理學的興起以及其與心理學的聯繫，哲學便有漸次恢復舊觀之勢。在最近一個世紀，十七世紀所確定的自然科學理論的崩潰，也幫助了哲學的這次復興。但是，在這次崩潰之前，科學一直是穩穩地停留物質、空間、時間以及後來的能量等概念上。同樣，還有決定地移的、任意的自然法則。這些法則是透過經驗觀察獲得的，但由於某種含糊理由，被人們當作是普遍的。任何在實踐中或在理論上漠視這些法則的人，都受到嚴厲的譴責。對科學家而言，這個論點純屬胡扯，縱使人們會以爲這是他們相信自己的說法而已。因爲他們現在的哲學完全不能證明這樣一個假定，即只要有對於任何目前機緣的直接知識，就能闡明機緣的過去或者未來。

我也提出了另外一種科學哲學，在其中「機體」取代了「物質」。爲了這個目的，唯物論中的心靈，分解成了機體的功能。心理學領域標誌著事物的本質。我們的身體事件是一個非常複雜的機體類型，它包括了認知（cognition）。進一步來說，從它們最具體的意義上來講，時間與空間便是事件發生的場所。一個有機體是特定價值形態的實現。某種現實價值的突現，有賴於排除其中偏頗意見的限制。因此，一個事件就是一個事實，由於自身的限制，成為一種價值其自身的；但正由於它的這種本性，它也需要整個宇宙，以成為其自身。

重要性（importance）取決於持久（endurance）。持久就是在時間之中保住價值的成就。持久使得事物固有模式具同一性。持久需要有利的環境。整個科學都環繞著持久的機體這個問題。

目前科學的一般影響力，可以從以下四個方面來分析：⑴關於宇宙的一般概念；⑵技術的應用；⑶知識的專業主義（professionalism）；⑷生物學說對於行為動機的影響。上述這些，我已經在前面幾章中作了一個概述。在最後這一章中，便應談一談科學對文明社會所面臨問題的反應。

由科學引入現代思想之中的一般概念，不能與笛卡兒所說的哲學處境分開。我的意思是：作為獨立的個別實體，肉體和心靈兩者都以自身之故而存在，完全無須涉及對方。這個看法與從中世紀的道德紀律中產生的個人主義（individualism）非常符合。然而，這樣雖然解釋了為什麼這概念容易被人接受，但它自身的來源卻模糊不清。這是很自然的事，也是非常不幸的事。道德紀律強調了個別實有的內在價值。這種強調將個體及其經驗的理念，放入思想背景之下。混亂也就從這點開始。每個實有突現的個體價值，被轉化成它獨立的實體存在，這是一個完全不同的理念。

我不是說笛卡兒以明確推理做了這邏輯的，或者非邏輯的轉化。絕對不是這樣。他首先做的是把注意力集中在自己的意識經驗上，那被當作是他自己獨立心理世界中的事實。當時對整個自我個體價值的強調，引導著笛卡兒用這種方式思考。他暗自地把他自己的實在性這固有事實，突現的個體價值，轉變成飽含激情、模態和獨立實體的個人世界。

賦予軀體實體獨立性，使得它們完全脫離了價值的領域。它們退化成了一種完全沒有價值的機制，只能提示一些外在的創意。天國失去了上帝的榮耀。新教從依賴物質媒介的美學效果那裡退縮了，解釋了人們的這種心態。這樣退縮回來，就會把價值賦予那些本無價值的東西。在笛卡兒以前，這種退縮的趨勢就已經很明顯了。因之，笛卡兒有關沒有內在價值的物質粒子的科學理論，用詞明確地說，只是一個理論——這個理論在進入科學思想和笛卡兒哲學之前，就已經流行了。或許這個理論在經院哲學裡，已經潛在地存在了，但直到遭遇十六世紀的北歐精神，它才產生了效果。然而，笛卡兒所裝備的科學，使得這一觀點穩定下來，並賦予其知性地位。這一觀點對現代社群的道德預設，具有極其複雜的影響。其好的影響源於其作爲適於探索有限領域的有效科學研究方法。遠古野蠻時代的歇斯底里，在歐洲心靈上遺留了汙點，這個好的影響就是將這些汙點普遍地清理掉。這些都是好的，而且在十八世紀也完全實現了。

但是到了十九世紀，也就是社會轉換爲製造業的時期，這些理論的壞效果，就非常致命。把心靈作爲獨立實體的學說，不僅直接引導出私有的經驗世界，而且引導出了個人私有的道德。道德直覺被認爲只能應用於全部個人私有的心理經驗世界。因此，自尊與充分利用自己的個人機會，一起構成那個時期工業家中的領袖績效道德。現在，先前三個世代的有限道德觀點，使得西方世界備受折磨。

同樣，認爲單純無價值的物質假定，使得人們對待自然和藝術的美缺乏尊敬。當西方世界的城市化快速發展時，對新物質世界的審美性質進行最精微的、最迫切的研究必不可少時，認爲這類觀念是無關緊要的說法，達到了最高峰。在工業化最發達的國家中，藝術被當作一種兒戲對待。十九世紀中葉，在倫敦可以看到這種心態的一個顯著實例。泰晤士河灣曲折地通過城區，其優美絕倫的美，被查令十字鐵路大橋（the Charing Cross railway bridge）肆意地損毀了。建造這座大橋時，根本沒有考慮審美價值。

由此產生了兩個惡果：(1)無視每個機體與其所在環境的眞正關係；(2)產生了無視環境內在價值的習慣，那必容許有關終極目的的吃重思考。

專業人才訓練分化的發現，是現代社會所遇到另一個偉大的事實。這些專業人才在特殊的思想領域中專門化（specialized），因而不斷地增進了在他們各自有限學科範圍之內的知識。由於知識專業化的成功，我們必須牢記兩點，正是這兩點使得我們的時代不同於古代。第一，現代的進步如此迅速，以至一個普通壽命的人，會遇見各種新奇的情景，這在他過去的生活中是找不到對應物的。有專職專責的人，在古老的社會中是一種天賜之福，但在未來的世界卻將貽害公眾。第二，就知識領域而言，現代知識的專業化產生了相反的效果。現代化學家可能在動物學方面的知識很弱，而在伊莉莎白時代戲劇方面，一般知識就更弱了，至於對英詩韻律規則可能毫無所知。他對古代史的知識，恐怕更是一竅不通。當然，我所說的是一般趨勢，因爲化學家並不比工程師、數學家和古典學家更糟糕。有效的知識是專業知識，再輔以對相關有用課題受限的熟稔。

這種情境具有它的危險性。它產生受限於一隅的心態。每個專業都進步了，但僅僅是在各自的一隅裡。在精神上限於一隅，在一生中便只會思考既定的某一套抽象概念。此一隅防止人們在荒野上流浪，但抽象概念是抽取自不被注意的東西。然而，任何抽象的一隅都不足以含蓋人生。因此，在現代社會，中世紀知識分子的獨身主義（celibacy）就被一種知識獨身主義——與對完整事實具體思考與隔離的——取代了。當然，沒人僅僅是數學家或僅僅是律師。在自己的專業或業務之外，人們都有自己的生活。但重點在於認眞的思想被侷限在一隅之中了。生活的其餘部分被衍生自專業的、其自身不完美的範疇淺薄地對待了。

這一方面的專業化所導致的危險是巨大的，尤其在我們的民主社會。理性的指導力量被削弱了。知識領袖缺乏平衡。他們看到了這種狀況或那種狀況，但沒有看到全面。協調的任務就留給那些不是缺乏在某個特定職業中獲得成功的力量的人，就是缺乏人格的人。簡而言之，社會專業化的功能表現得更好，更加進步，但總體而言，卻缺乏視界眼光。細節的進步，只能增加因協調無力所產生的危險。

無論你怎樣來解讀社會含義，對現代生活的這一評論都可以適用。不論你是將其適用於一個國家、一個城市、一個地區、一個機構、一個家庭，甚至是一個人，它都是成立的。特殊的抽象作用在發展，具體的理解在退化。

不論是國家、城市、地區、機關、家庭，甚至個人都是一樣。整體迷失在某一局部之中。我不想堅持說我們的指導智慧（directive wisdom）——無論是對個人還是對社會而言——都大不如前。或許，我們的這種智慧還稍微增進了一點。但如果要避免災難，獲得新的進步，就需要更強的指導力量。問題是，十九世紀的發現，都是朝著專業化的方向，因此，我們沒有指導智慧增長的空間，同時我們也更加需要這種智慧。

智慧是平衡發展的成果。這種個體性的平衡發展，是教育應該確保達到的目的。對於不久的將來而言，最有用的發現就是能增進這一目的，同時又不妨礙必要的理智專業化。

我對傳統教育方法的批判是：過於偏重對知識的分析和獲得公式化的訊息。我的意思是：我們忽略，強化在實現價值充分交互作用中、具體理解個別事實的習慣；我們僅僅強調抽象公式，而抽象公式卻忽視多種價值間的交互作用。

各國都在考慮普通教育和專業教育的平衡問題。除了我國，我沒有掌握任何國家在這方面的第一手材料，不敢妄談。我知道在我國，教育實踐者們對現行的作法非常不滿。同時，整個教育制度不能適應民主社會的要求，這問題也根本沒有得到解決。我並不認爲解決這問題的秘訣，在於把徹底的專業知識與較淺近的普通知識對立起來。平衡徹底專業知識的培訓，應該與純理智分析知識完全不同。目前我們的教育只深入研究少數抽象體系，然後再較爲廣泛地稍稍研究其他更多的抽象體系。我們學校的課程簡直太死摳書本了。一般訓練應當以闡明具體認識爲目的，同時應當滿足青年人「做事情」（be doing something）的渴望。這裡甚而可以有一些分析，但只要能闡明不同領域的思考方法就夠了。在伊甸園中，亞當在給動物命名之前，就看見動物了：但在我們的傳統教育體系中，兒童是先知道動物的名字，然後才看見動物。

對於教育的實際困難，沒有容易單一的解決方法。然而，我們能以其一般理論中的某種單純性來指導自己。學生應當集中注意在一個限定的領域裡。這種集中注意必須包括一切實際上的和知識上的必要條件。一般程序都是這樣；我個人傾向於促進而不是妨礙這種集中注意。伴隨這種集中注意，還有一些輔助的學習，如科學語言的學習。這種專業訓練計畫，必須導向一個適合於學生的明確目標。我們無需爲這說法多做解釋。當然，這種訓練必須有合其目的的寬度。但設計時，不需要考慮其他目的，以免變得過於複雜。這種專業訓練只能涉及教育的一個方面。它的重心在於知識，其主要工具是書本。訓練的另一面重心應在直覺，且不要脫離對整體環境的分析。它的目標是以最小程度地剔骨分析，達到立即理會（immediate apprehension）。最需要的通則性（generality）類型，是欣賞各種價值。我是指美感的成長。

在純實踐者粗鄙專技化價值，與空談學者薄弱專技化價值之間，存在著另一種東西。這兩種人都缺乏某種東西，而且即使把這兩種專技化價值加在一起，也得不到所欠缺的東西。我們所希望獲得的是對一個機體在適當環境中，所達成各種生動的價值的欣賞。你理解太陽、大氣層和地球運轉的一切問題，你仍然可能遺漏了太陽落下時的光輝。對事物在其實際環境中具體成就的直接知覺，是沒有任何東西可以代替的。我們需要的是具體事實，並且需要把它有價值的地方顯示出來。

我所說的是藝術（art）和美感教育。然而，但這裡所說的藝術含義非常廣泛，我甚至不願用藝術這個名詞。藝術是個特別的例子。我們所希望的是培養出審美的習慣。根據我所闡述的形上學理論，這樣做是為了增加個體性的深度。對實在性的分析說明了兩個因素，「活動」突現成為個體化的美感價值。同樣，突現價值也是「活動」個體化的度量。我們必須培養維持客觀價值的創造自發性。沒有自發性將無法得到領會；沒有領會，同樣不能得到自發性。只要朝向具體情況，你就不能排除行動。沒有本能衝動，敏感性（sensitiveness）就會變成墮落；沒有敏感性，本能衝動就會變成粗野不文。我是以最廣泛的意義使用「敏感性」這個術語，以包含在其自身之外的領會，也就是說，對所有事實的感受。因此，我所要的廣義的「藝術」，便是把具體的事物，安排得能引起對它們所實現特殊價值的重視的選擇。例如，擺好身體和眼睛的位置，以便能看到日落的美景，這便是藝術選擇的一個簡單實例。藝術的習慣就是享受生動價值（vivid value）的習慣。

但在這種意義上，藝術所顧及的並不止是日落。一個工廠，由於它的機器、工人組成的社區、它對普通大眾的社會服務、它對於組織與設計天才的依賴、作爲它股票持有者財富的泉源的潛力，是展現各種生動價值的一個機體。我們所要訓練的，就是全面理解這樣一個機體的習慣。在亞當・斯密（Adam Smith）死後，一七九〇的初期，政治經濟學（the science of political economy）的研究是弊大於利，值得我們爭論。它破除了許多經濟學的謬論，並教導人們怎樣理解當時正在進行的經濟革命。但是，它又讓人們頑固地接受了一套抽象思考，這套抽象思考對現代思潮的影響是極其有害的。它把工業中「人」的成分一筆勾銷了。這僅是現代科學固有的普遍危機中的一個例子。它的方程式是排他的、不寬容的，而且確實如此。它集中注意某套特定的抽象概念，卻忽視了其他一切東西，同時提出有關自身維護的一切資料和理論。只要這套抽象思考被證明是正確的，那麼這種方法就是成功的。然而，不論這種方法怎樣成功，總是有個限度。忽視這些限度，就會導致嚴重的失察。由於能保持有用的方法論，科學的反理性主義部分有合理之處；另有一部分僅是非理性的偏見。現代的專業化就是訓練人們的腦筋，去遵循方法論。十七世紀的歷史性革命和更早時期對於自然主義的反應，都是超越中世紀受教階級迷戀抽象思考的例子。在這些較早時期，人們都具有理性主義的理想，但卻沒能追求它。因爲他們沒有認識到推理的方法，需要抽象作用所包括的限制。相應地，眞正的理性主義必須經常超越自身——透過重現具體事實的方式，以求得靈感。自滿的理性主義，實際上就是一種反理性主義。這意味著人們在某套抽象思考上武斷地停住了。科學的情況就是如此。

在事物的本質中存在兩種原理：變化的精神和守恆（conservation）的精神。不論我們探討哪個領域，它們都以一些特殊的形式體現出來。缺少這兩個原理，就不可能存在任何實在的東西。只有變化沒有守恆，便是從無到無的過程。它最後的匯集，僅能產生一種轉瞬即逝的非實有（non-entity）。只有守恆，沒有變化，就無法守恆。總之，環境處在流變之中，單純的重複，將使存在失掉新鮮性（freshness）。現存實在的性質是由事物流變中持久機體構成的。機體的低級形式達到了自我同一，這種自我同一統治著它們的整個物理生命。電子、分子和晶體都屬於這種形式。它們展示了大型的完整的同一性。在出現生命的較高形式中，情形更爲複雜。因此，雖然存在複合的持久模式，但這模式退到了整個事實的深處。從某種意義上來說，人類的自我同一比晶體的自我同一更抽象。它是精神的生命。它與創造性活動的個體化有關；所以，從環境中獲得不斷變化的條件與有生命的人格分開了，且被認爲形成了它的被知覺之域。實則，知覺領域和知覺心靈都是一些抽象作用，這些抽象思考在具體情形中，結合連續的身體事件。因受限於感覺客體和轉瞬即逝的情緒，心理領域是較弱的恆常（minor penmanence），僅僅能免於成爲單純變化那一類非實有；心靈是主要的恆常（major permanence），它充滿在整個領域中，其持久性就是活生生的靈魂。但如果沒有轉瞬即逝的經驗來充實，靈魂就會枯萎。高級機體的祕密，就在於這兩個等級的恆常性。在這種方式下，環境的新鮮性就被吸收到靈魂的恆常性中去了。不斷變化的環境由於自身的變化，不再是機體持久性的敵人。高級機體的模式就撤退到個體性活動的地步。這已經成爲高級機體對待情況的一致方式；如果所處理的情況有適當變化，這種方式便會加強。

這靈魂的受孕（fertillization of soul）就是需要藝術必然性的原因。一個靜止的價值（無論如何重要），由於它的持久性過於單調，就變得無可持久了。靈魂大聲呼喚地要求解放到變化之中。它遭受著幽閉禁絕的痛苦。幽默、思慮、玩笑、遊戲、睡眠的變化，尤其是藝術的變化，對於靈魂說來都是必要的。偉大的藝術就是爲了提供靈魂生動、但轉瞬即逝的價值，所做的環境的安排。人類需要某些能吸引他們關注於一時的、不是例行公事的，而是能盯著看的東西。但是，我們無法將生命分開，除非在思想的抽象分析中。因此，偉大的藝術不僅是一時的爽快。它爲靈魂增添了自我達成恆常的豐富內容。透過自身的立即享受，也透過自身深刻的內存紀律，它證成了自己。它的紀律和享受並沒有區別，而是由享受產生的。它使靈魂變成了價值的恆常實現，這種價值超越了它從前的自我。藝術的這種轉變，可見於其歷史所展現的不息活動。一個時代充滿著任何風格的傑作，必須不斷尋找出新的東西。人類漫步徜徉。然而事物中還有著一個平衡。在充分達到適切的成就之前，變化——無論在性質上還是在產出上——都是對偉大性的破壞。現存的藝術——不斷發展著，然而又在遠離它的恆常目標——的重要性是不能加以誇大的。

對於文明社會的審美需求而言，科學的反應到現在爲止都是不幸的。它的唯物論基礎，使人們把事物和價值對立起來。如果從具體的意義來看，這種對立是虛假的。但從一般思想的抽象層面來看，這種對立是眞的。這種錯誤的強調和政治經濟學的抽象思考結合起來了。實際上，商業活動就是按照這些抽象思考進行的。因此，一切有關社會組織的思想，都用物質的東西或資本來表達。終極的價值被排斥了。人們對這些價值是敬而遠之，然後把它轉交給神職人員做禮拜用。某種商業競爭的道德信條被制定出來，在某些方面極其高尚；但卻完全沒有考慮人生價值。工人被當成勞工窩裡抽出來的人手。對於上帝提出的問題，人們給出的答覆就是該隱（Cain）的答覆：「我是看守我兄弟的人嗎？」他們也犯了該隱的罪。英國的工業革命就是在這種氣氛中完成的，其他地方在很大程度上也是這樣。過去的半個世紀，英國的內部歷史，大部分是緩慢而痛苦地解除新時代初期，留下來罪惡的努力。文明也許無法從使用機器後，所造成的惡劣氣氛中恢復過來了。這種氣氛充滿了歐洲北部進步民族的整個商業體系。之所以造成這種情形，部分原因在於新教徒在審美上的錯誤，部分在於科學唯物論，部分在於人類天生的貪欲，還有部分在於政治經濟學的抽象思考。對我這一看法的解釋，可以在麥考萊（Macaulay）評論騷塞（Southey）《關於社會的對話》（*Colloquies on Society*）的文章中找到。這文章寫於一八三〇年。現在，麥考萊已經成了當時或歷代人物中最受推崇的人之一。他具有天才，是一個心地善良和受人尊敬的改革家。下面是該文章中的一段：

大家說我們這個時代所犯的滔天罪惡，超過了我們祖先的想像。現在社會所處的狀況，甚至還不如全面滅絕來得好些。這一切都是由紡織工人所住的四壁蕭然的長方房子造成的。騷塞先生（Mr. Southey）說他已經找到一種可以把工業與農業的效果，加以比較的方法。這種方法是什麼呢？就是站在山頂上眺望茅屋和工廠，看看哪個更漂亮。

騷塞在他的書中似乎說了不少蠢話；但就這段引文來看，他如果在近一個世紀之後的今天再回到人間，也是很吃得開的。現在，早期工業制度的罪惡成了老生常談。我所堅持的是：即使那時最賢明的人，在考慮美學在一個民族的生命中的重要性時，也是睜眼瞎子。就是今天，我也不認爲我們已經幾乎作出了正確的評估。造成這一嚴重錯誤的一個有力的因素，是這樣一個科學信條：運動中的物質在本質上就是具體的實在。因此，美感價值就成了一個外來的、不相干的添加。

這種衰敗可能性的景象，還存在著另一面。在科學與技術飛躍發展的新環境中，未來的文明將是什麼？這是現在的熱門話題。未來的罪惡已經從很多方面診斷出來了，比如宗教信仰的喪失、物力的濫用、有利於較低等人性類型差別出生率所造成的退化、美感創造性的受到壓制等。毫無疑問，這些都是危險而可怕的罪惡。但這些都不是什麼新鮮問題。從歷史伊始，人類就一直在喪失自己的宗教信仰，一直遭受濫用物力的危害，一直遭受最優秀人才不孕不育所造成的不幸，一直目睹藝術週期性的衰敗。在埃及國王圖坦卡門（Tutankhamen）統治時期，現代主義者與原教旨主義者（Fundamentalists）進行了一場你死我活的宗教鬥爭。洞窟中的壁畫顯示出有一個具有精美的美學成就時期，後來這一時期被一個庸俗的時代取代了。

在中世紀時代，宗教界領袖、偉大的思想家、偉大的詩人與作家，以及全部的神職人員，都沒有什麼創造能力。最後，如果不看民主政治、貴族、君主、將軍、軍隊和商人的表面現象，而看看過去究竟發生了什麼，我們就可以看出一般人使用物力，是盲目的、固執的、自私的，甚至往往是惡意的。然而，人類還是進步了。甚至拿人類歷史中極其光輝的一小段來看，如果把一個現代人放到古希臘的鼎盛時代，最有可能過得幸福的，也許是一個重量級的職業拳擊手，而不是來自牛津或德國的希臘學者，這和目前的情形完全一樣。誠然，牛津的希臘學者的主要作用，就是他能寫一篇頌詞來替拳擊手捧捧場。令一個現代人在目前自己工作中感到喪氣的，莫過於叫他把往日的優越與現在一般的失敗相比較。

總之，歷史上眞的有衰敗的時期，並且現在也和其他時代一樣，社會正在衰敗之中，必須找出挽救的辦法。專家並不是世界上新出現的東西。但在過去，專家已經形成了不進步的階層。關鍵是現在的專家，已經和進步分不開了。目前，世界面臨著一種無法控制的自行組織系統（self-evolving system）。在這種情形中，危險與好處並存。顯然，物力的增加將爲社會的進步提供機會。如果人類善於處理難局，那麼在我們眼前確實存在一個有益於創造的黃金時代。但從倫理上來講，物力本身是中性的。它同樣能向錯誤的方面發展。現在的問題不是怎樣產生偉大的人物，而是怎樣產生偉大的社會。偉大的社會將使人知道如何應付這局面。唯物主義哲學強調物質的既定數量，並從此推演出環境的既定性質。因此，它給人類的社會良心帶來非常不良的後果。它幾乎完全把注意力導向一個固定環境中的生存競爭。從很大程度上來說，環境是固定的，在這個環境內生存競爭是存在的。戴著玫瑰色的眼鏡看世界，是非常愚笨的。我們必須承認鬥爭的存在。問題是：誰將被消滅。作爲教育學家，我們對這一點具有清楚的概念；因爲這一點決定了將產出哪一類的人才，也決定了應向人們灌輸哪一類的實際倫理。

然而，在過去的三個世代，人們完全把注意力導向了生存競爭這一面，於是就產生了特別嚴重的災難。十九世紀的口號就是生存競爭、競爭、階級鬥爭、國與國之間的商業競爭、武裝鬥爭。生存競爭已經被解注到仇恨的福音中去了。幸而從演化的哲學中所得出全面的結論，是很平衡的。成功的機體會改變它的環境。能改變環境、相互協助的機體就是成功的機體。這一法則以極大的規模，在自然界中被體現出來。例如，北美印第安人接受了他們的環境，結果少數的人口，幾乎無法在美洲大陸生存。歐洲民族到這個大陸以後，採取了相反的政策。他們立馬協力改變了環境。結果是比印第安人多二十倍的人口，占據了同一塊土地，而這一個大陸還沒有住滿。同樣，還有許多不同物種族聯合起來，相互協助。物種間的分化，體現在最簡單的物理實有中，例如電子與正原子核之間的聯合，以及整個生物界的聯合。巴西森林中的樹木依靠著各種不同的、彼此相互依賴物種間的聯合。一棵樹單獨生存，就要面對變幻無常的環境中的所有的不利機遇。風可能吹折它，溫度的變化可能妨礙樹葉的生長，雨水可能沖刷走它的土壤，它的樹葉可能被吹走而不能作爲肥料。在特殊環境或人工培植下，你可以得到單獨生長得很好的樹木。但在自然界中，樹木一般要聯合成樹林，才能長得茂盛。每一棵樹可能在完滿生長方面，要失去一些東西，但它們相互協助，保持了生存的條件。土壤被保持住了，並且有了樹蔭；形成肥料所必需的微生物，不會被曬死、凍死或沖走。一個樹林就是互相倚靠的物種組織起來之後，獲得的勝利。進一步來說，危害森林的微生物物種也自行消滅了。

同樣，兩性也說明了分化的相同好處。在世界歷史中，勝利從不會屬於那些在暴力方式或防衛武器方面見長的物種。事實上，自然最初所產生的動物，都躲在硬殼裡，以防衛生命的災害。在軀體的大小上，也曾有過一段嘗試。但是，沒有體外甲冑的、熱血的、敏感而機警的小動物，清除了陸地上的這些大怪獸。獅子和老虎也不是成功的物種。它們慣於使用強力，這使得它們有時不能達到目的。使用強力的主要缺點，就是妨礙了協作。每一種機體都需要一個友好合作的環境，這部分是防衛突然的變化，部分是供給需求。強力的福音與社會生活是不相容的。所謂的強力（force），是指最廣泛意義上的對抗（antagonism）。

同一的福音（Gospel of Uniformity）幾乎是同樣危險的。人類國家與民族間的差異，對於保持高度發展所需要的條件是必要的。動物向上發展的一個主要因素，就是能夠四處走動。這或許是披著甲冑的怪獸處處吃虧的原因，因牠們不能四處走動。動物走進了新環境，必須使自己適應新環境，否則就會死亡。人類從森林走到了原野，又從原野走到了海岸，從一種氣候走進了另一種氣候，從一個大陸走進了另一個大陸，從一種生活習慣過渡到另一種生活習慣。當人類不再走的時候，他就不能在生物領域中發展了。身體走動仍然很重要，但更重要的是人類精神上的活動，包括思想活動、感情活動和審美經驗活動。對於爲人類精神上的奧德賽旅程（Odessey），提供驅動力和材料來說，人類社群的歧異是必要的。習俗不同的外國並不是敵人：它們是天賜之福。人類需要自己的鄰居具有足夠的相似之處，以便互相理解；具有足夠的相異之處，以便引起注意，具有足夠的偉大之處，以便引起欽佩。然而，我們不能期望人們具備所有的美德。我們應當甚感滿意，如果有某些東西奇特到足以激發人興趣的地方。

現代科學使人類有四處走動的必要。它的進步思想和進步技術，使得從一個世代到另一個世代，都有到未有航線的海洋去冒險的必要。四處走動的最大好處在於：它是危險的，所以需要掌握技術，以避免災禍。因此，我們必須希望未來會出現危險。未來的作用就在於有危險，而科學的諸多好處之一，就在於能使未來具有危險。統治十九世紀的、成功的中產階級，給予平靜的生活過多的評價。他們拒絕面對新的工業制度所引起社會改革的必要，現在他們又拒絕面對新知識所引起知識革命的必要。中產階級對世界未來的悲觀，源於他們混淆了文明與安定。不久的將來，安定將比不久的過去少。我們必須承認，一定程度的不穩定是存在的，這種不穩定與文明是不相容的。但總體說來，偉大的世紀都是不穩定的世紀。

在這本書中，我力圖描繪出思想領域中的一次大冒險。西歐各民族都有份，參加了這次冒險，並以群眾運動的緩慢速度發展著。半個世紀是它的時間單位。這個故事是一次理智顯示的史詩。它告訴我們：經過先前一段長期的準備後，一個民族的理智上的特殊方向，是如何產生的？產生之後，其主題是如何逐漸展開的？是如何獲得勝利的？其影響如何改變人類行動的動能？最後，當它達到勝利的頂點時，又是如何顯露了自身的界限，於是喚起人們再次運用創造性思想？這故事的寓意就是理性的力量，即它對人類生活的決定性影響。偉大的征服者——從亞歷山大到凱撒，從凱撒到拿破崙——都深刻地影響了對後世人的生活。但是，如果與人類習慣、人類精神的整體轉變比較起來——由泰勒斯（Thales）到現代一系列的思想家所提出的，這種影響的總體效果就顯得微不足道了。從個體來說，這些思想家是沒有力量的，但最後卻是世界的統治者。

關於作者

「小鈴鐺在我腦海中迴響」，這是格特魯德・斯泰因（Gertrude Stein）第一次見到畢卡索（Picasso），告訴她自己畢卡索是一個天才時的話。現如今，當她見到了阿爾弗雷德・諾斯・懷德海時，小鈴鐺再次響了起來。懷德海是我們這個時代，和其他時代最偉大的哲學家之一。法蘭克福特法官（Justice Frankfurter）曾說：「一段時間裡我確信無疑，沒有誰能有如此廣泛的影響力。」懷德海一八六一年出生於英格蘭的拉姆斯蓋特，他是卡農・阿爾弗雷德・W・懷德海的兒子（Canon Alfred W. Whitehead）。成年後，懷德海進入劍橋大學的三一學院進行學習，隨後留校教授數學。隨後有十三年時間，他在帝國理工學院任職。一九二四年，他並沒有因爲年老而選擇退休，而是帶著書和行李，直奔美國，並在哈佛大學拿到了正教授。直到一九四七年十二月他去世，他一直是哈佛學者協會的高級會員。懷德海的第一本書，《泛代數論》（*A Treatise on Universal Algebra*）出版於一八九八年。一九一〇年，他和伯特蘭・羅素（Bertrand Russell）一起寫成《數學原理》（*Principia Mathematica*）。隨後他還出版了《過程與實在》（*Process and Reality*）、《科學與現代世界》（*Science and the Modern World*）（他最爲人知的著作），以及《觀念的歷險》（*Adventures in Ideas*）。紐約先驅論壇報（The N. Y. Herald Tribune）在他去世時曾寫道：那些有幸和懷德海一同學習或者交談的人，將會長期銘記這個品德高尚而又先知般的人物。他是一個慈祥，牧師般樣貌的維多利亞時期的紳士。他是這些理念的仁慈之聲。

阿爾弗雷德・懷德海自傳[1]

我生於一八六一年二月十五日，肯特郡桑耐特島的巒司格（Ramsgate in the isle of Thanet, Kent）。我的家族中，祖父、父親、叔伯，還有兄弟都從事與教育、宗教和地方行政有關的工作。我祖父的先人，是雪佩島（Isle of Sheppey）的王室衛士，可能是貴格教派的喬治懷德海（Quaker George Whitehead），喬治弗克斯（George Fox）在他的《雜誌》（*Journal*）裡曾經提到，這個人在一六七〇年住在雪佩島。在一八一五年，我的祖父，湯瑪斯懷德海（Thomas Whitehead）在二十一歲的時候，成爲巒司格一所私立學校的校長，其後一八五二年，我的父親在二十五歲的時候，接替了這個職務。他們兩位都是非常傑出的學校老師，不過我的祖父似乎更爲傑出些。

約在一八六〇年，我的父親約在一八六六或一八六七年放棄了學校的工作，轉任神職，先在巒司格擔任了英國國教會的牧師。後來在一八七一年，他被任命爲聖彼得教區的教區牧師，是相當大的一個鄉村地方，教堂離巒司格約有兩到三哩遠，北前地（The North Foreland）屬於這個教區。他在那裡一直到一八九八年逝世爲止。

我的父親成爲東肯特教會人士中頗有影響力的人，他先後擔任了鄉區牧師（Rural Dean）、坎特伯里的榮譽教士（Honorary Canon of Canterbury）、主教教區會議的監督人（Proctor in Convocation for the Diocese）。不過他眞正具有影響力的原因是他在島上廣受愛戴與歡迎。他對教育一直深感興趣，每日造訪他轄下的三所學校，幼兒、女孩和男孩的學校。小的時候，在一八七五年我離開家上學以前，常常陪著他去訪視學校。他是個關注地方事務且具影響力的人，除了認識某些地方人士之外，他對十九世紀英國的社會政治歷史並不了解。英國那時是受到有影響力的「人格」（personality）所統治，而「人格」並不意味著「才智」（intellect）。

我的父親有人格而但沒有很高的才智。塔特主教（Archbishop Tait）每到夏天就駐蹕在我父親的教區裡，他和他的家人都是我父母的好友。他和我的父親述說了十八世紀善良的一面，因之不經意地我從祖父、父親、塔特主教、摩西蒙提弗洛爵士（Sir Moses Montefiore）、普金家（the Pugin family）和其他人身上，見到英國的歷史。當教區的施洗牧師將要蒙神寵召時，我的父親爲他讀聖經。那時候的英國，便是由彼此強烈對立且有親密社區情感的地方人士所管理。這些影像激發了日後我對歷史和教育的興趣。

另一個深刻的影響是在具有建築之美的教堂中舉行的彌撒。坎特伯里大教堂（Canterbury Cathedral）崇高雄美，離家約十六哩之遙。直到現在我還依稀可見聖湯瑪斯白奇（St. Thomas

Becket 一一一八-一一七〇）墜落殉道的地點，並回想起年輕時對這事件的遐想。那兒也有黑王子愛德華（Edward, The Black Prince死於西元一三七六年）的陵墓。

不過我家附近，英國歷史曾在島內或者邊界外留下各種遺跡。那兒有羅馬人建造的瑞奇巴羅堡（Richborough Castle）偉大城牆，薩克遜人和奧古斯丁（Augustine）登陸的艾伯佛利特海岸（the shore of Ebbes Fleet）。離岸一哩左右便是行政長官的村子，中有宏偉的修道院教堂（Abbey Church），保存了某些羅馬人的石雕，不過整個建築是諾曼式的。這小島確實到處是諾曼人和其他中世紀的教堂，由主政的僧侶所建造，其規模僅稍遜於修道院教堂。我父親的教堂便是其中的一個，還保有諾曼人的教堂中心祭壇。

過了瑞奇巴羅便是三明治城（the town of Sandwich）。那時還保有十六世紀和十七世紀佛萊明式（Flemish）的街道建築。該城的建築顯示爲了防範港口海水倒灌，那兒的居民曾邀請低地國（即荷蘭）善於水利工程的能工巧匠。不幸他們的防水工程失敗，以致該城發展停滯不前。在十九世紀下半葉，該城因有高爾夫球場而恢復生機，那是英國最好的球場之一。這高爾夫球場在羅馬人、薩克遜人、奧古斯丁、中世紀的僧侶的遺跡裡，都鐸（Tudors）和司徒人（Stuarts）的船艦中，使我有一種褻瀆神聖的感覺。高爾夫球場似乎是這小城故事的庸俗結局。

一八七五年，我十五歲的時候，前往南英國末端德賽郡（Dorsetshire）的雄堡中學

（Sherborne School）就讀。那裡有更多歷史的遺跡。今年，一九四一年，這學校將慶祝一千兩百年的校慶。該校的建立遠溯聖阿德漢（St. Aldhelm），傳說阿爾弗雷德大帝（Alfred the Great）曾在此受教。學校的校舍有些是修道院的建築，其地基所在是現存最雄偉的修道院，內有許多薩克遜君王的陵墓。我在學的最後兩年便以修道院院長的房間作爲個人書房，終日在修道院的鐘聲陪伴下學習，那些鐘傳說是亨利八世（Henry VIII）從金衣戰場（Field of The Cloth of Gold）上帶回來的。

目前爲止我所記載的是十九世紀下半葉英國南部鄉紳生活的幾個範例，我的經歷絕非特例，當然細節可能有所不同，但對地方鄉紳而言，這是典型的生活。

上述故事顯示這簡短自傳的另一項目的：它指出歷史傳統是如何由人們對外在環境的直接經驗傳遞下來。

在知識學習方面，我的教育完全符合當時的標準。十歲時起學習拉丁文，十二歲起學習希臘文。不論是否遇到假日，記得直到十九歲半，每天我都要解讀某些拉丁和希臘作家的文章，研究其中的文法。在上學之前我已習得了幾頁的拉丁文法規則以及例句。同時修習古典課程還有數學課，古典課程包括歷史，主要是希羅多德（Herodotus）、色諾芬（Xenophon）、修昔底德（Thucydides）、撒路斯（Sallust）、李維（Livy）、和塔西陀（Tacitus）等人的著作。至今我還感到色諾芬、撒路斯和李維等人的著作十分枯燥。當然他們都是偉大的作家，不過我寫自傳也只是很坦白的說出心理話來。

其他人的作品就令人感到愉快多了。確實在我的回憶裡，古典學的課程教授非常之好，有意無意間老師經常拿古代的文明和現代的生活作比較。我常藉口要多花些時間在數學上，規避拉丁韻文的寫作與閱讀拉丁文詩。我們讀希臘文的聖經，也就是舊約聖經的希臘文版（The Septuagint）。每個星期天下午和星期一上午教授的這些經文讀本，文法相當簡單，也很受歡迎，因爲作者懂得的希臘文似乎不比我們多。

在學期間我們也沒有過份用功，最後一年身爲學生領袖，大多數的時間我都花在課外活動上面，那是由著名教育家阿諾德（Thomas Arnold）所提倡德、智、體、群並重的拉格比公學模式（Rugby model）。同時我也擔任球隊的隊長，主要是板球和足球，都是非常有意思的運動。不過我還是有私下閱讀詩的時間，尤其是華茲華斯（Wordsworth）和雪萊（Shelley）的作品，還有歷史，成爲我主要的興趣之所在。

我的大學生活是從一八八〇年的秋天在劍橋大學三一學院（Trinity College, Cambridge University）開始的，其中沒有間斷地直到一九一〇年的夏天離開爲止。不過我作爲三一學院的一份子，先是「學者」（scholar），後是「院士」（fellow），卻不曾終止過。我對劍橋大學，尤其是三一學院，對我在社會和心智上的訓練，感激不盡。人的教育是最複雜的事，我們對此仍所知有限。有一點我確定的是沒有一成不變且簡單的作法。我們必須考慮爲不同類型學生成立的不同教育機構的特殊問題，還有學生的未來機會。當然對某個特別的社會體系某些問題會比較普遍氾濫，例如現在美國許多公立大學所面對的共同問題。而在整個十九世紀，劍橋大學表現卓越，只是該校的作法只適於非常特別的情況。

在劍橋大學的正式教育只對一流人才管用，不過爲每個大學生設計的課程涵蓋的範圍卻相當狹隘。例如在我就學期間，我上的課都是數學，純粹數學和應用數學。我從來沒有上過其他學科的課。不過上課只是教育的一部份。不足的部份是由和朋友、同學、或者教師不斷的討論來彌補。這些討論通常在晚餐時進行，從六點或七點開始，直到晚上十點爲止，有時早些結束，有時晚些。之後，我還會做兩到三小時的數學。

我們還有一群不同學科的朋友常聚在一起。我們都來自同類的學校，受過相同的教育。我們什麼都討論：政治、宗教、哲學和文學，尤其對文學特別感興趣。這經驗使我閱讀更爲博雜。例如在一八八五年我畢業時，還記得康德《純粹理性批判》（*Critique of Pure Reason*）的部分內容，不過現在已經忘了，因爲我早就不再對它感興趣。我一直無法讀得進黑格爾，一開始我讀過一些他對數學的看法，卻給我一種一派胡言的感覺。讀黑格爾是我的不明智，但這不是說我自己是很明智的。

經過半個世紀，回想當年的聚會討論，頗有參加柏拉圖對話的感覺。參與的人有亨利海德（Henry Head）、狄阿西湯普生（D'Arcy Thompson）、吉姆史提芬（Jim Stephen）、留威爾大衛斯兄弟（the Llewellen Davies brothers）、羅威狄更生（Lowes Dickinson）、耐特偉德（Nat Wedd）、索來（Sorley），還有其他很多人。這些人中有人日後聲名大噪，有些人雖然一樣有才智，卻默默無聞。這就是劍橋教育後代的作法，是對柏拉圖方法的仿效。每週六晚間十點直到翌日清晨，我們的「使徒會」（Apostles）在任何一個人的房間聚會，感受到柏拉圖式對話的經驗。「使徒會」的活躍份子是八個或十個大學生或年輕的畢業生，不過年長的成員也經常參加。我們曾和歷史學家梅特藍（Maitland）、韋瑞爾（Verrall）、亨利傑克生（Henry Jackson）、西季維克（Sidgwick）等人討論過問題，有時，一些到劍橋度週末的法官、科學家或者國會議員也來參加。「使徒會」有很大的影響力，是由丁尼生（Tennyson）和他的朋友在一八二〇年發起的，直到現在仍很興盛。

我的劍橋教育主要是數學以及和朋友之間會得到柏拉圖認可的自由討論。時代改變了，劍橋大學的教育方式也有所改變。這教育在十九世紀十分成功，這有賴於當年社會已不存在的情況所使然。柏拉圖式的教育在人生的應用上十分有限。

一八八五年的秋天，我取得了三一學院的院士資格，又意外幸運地獲得教職。一九一〇年，我從最後一個資深講師（Senior Lecturer）的職位辭職，才舉家遷往倫敦。

一八九〇年十二月我和伊芙琳・維婁拜・韋德（Evelyn Willoughby Wade）結婚。我的妻子影響我對世界的看法十分深刻，是我哲學成就的基本成分。直到現在我已說明了爲英國式的教授生涯做準備的狹隘英國式教育。這項社會階級的優勢，影響到在他們之上的貴族，也領導了在他們之下的社會大眾，正是十九世紀的英國有成有敗的原因之一。但在歷史紀錄上從未提到這階級的興盛，造成英國人自然生活的萎縮。

我妻子的背景與我完全不同，她的家族擅長軍事與外交。她鮮麗的生命教導我存在的目的是美，是道德與感性的美；慈愛和藝術滿足是獲得美的不同形態。邏輯和科學是美的相關模式展現，也是避免瑣碎無關事物的一種有效方法。

這樣的觀點致使我們日常的哲學思想側重過去，將過去偉大的藝術與文學，看作是人生根本價值的最佳表達。而人類成就的高峰不會等待系統學說的出現，雖然系統學說在人類文明發展上有其重要的功能，提供了一個穩定的社會系統逐步向上成長的基礎。

我們的三個孩子生於一八九一年到一八九八年之間。他們都參加了第一次世界大戰：我們的大兒子參與了整個戰事，從法國、東亞，轉戰回英國。我們的女兒在英國和巴黎的外交部門工作，我們最小的兒子服役於空軍，他的飛機在一九一八年三月在法國被敵軍擊落，因而殉國。

有八年的時間（一八九八年到一九〇六年）我們住在格藍切斯特（Grantchester）的老磨坊（Old Mill House），離劍橋約三哩之遙。從窗戶望出去可以看見一個磨坊的推把，那時磨坊還可使用。現在已完全坍毀了。另外有兩座磨坊，比較古老的那一座，離河面約數百呎高，正是喬叟（Chaucer）提到的那一座。我們家的部分建築非常老舊，有的是從十六世紀留下來的。整個外觀非常優美，時發人思古幽情，從喬叟到拜倫（Byron）、華茲華斯，都曾爲文提到這地方。後來詩人魯伯特布魯克（Rupert Brooke）住在附近的「老教士屋」（The Old Vicarage）。我必須提到夏克伯家（The Shuckburghs），夏克伯是西賽羅（Cicero）信函的譯者，還有威廉拜特生家（The William Batesons），拜特生是個基因學家，他們都住在這個村裡，是我們最要好的朋友。夏克伯家替我們在這裡找到住所，大家一起歡度許多時光。我家有個可愛的花園，美麗的花蔓爬滿了整個房子，還有一棵可能是喬叟手植的紫松。春天來時，夜鶯終夜啼叫使我們不得成眠，魚鷹也在河流中獵食。

我的第一本書《普遍代數論》在一八九八年出版，我從一八九一年的一月便開始撰寫。其中的觀念大多可見於赫爾曼格拉斯曼（Hermann Grassmann）一八四四年和一八六二年出版的兩本《外延論》（*Ausdehnungslehre*）。這兩本書的早期出現十分重要，可惜的是當它出版的時候沒有人了解這書，作者領先他的讀者約一個世紀。同樣的威廉漢密爾頓（William Rowan Hamilton）在一八五三年出版的《四元數》（*Quaternions*）和先前在一八四四年的一篇論文，以及布爾在一八五九年出版的《符號邏輯》（*Symbolic Logic*），都是對我的思想最具影響力的著作。此後我在數理邏輯上的整個著作，都是根據這些資料。格拉斯曼是個具有原創性的天才，但這點卻罕爲人知。萊布尼茲（Leibniz）、沙恪瑞（Saccherri）和格拉斯曼在人們還沒有了解這些議題或者把握它們的重要性之前，便著手著述。確實可憐的沙恪瑞自己都不知道自己的成就，萊布尼茲也沒有出版他自己在這方面的著作。

我對萊布尼茲研究的知識完全根據考圖拉（L. Couturat）在一九〇一年出版的書《萊布尼茲的邏輯》（La Logique de Leibniz）。

提到考圖拉使我聯想到另外兩個與法國有關的經驗。艾力哈樂維（Elie Halevy），一位專攻十九世紀早期英國歷史學者，經常到訪劍橋，我們和他與他的妻子有非常好的友誼。另一個經驗是在一九一四年三月在巴黎舉行的數學邏輯會議，考圖拉、夏維爾里昂（Xavier Leon）和哈樂維也都出席與會。大會裡擠滿了義大利人、德國人和一些英國人，包括伯特蘭羅素（Bertrand Russell）和我自己在內。出席大會的名流很大方的歡迎來客，還由法國總統到場致開幕詞。大會進行到最後大會主席熱情致賀詞，恭賀大會成功，並希望大家帶著對於「美麗法蘭西」（La Douce France）的快樂記憶回家。五個月不到，第一次世界大戰爆發。那次大會是一個時代的結束，只是我們還不知道這個時代已經結束了。

《普遍代數論》的出版使我在一九〇三年獲選爲皇家學院的院士。大約三十年之後，一九三一年，我又因爲從一九一八年開始在哲學上的工作，獲選爲不列顛研究院的院士（The British Academy）。同時在一八九八和一九〇三年之間，我著手準備出版我的第二本普遍代數的著作，不過本書一直不曾問世。

一九〇三年，伯特蘭羅素出版了《數學原理》（*The Principles of Mathematics*），這也是他的「第一冊」。後來我們發現我們各自計畫的第二本書主題相同，於是決定一起合作。我們希望在一年左右的時間之內能完成這工作，後來我們撰寫的範圍擴大，於是花了八到九年的時間，《數學原理》（*Principia Mathematia*）才問世。這裡不是討論這本書的地方。羅素在一八九〇年代的時候已進入劍橋大學。就像所有世人一樣，我激賞他的才智。他先是我的學生，後來是我的同事、朋友。我們在劍橋生活期間，羅素在我生活中有重要的份量，不過他和我在哲學與社會方面的觀點不同，不同的興趣使我們的合作自然終止。

一九一〇年暑假，在劍橋大學學期結束之後我們離開了。我們搬到倫敦，住在切爾西區（Chelsea），大多數時間在卡來爾廣場（Carlyle Square）。不論我們在哪兒，我妻子的美感品味給我們家裡帶來極大的魅力，有時眞是奇妙至極。尤其是我們在倫敦的住所，幾乎完美無瑕。我記得有一位警察在凌晨時分，看見一名美麗的女子走進我家，她早上先是參加宮廷聚會，稍晚又去參加一個宴會。事後那警察問我家的女僕，他是否眞的看見那樣美麗的女子，或是聖母瑪莉亞顯靈？他簡直不能相信穿著那樣美麗的女子會住在那兒。不過那時我家的一切眞的很美。

我在倫敦的第一年（一九一〇年到一九一一年），我沒有任何教職。我的《數學導論》（*An Introduction to Mathematics*）就是從那時開始執筆的。從一九一一年到一九一四年的暑假，我在倫敦大學學院（University College London）有了不同的工作，而從一九一四年到一九二四年的夏天，我在肯辛頓皇家科技學院（The Imperial College of Science and Technology in Kensington）獲聘爲教授。這段期間的最後幾年我是大學科學院的院長，學術審議會的主席，負責倫敦大學教育的內部事務，而且是校務會議教師代表。我也是管理金匠學院（Goldsmiths' College）的校務委員會議主席，以及波洛技術學院（Borough Polytechic）校務委員會議的成員。還有許多其他這類的職位，事實上我還參與倫敦大學和技術學院教育的督導，加上我在皇家學院的教授職，使我的工作異常忙碌。這些工作之所以可能完成，全賴大學幕僚人員驚人的效率。

十四年倫敦教育問題的經驗，改變了我對工業文明中高等教育問題的觀點。那時還流行對大學功能的狹隘觀點，現在已經不存在了。許多激情的技術人才尋求知識的啓蒙，從各種社會階級背景來的年輕人渴求適當的知識，產生許多問題，這些都是文明發展的新要素。但學術的世界仍然沈浸在過去。

倫敦大學是由許多爲配合現代生活問題而設的各種不同類型的機構所構成。近來該大學已在赫丹爵士（Lord Haldane）的影響下，重新改造，且極爲成功。各種專業的男女，生意人、律師、醫生、文學學者、行政主管，都爲了教育的新問題花了所有的時間或部分時間，也因此成功地做了更符合需要的改變。倫敦大學的改造不是唯一的，在美國不同類似的團體在不同的情況之下，也致力於解決類似的問題。不用多說，這項教育的新改造是保存文明的因素之一。最近一次類似的改造則發生在一千餘年前的修道院中。

這些個人回憶的重點在說明我人生中有哪些有利的因素，幫助我發展潛在的能力。我不能肯定自己的成就有任何永恆的價值，不過我知道如果我有任何成就，那都靠愛、仁慈和鼓勵。

再說我生活的另一面，在劍橋的最後幾年，我參與了許多政治性和學術性的爭議。女性解放的問題在沉潛半個世紀之後，突然浮上檯面。我是大學董事會（University Syndicate）的一員，該會主張女性在大學裡應有平等的地位。可是在學生砲轟式的討論與狂暴的行動影響下，我們失敗了。如果我記得不錯，那是在一八九八年。但其後到一九一四年第一次世界大戰爆發之前，女性平等一直是倫敦和其他地方最具爭議性的議題。各黨派在這議題上立場分明，例如保守黨的拜福（The Conservative Balfour）支持女性運動，而自由黨的阿斯奎（The Liberal Asquith）則反對。女性運動到了第一次世界大戰結束時終獲成功。

我的政治立場是自由黨的，與保守黨對立，我是根據英國的黨派這麼說的，到現在（一九四一年）自由黨事實上已經消失，在英國我會投票給工黨中的溫和派。不過現在在英國可說沒有黨派可言。我們住在格藍切斯特的時候，我在格藍切斯特做了不少次政治演說，也在那區的鄉村作演講。那些演說都是晚間在教區學校教室裡進行。那是很令人興奮的工作，整個村子的人都會來聽，熱烈的表達意見。英國的鄉村對於一般黨派的黨工沒有什麼好感，村民只有請當地的居民對他們演說。我總認爲黨工很討厭。臭雞蛋和爛橘子是有效的政黨武器，而我經常被這些東西攻擊，搞滿身都是。不過這也是活力的表現，不是惡意。我們最壞的經驗是在劍橋的吉爾廳（Guildhall）聽凱爾哈地（Keir Hardie）演講，那時他是新勞工黨的領袖人物。我的太太和我都在講台上，坐在他的後面，下面是一群狂暴的大學生。結果那些沒有打中哈地的爛橘子要不是打中我，就是打中我的太太。等我們搬到倫敦的時候，所有我參加的活動都是教育性的。

我的哲學著作是在第一次世界大戰的晚期從倫敦開始的。倫敦亞里斯多德學會是個很好的討論中心，可以形成親密的友誼。

一九二四年在我六十三歲的時候，我接受哈佛大學哲學系的邀請，前往任教。在一九三六年到一九三七年學期結束前，我成爲榮譽教授（Professor Emeritus）。我無法表達哈佛大學校方、同事、學生和朋友對我的禮遇，給我的鼓勵有多麼大。我太太和我受到仁慈的招待。我出版的著作當然有許多缺點，都是我自己造成的。我想說一句適用於所有哲學著作的話，哲學是以有限的語言表達無窮宇宙的一種嘗試。

我沒有辦法在這文章的最後說明我在哈佛的情形，以及哈佛對我的影響。這也不是一個與本書有關課題。今天在美國，有一股對知識的熱切追求，使我們想起希臘古文明和文藝復興。總之，在各行各業都有熱心的仁慈人士，不是任何大型社會系統可以抹煞的。

註文

【1】譯自Alfred North Whitehead, *Essays in Science and Philosophy* (New York: Philosophical Library, 1947), pp. 3-14.

阿爾弗雷德·懷德海年表

年代	生平記事
一八六一	二月十五日出生於英國的肯特郡。
一八八五～一九一一	任教於劍橋大學。
一八九八	《普通代數論》（*Treatise on Universal Algebra*）出版。
一九〇五	〈物質世界的數學概念〉（*Mathematical Concepts of the Material World*）出版
一九一一	《數學導論》（*An Introduction to Mathematics*）出版。
一九一〇～一九一三	與前學生伯特蘭・羅素（Bertrand Russell）合著的三卷《數學原理》（*Principia Mathematica*），是二十世紀公認最重要的數學邏輯作品之一，在現代圖書館出版社所列的二十世紀前一百本英文非小說書籍名單中，獲得第二十三名。
一九一四～一九二四	在肯欣頓皇家科技學院擔任套用數學教授。這段時期，他受柏格森、愛因斯坦思想的影響，把興趣轉向科學哲學問題的研究。
一九一〇～一九二〇	懷德海逐漸把他的注意力從數學轉移至科學哲學和形上學。他關注直覺體驗與生命本身，構建一個全面的形上學的系統。
一九一九	《自然知識原理探究》（*Enquiry Concerning the Principles of Natural Knowledge*）出版。

一九二〇	《自然之概念》（*The Concept of Nature*）出版。
一九二四～一九三七	應聘到美國哈佛大學擔任哲學教授。
一九二五	《科學與現代世界》（*Science and the Modern World*）出版。
一九二六	《形成中的宗教》（*Religion in the Making*）出版。
一九二七	受邀在愛丁堡大學的季福講座演說。
一九二九	講稿出版為《歷程與實在》（*Process and Reality*）一書，被視為歷程哲學的經典。為歷程哲學奠基，是對西方形上學的重大貢獻。
一九三三	《觀念之歷險》（*The Adventure of Ideas*）對懷德海形上學的主要見解作了摘要，是他最後也最可讀的一本著作。此書中也對美、真理、藝術、冒險與和平作了定義。
一九四七	十二月三十日在美國麻薩諸塞州劍橋逝世。

索引

五畫

六畫

七畫

八畫

九畫

十一畫

十二畫

十三畫

十四畫

十五畫

十六畫

十七畫

十九畫

二十畫

二十一畫

二十三畫

二十四畫

二十五畫

經典名著文庫 121

科學與現代世界

作　　者 —— 阿爾弗雷德・懷德海
譯　　者 —— 黃振威
校　　譯 —— 俞懿嫻
發 行 人 —— 楊榮川
總 經 理 —— 楊士清
總 編 輯 —— 楊秀麗
文庫策劃 —— 楊榮川
主　　編 —— 王正華
責任編輯 —— 金明芬
封面設計 —— 姚孝慈
著者繪像 —— 莊河源
出 版 者 —— **五南圖書出版股份有限公司**
地　　址 —— 臺北市大安區 106 和平東路二段 339 號 4 樓
電　　話 —— 02-27055066（代表號）
傳　　眞 —— 02-27066100
劃撥帳號 —— 01068953
戶　　名 —— 五南圖書出版股份有限公司
網　　址 —— http://www.wunan.com.tw
電子郵件 —— wunan@wunan.com.tw
法律顧問 —— 林勝安律師事務所　林勝安律師
出版日期 —— 2020 年 6 月初版一刷
定　　價 —— 450 元

本繁體中文譯稿由北京師範大學出版社 (集團) 有限公司授權使用。

國家圖書館出版品預行編目資料

科學與現代世界 / 阿爾弗雷德．懷德海 (Alfred North Whitehead) 著；黃振威譯. -- 初版. -- 臺北市：五南, 2020.06
面；公分
譯自：Science and the modern world
ISBN 978-957-763-997-4 (平裝)

1. 科學哲學

301.1　　109005551